Günter Kirschling

Qualitätsregelkarten für meßbare Merkmale – SPC

Aus dem Programm Qualitäts- und Zuverlässigkeitsmanagement

Qualitätslehre
von W. Geiger

Qualitätsmanagementsysteme
von R. Westerbusch

CAQ im TQM
Rechnergestütztes Qualitätsmanagement
von E. Hering und J. Triemel

Versuchsmethoden im Qualitätsengineering
von H. Quentin

Qualitätsregelkarten für meßbare Merkmale – SPC
von G. Kirschling

Chefsache Qualitätsmanagement
von J. Jäger u.a.

Qualitätsmanagement und Projektmanagement
von F.-P. Walder und G. Patzak

Vieweg

Günter Kirschling

Qualitätsregelkarten für meßbare Merkmale – SPC

Mit 155 Abbildungen

ISBN-13: 978-3-322-87258-6 e-ISBN-13: 978-3-322-87257-9
DOI: 10.1007/978-3-322-87257-9

Alle in diesem Buch angegebenen Verfahren und Beispiele wurden nach bestem Wissen und mit großer Sorgfalt erstellt. Dennoch sind Fehler nicht ganz auszuschließen; zudem können bei der Anwendung der beschriebenen Verfahren im konkreten Einzelfall Fehler gemacht werden. Jeder Anwender handelt daher auf eigene Gefahr. Eine Haftung seitens des Autors oder des Verlages ist ausgeschlossen.

Softcover reprint of the hardcover 1st edition 1998
Der Verlag Vieweg ist ein Unternehmen der Bertelsmann Fachinformation GmbH.

http://www.vieweg.de

Technische Redaktion und Layout: Hartmut Kühn von Burgsdorff

Vorwort

Mit der Einführung von Qualitätsmanagementsystemen (QM-Systemen) wurden zusätzliche QM-Aktivitäten wie Q-Planung und QM in Entwicklung und Konstruktion im Vorfeld der Fertigung eingeführt. Diese Tätigkeiten können erheblich zur Qualitätsverbesserung beitragen. Die letztendlich erreichte Produktqualität hängt jedoch ab von der erfolgreichen Planung und Durchführung aller Maßnahmen zur Q-Lenkung während der Fertigung. Das wichtigste Werkzeug für die Statistische Prozeßlenkung ist die Qualitätsregelkarte (QRK), die in zunehmendem Maße zum Einsatz kommt.

Das Buch wendet sich an die Mitarbeiter der Fertigung und der Qualitätstechnik und an Studierende des Maschinenbaus und angrenzender Bereiche. Es beschränkt sich auf die QRK für kontinuierliche Merkmale, weil deren Einsatz die größte Bedeutung hat und zugleich auch mit den meisten Problemen verknüpft ist.

Die Verwendung des im Titel des Buches enthaltenen Begriffs „meßbares Merkmal" wird in den einschlägigen DIN-Normen schon seit Jahren nicht mehr empfohlen. Er wurde dennoch gewählt, weil er von jedem verstanden wird, auch von denen, für die der normgerechte Begriff „kontinuierliches Merkmal" inzwischen selbstverständlich geworden ist.

Dem Leser sei dringend geraten, besonders sorgfältig das Kapitel 4.3 zu lesen. Darin wird das Doppelte Wahrscheinlichkeitsnetz (DWN) behandelt, mit dessen Hilfe die Abgrenzungsfaktoren grafisch ermittelt werden können. Auch eignet sich das DWN zur grafischen Ermittlung und Darstellung der Operationscharakteristiken sowie zur Bestimmung des mittleren Fehleranteils und des jeweils vorhandenen Spielraums im Mittenbereich des Toleranzfeldes. Das DWN wird in den nachfolgenden Beispielen und Bildern immer wieder verwendet.

Das Buch enthält ca. 60 Beispiele mit Lösungswegen und mit Lösungen. Der Autor hat sich bemüht, diese Beispiele so zu gestalten, daß sie leicht nachvollzogen werden können. Zu diesem Zweck wurden die Kennwerte und andere Berechnungswerte mit bis zu 6 Stellen angegeben, was technisch nicht sinnvoll ist; dadurch wird es jedoch für den Leser einfacher, die Richtigkeit seiner Nachrechnungen zu überprüfen.

Verglichen mit anderen Publikationen völlig neu ist die Behandlung des Themas „Prozeßkorrektur" in Kapitel 6. In den zahlreichen Bildern zu diesem Thema werden die komplizierten Vorgänge bei der Prozeßkorrektur visualisiert und somit durchschaubar gemacht.

Die Anwender von QRK wünschen sich einfache und leichtverständliche „Rezepte". Diese gibt es; sie haben jedoch den Nachteil, daß ihre Anwendung die Qualitätssteuerung oft eher verschlechtert, zumindest nicht optimiert. Derartige Rezepte werden in Kapitel 4.8 (Annahme-QRK mit nach Faustregeln ermittelten Eingriffsgrenzen) besprochen mit Hinweisen auf deren Nachteile ausgerechnet beim Vorliegen einer ausgezeichneten und daher wünschenswerten Prozeßfähigkeit. Für die routinemäßige Ermittlung der Eingriffsgrenzen von Annahme-QRK für die periodische und für die kontinuierliche Prüfung werden in Kapitel 9 vereinfachte Verfahren behandelt. Darin sind die in den vorangegangenen Kapiteln erörterten Entscheidungskriterien zur Wahl eines zweckentsprechenden Spielraums im Mittenbereich des Toleranzfeldes und zur Prozeßkorrektur berücksichtigt.

Da in diesem Buch viele Dinge erörtert werden, die über Normen und andere Regelwerke hinausgehen, sind unzulängliche oder mißverständliche Formulierungen nicht ganz auszuschließen; für Hinweise darauf bin ich jederzeit dankbar.

Dem Verlag Vieweg danke ich für sein Interesse an diesem Buch und für seine Sorgfalt bei dessen Gestaltung.

Melsungen, im Januar 1998 *Günter Kirschling*

Inhaltsverzeichnis

1 Einleitung

Eine Qualitätsregelkarte – abgekürzt QRK – ist ein rechtwinkeliges Koordinatensystem. Die horizontale Achse ist eine Zeit-Skala, besser eine Zeitpunkt-Skala. An ihr werden die Zeitpunkte, zu denen der laufenden Fertigung Stichproben entnommen werden, notiert. Die senkrechte Achse ist eine Skala für das kontinuierliche Merkmal. Sie wird angelegt für den zu erwartenden Bereich von Urwerten oder von statistischen Kennwerten für die jeweilige Lage der Fertigungsverteilung oder für deren Streuung.

Eine Einteilung der QRK für kontinuierliche Merkmale enthält Abb. 1.1.

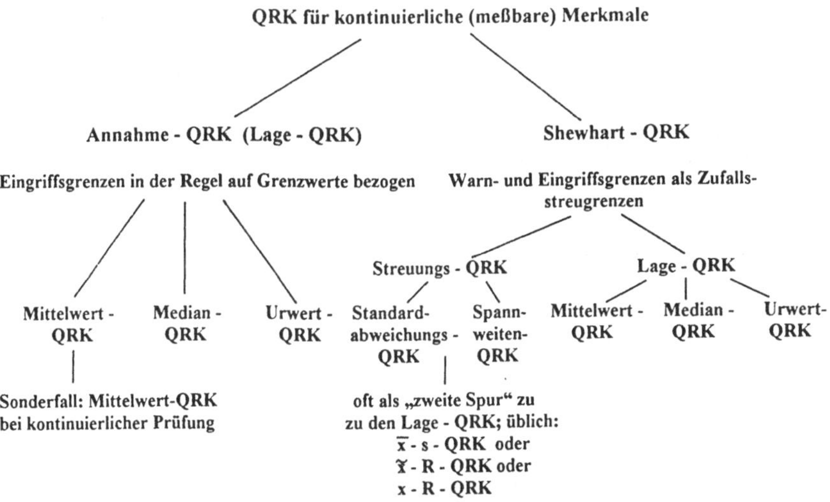

Abb. 1.1 Einteilung der Qualitätsregelkarten für kontinuierliche (meßbare) Merkmale

Zusätzlich gibt es QRK für diskrete (zählbare) Merkmale, die in dieser Monographie nicht behandelt werden.

Eine QRK ist ein Rationalisierungsmittel zur Prozeßlenkung. Gängige Abkürzungen für Prozeßlenkung sind

SPC = Statistical Process Control oder

SPS = Statistische Prozeß-Steuerung.

QRK werden eingesetzt, um bei relevanten und zugleich kritischen Merkmalen das Fertigungslos in der Phase seiner Entstehung zu optimieren.

Relevante Merkmale sind solche, die bezüglich ihrer späteren Funktion – beispielsweise in einem Bausatz – eine wesentliche Rolle spielen.

Kritische Merkmale sind solche, die in Prozessen realisiert werden, die nicht oder nicht auf Dauer stabil sind. Zweck einer QRK ist es, eine aufgetretene Instabilität eines Prozesses nach Lage oder Streuung aufzudecken und somit dessen Stabilisierung durch geeignete Korrekturmaßnahmen zu veranlassen.

Es gibt auch unkritische Merkmale, bei denen sich eine SPC erübrigt. Die beste QRK ist die, die nicht erforderlich ist.

Für die in Abb. 1.1 angegebene Unterteilung der QRK für kontinuierliche Merkmale nach Annahme-QRK und nach Shewhart-QRK sind in Abb. 1.2 schematische Darstellungen gezeichnet. Diese Darstellungen seien durch folgende, grundsätzliche Aussagen ergänzt:

- Annahme-QRK werden dann und nur dann eingesetzt, wenn Grenzwerte vorgegeben sind. Die Mittellinie liegt in der Regel beim Mittenwert C (Centrum). Die Annahme-QRK sind ausnahmslos für die Steuerung der Lage eines Prozesses vorgesehen. Die Eingriffsgrenzen werden in der Regel von den Grenzwerten ausgehend festgelegt; um einen zu großen Spielraum in der Mitte des Toleranzfeldes auszuschließen, werden sie zweckmäßigerweise vom Mittenwert ausgehend festgelegt.
- Shewhart-QRK gibt es für die Streuung und für die Lage. Die Regelgrenzen sind Zufallsstreugrenzen; mit den Warngrenzen werden 95 %-Zufallsstreubereiche abgesteckt und mit den Eingriffsgrenzen 99 %-Zufallsstreubereiche. Die Mittellinie für die Streuungs-QRK ergibt sich aus der Prozeßanalyse; Sollwerte für die Streuung gibt es in der Regel nicht. Die Mittellinie der Shewhart-QRK für die Lage liegt beim Sollwert; in Ausnahmefällen – wenn kein Sollwert vorgegeben ist – bei dem durch die Prozeßanalyse abgeschätzten Parameter Mittelwert μ.
- Shewhart-QRK für die Lage werden in der Regel eingesetzt, wenn keine Grenzwerte vorgegeben sind; sie können auch eingesetzt werden, wenn Grenzwerte vorgegeben sind. Die Mittellinie liegt dann in der Regel beim Mittenwert C (Centrum).

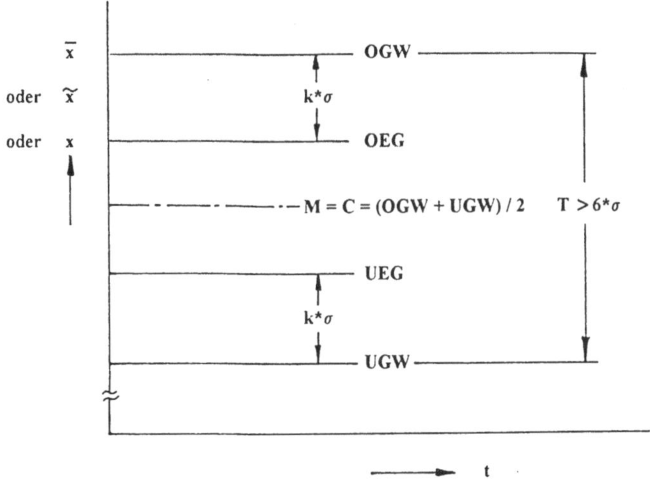

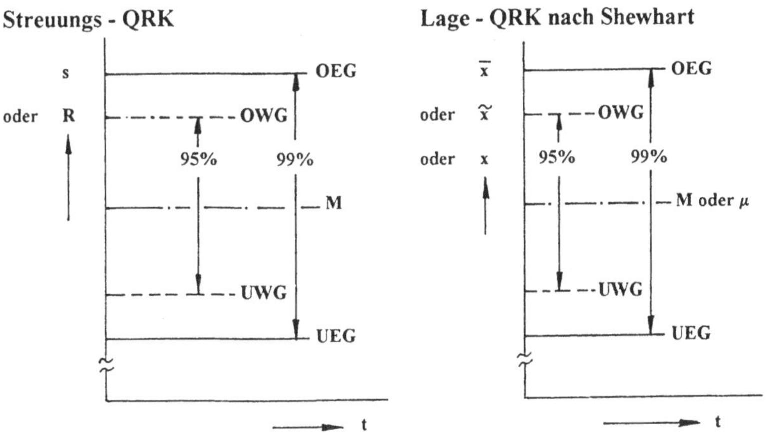

Abb. 1.2 Annahme-QRK und Shewhart-QRK in schematischen Darstellungen

- Für alle QRK wird die momentane Standardabweichung σ benötigt. Diese ist a priori unbekannt und muß geschätzt werden aus langzeitiger Erfahrung oder durch eine eigens durchgeführte Prozeßanalyse. Für diese Prozeßanalyse werden m Unterstichproben des gleichgroßen Umfangs n ausgewertet. Erforderlich sind $m * n \geq 200$ Einheiten; die m Unterstichproben werden nacheinander oder in gleichgroßen Abständen über einen längeren Zeitraum entnommen. Während der Prozeßanalyse muß der Prozeß unter den für die Serienfertigung vorgesehenen Randbedingungen laufen.

– Annahme-QRK dürfen nur angelegt werden, wenn die Prozeßfähigkeit erwiesen ist. Dies ist der Fall, wenn die Toleranz (deutlich) größer ist als der momentane Zufallsstreubereich $6 * \sigma$ des Prozesses. Bei Shewhart-QRK gibt es den Begriff „Prozeßfähigkeit“ nur dann, wenn sie als Lage-QRK bei vorgegebenen Grenzwerten verwendet werden.

QRK können geplant, berechnet, angelegt, geführt, ausgewertet, dokumentiert und entsorgt werden. Im Einzelnen:

Planen: Festlegung der relevanten und zugleich kritischen Merkmale, für die eine QRK erforderlich ist. Durchführung und Auswertung einer Prozeßanalyse mit dem Ziel, die momentane Standardabweichung σ abzuschätzen sowie den Mittelwert μ, falls kein Sollwert vorgegeben ist. Entscheidung über den Typ der QRK und darüber, ob eine zweite Spur für die Streuung erforderlich ist. Es gibt Prozesse, die hinsichtlich ihrer Lage kritisch (anfällig) sind, hinsichtlich ihrer Streuung jedoch nicht.

Berechnen: Für die Shewhart-QRK sind die Faktoren (B und D sowie E, C und A) zur Ermittlung der Zufallsstreugrenzen vertafelt (Tabellen 4 und 5). Die Abgrenzungsfaktoren k für die Annahme-QRK müssen im Hinblick auf den Einzelfall berechnet werden; sie können auch grafisch bestimmt werden mit Hilfe des Doppelten Wahrscheinlichkeitsnetzes (DWN).

Anlegen: Wichtig ist, daß alle Angaben vollständig sind, vor allem muß der Stichprobenumfang und die Häufigkeit der Stichprobenentnahme klar ersichtlich sein. Auch ist darauf zu achten, daß die Zahl der Klassen zwischen den Eingriffsgrenzen mit $k \geq 10$ groß genug ist.

Führen: Die Güteprüfer oder – bei Selbstprüfung – die Maschinenführer müssen gut geschult sein. Sie dürfen nicht vorsätzlich Fehler machen, indem sie falsch messen oder richtige Meßergebnisse falsch dokumentieren, um sich vor Unannehmlichkeiten zu bewahren. Ehrlichkeit geht vor Mogelei. Mit QRK werden Prozesse und nicht Personen überwacht. Im Falle eines Eingriffs muß das Personal über die zweckmäßige Prozeßkorrektur Bescheid wissen.

Auswerten: Eine umfassende Prozeßanalyse bzw. deren Überprüfung ergibt sich oft durch eine Auswertung abgeschlossener QRK. Dies setzt voraus, daß die QRK auswertbar sind, indem alle Eingriffe vermerkt sind. Eingriffe sind nicht nur Prozeßkorrekturen nach Überschreiten einer Eingriffsgrenze sondern auch beispielsweise Werkzeugwechsel oder Chargenwechsel. Optimal ist eine maschinelle Auswertung, wenn maschinenlesbare QRK geführt werden.

Dokumentation: In Fällen der Produkthaftung können QRK auch nach vielen Jahren als wichtige Beweismittel dienen, und dies nicht nur bei Merkmalen an Einheiten, die ausdrücklich als sicherheitsrelevant oder dokumentationspflichtig deklariert sind.

2 Grundlagen der Statistik kontinuierlicher Merkmale

2.1 Begriffe

Die Zahl der qualitätsbezogenen und genormten Begriffe hat in den vergangenen Jahren enorm zugenommen. Ungefähr 500 Begriffe sind in /3/ definiert und kommentiert. Hier werden nur die wichtigsten Begriffe, die in den nachfolgenden Kapiteln wiederholt verwendet werden, definiert und erläutert.

Benennung	**Defintion, Anmerkung**
Qualität	Gesamtheit von Merkmalen einer Einheit bezüglich ihrer Eignung, festgelegte und vorausgesetzte Erfordernisse zu erfüllen.
Qualitätsforderung	Festgelegte und vorausgesetzte Erfordernisse
Merkmal	Definition und Einteilung sind in Abb. 2.1 mit Angabe der bevorzugt verwendeten Modellverteilungen enthalten. In den nachfolgenden Kapiteln werden nur die kontinuierlichen Merkmale behandelt, sofern sie der Normalverteilung oder davon abgeleiteten Verteilungen (Mischverteilungen) zuzuordnen sind.

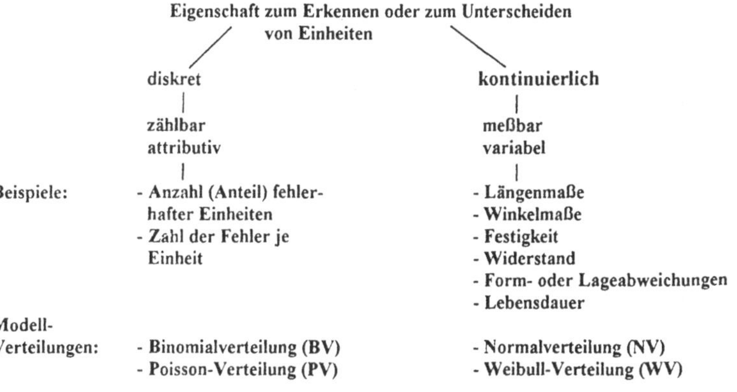

Abb. 2.1 Der Begriff quantitatives Merkmal und dessen Unterteilung

Einheit	Materieller oder immaterieller Gegenstand der Betrachtung. Einheiten können sein Personen, Tätigkeiten, Prozesse oder Produkte. In den nachfolgenden Kapiteln wird „Einheit“ ausschließlich im Sinne von Produkt verwendet.
Grundgesamtheit	Gesamtheit aller in Betracht gezogenen Einheiten.
Los	Teilgesamtheit, Fertigungslos oder Lieferlos. Oft ist ein Los als Grundgesamtheit zu betrachten. Losumfang: N
Stichprobe	Zufällig entnommener Teil eines Loses. Stichprobenumfang: n Bei der Fertigungsanalyse oder bei der Fertigungssteuerung werden meistens nacheinander oder in periodischen Abständen m Stichproben des gleichgeringen Umfangs n entnommen. Der Gesamtstichprobenumfang ist dann $n_{ges} = m * n$.
Parameter	Größe zur Kennzeichnung einer Wahrscheinlichkeitsverteilung (Grundgesamtheit). Die wichtigsten Parameter sind der arithmetische Mittelwert μ und die Standardabweichung σ.
Kennwert	Größe zur Kennzeichnung einer Häufigkeitsverteilung (Stichprobe). Die wichtigsten Kennwerte sind der arithmetische Mittelwert $\overline{x}$ und die Standardabweichung s; $\overline{x}$ und s sind Schätzwerte für die zugeordneten Parameter μ und σ.
Nennwert N	Wert eines quantitativen Merkmals zur Gliederung des Anwendungsbereiches. Ist das quantitative Merkmal ein Längenmaß kann der Nennwert als „Nennmaß“ bezeichnet werden. Beispiel: Zeichnungsvorgabe für einen Durchmesser: d = 50 + 0,1 mm Nennmaß: $N = 50$ mm oberes Grenzabmaß $A_o = +0,1$ mm unteres Grenzabmaß $A_u = 0$ mm
Sollwert M	Wert, von dem die Istwerte so wenig wie möglich abweichen sollen; wenn Grenzwerte vorgegeben sind, ist in der Regel der Mittenwert C der Sollwert.
Grenzwert GW	Mindestwert oder Höchstwert
Mindestwert UGW	Unterer Grenzwert, kleinster zugelassener Wert
Höchstwert OGW	Oberer Grenzwert, größter zugelassener Wert
Mittenwert C	Arithmetisches Mittel (Centrum) aus Mindestwert und Höchstwert

Toleranz	Höchstwert minus Mindestwert, bei Maßen Höchstmaß minus Mindestmaß Beispiel: Zeichnungsvorgabe für einen Durchmesser: d = 50 + 0,1 mm Nennmaß: N = 50 mm Mindestmaß UGW = 50 mm Höchstmaß OGW = 50,1 mm Mittenmaß C = 50,05 mm Toleranz T = 0,1 mm
Toleranzbereich	Bereich zugelassener Werte zwischen Mindestwert und Höchstwert.
Toleranzfeld	Intervall zwischen Mindestwert und Höchstwert; dieser Begriff ist häufig mit der Vorstellung einer grafischen Darstellung verbunden.
Schwankungen	Zufällige und systematische Abweichungen vom Sollwert; Erläuterungen in Abb. 2.2.

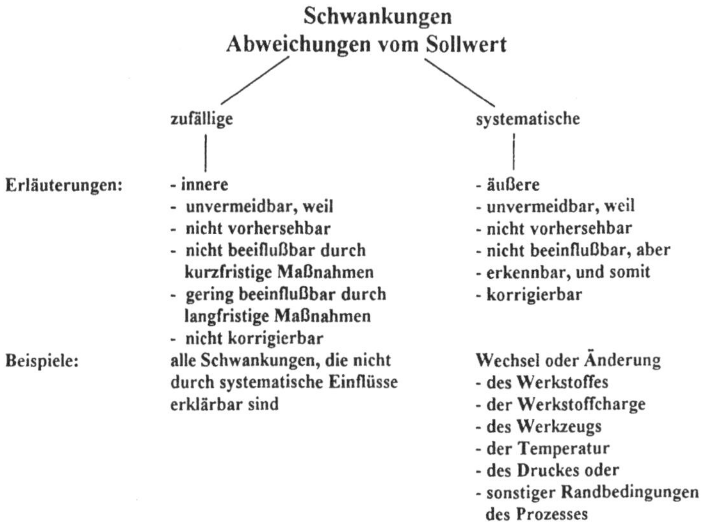

Schwankungen
Abweichungen vom Sollwert

	zufällige	systematische
Erläuterungen:	- innere - unvermeidbar, weil - nicht vorhersehbar - nicht beeiflußbar durch kurzfristige Maßnahmen - gering beeinflußbar durch langfristige Maßnahmen - nicht korrigierbar	- äußere - unvermeidbar, weil - nicht vorhersehbar - nicht beeinflußbar, aber - erkennbar, und somit - korrigierbar
Beispiele:	alle Schwankungen, die nicht durch systematische Einflüsse erklärbar sind	Wechsel oder Änderung - des Werkstoffes - der Werkstoffcharge - des Werkzeugs - der Temperatur - des Druckes oder - sonstiger Randbedingungen des Prozesses

Abb. 2.2 Zufällige und systematische Abweichungen vom Sollwert

Verteilung	Definition und Untergliederung in Abb. 2.3.
Klassieren	Begriffe dazu in Kapitel 2.4.3

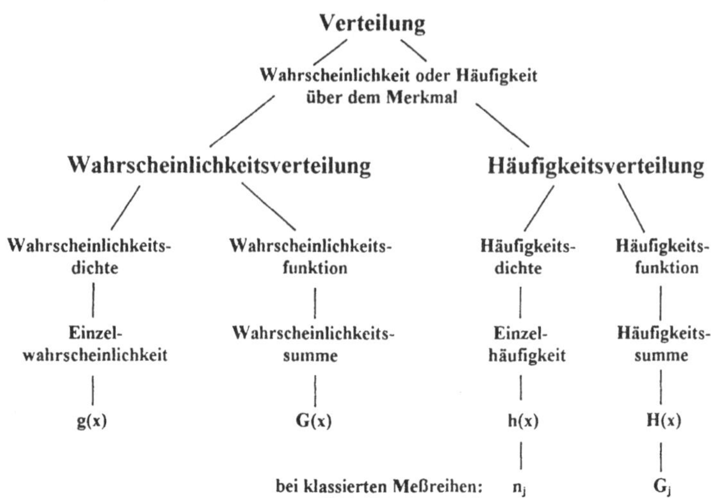

Abb. 2.3 Der Begriff Verteilung und dessen Unterteilung

Spielraum	Mittenbereich von QRK für die Lage, in dem die Annahmewahrscheinlichkeit (Nichteingriffswahrscheinlichkeit) $P_a \geq 0{,}99^n$ ist.
Empirischer Spielraum	mittlere Lageverschiebung (Driftstrecke) bei Trendprozessen.
Prozeßfähigkeit	Qualitätsfähigkeit eines Prozesses; der Prozeßfähigkeitsindex ist der Quotient aus der Toleranz eines Merkmals und dem Zufallsstreubereich bei der Realisierung dieses Merkmals: $c_P = T/(6*\sigma)$

2.2 Wahrscheinlichkeitsrechnung

Falls von der Grundgesamtheit die Zusammensetzung bekannt ist, kann die Wahrscheinlichkeit dafür, ein fehlerhaftes oder ein fehlerfreies Teil zu entnehmen, berechnet werden nach der Definition:

$$P(x) = \frac{\text{Zahl der günstigen Fälle}}{\text{Zahl der möglichen Fälle}}$$

Dies wird Wahrscheinlichkeit genannt und ist anwendbar bei allen bekannten Glücksspielgeräten wie Münze, Würfel, Spielkarten oder Roulette sowie bei der

Entnahme von Stichproben aus Grundgesamtheiten mit bekannter Zusammensetzung. Dabei ist

fehlerhaftes Teil = Merkmalsträger, und
fehlerfreies Teil = Nichtmerkmalsträger

Diese Wahrscheinlichkeitsdefinition ist auch dann anwendbar, wenn eine Wahrscheinlichkeitsverteilung für quantitative Merkmale dadurch bekannt ist, daß sie durch eine diskrete Verteilung mit endlichem Losumfang simuliert wird (Kap. 2.3).

Beispiel 2.1

gegeben: In einem Los sind von N = 40 Teilen d = 3 fehlerhaft

gesucht: Wahrscheinlichkeit, bei der Entnahme eines Teils ein fehlerhaftes Teil zu ziehen.

Lösung: $P(x) = 3/40 = 0{,}075 = 7{,}5\%$

Beispiel 2.2

gegeben: NV-Modell NV_3 in Abb. 2.11

gesucht: Wahrscheinlichkeit, bei der Entnahme eines Teils (eines Kärtchens) die Klassenmitte $x_j = 47$ zu ziehen.

Lösung: $P(x) = 150/1008 = 0{,}148809 \approx 14{,}9\%$

Falls von einer Grundgesamtheit die Zusammensetzung unbekannt ist – und dies ist der Regelfall in der Betriebspraxis – muß die Wahrscheinlichkeit durch die mittels Stichproben ermittelte relative Häufigkeit geschätzt werden. Diese Schätzung ist um so genauer, je größer der Stichprobenumfang ist.

Theoretisch muß n gegen unendlich gehen; praktisch ist jedoch

– gelegentlich	$n \approx 100$	in der Statistik als ∞ einzustufen
– meistens	$n \approx 1000$	
– praktisch immer	$n \geq 10000$	

Additionssatz (ODER-Satz)

Unter der Voraussetzung, daß sich die Ereignisse A_i, für die die Einzelwahrscheinlichkeiten $P_i = P_i\ (A_i)$ bestehen, einander ausschließen, ist die Gesamtwahrscheinlichkeit dafür, daß die Ereignisse alternativ (ODER ?) eintreten

$$P_{ges} = \Sigma\, P_i = P_1 + P_2 + \ldots\ldots + P_k$$

■ **Beispiel 2.3**

gegeben: NV-Modell NV_3 in Abb. 2.11

gesucht: Wahrscheinlichkeit, bei der Entnahme eines Teils (Kärtchens) die Klassenmitte $x_j = 47$ oder $x_j = 51$ zu ziehen

Lösung: $P_{ges} = 150/1008 + 190/1008 = 340/1008 = 0{,}337302 \approx 33{,}7\%$

Multiplikationssatz (UND-Satz)

Unter der Voraussetzung, daß die Ereignisse A_i, für die die Einzelwahrscheinlichkeiten $P_i = P_i\ (A_i)$ bestehen, voneinander unabhängig sind, ist die Gesamtwahrscheinlichkeit dafür, daß die Ereignisse additiv (UND?) eintreten

$$P_{ges} = \Pi\ P_i = P_1 * P_2 * \ldots\ldots P_k$$

Anmerkung: Ereignisse sind stets dann voneinander unabhängig, wenn die Wahrscheinlichkeit des einen Ereignisses nicht davon abhängt, ob das jeweils andere Ereignis eingetreten ist oder nicht. Einfaches Beispiel: das Würfeln einer „geraden Zahl" oder einer „eins" sind voneinander unabhängige Ereignisse, dagegen sind das Würfeln einer „geraden Zahl" oder einer „zwei" voneinander abhängig.

■ **Beispiel 2.4**

gegeben: NV-Modell NV_3 in Abb. 2.11

gesucht: Wahrscheinlichkeit, bei der Entnahme zweier Teile (Kärtchen) ohne Zurücklegen zuerst die Klassenmitte $x_j = 47$ und danach $x_j = 51$ zu ziehen.

Lösung: $P_{ges} = 150/1008 * 190/1007 = 0{,}028077 \approx 2{,}81\ \%$

■ **Beispiel 2.5**

gegeben: NV-Modell NV_3 in Abb. 2.11

gesucht: Wahrscheinlichkeit, bei der Entnahme zweier Teile (Kärtchen) ohne Zurücklegen die Klassenmitten $x_j = 47$ und $x_j = 51$ in beliebiger Reihenfolge zu ziehen.

Lösung: Die Ziehung kann in der Reihenfolge 47 + 51 ODER 51 + 47 erfolgen mit $P_{ges} = 0{,}028077 * 2 = 0{,}056155 \approx 5{,}62\ \%$.

2.3 Normalverteilung

Die Normalverteilung ist die wichtigste Wahrscheinlichkeitsverteilung. Immer dann, wenn mehrere oder gar viele Einflußgrößen die zufallsbedingten Abweichungen verursachen, entsteht eine Normalverteilung.

Diese wird beschrieben durch ihre Wahrscheinlichkeitsdichtefunktion g(x) und durch ihre Verteilungsfunktion G(x). Beide Funktionen sind in Abb. 2.4 dargestellt.

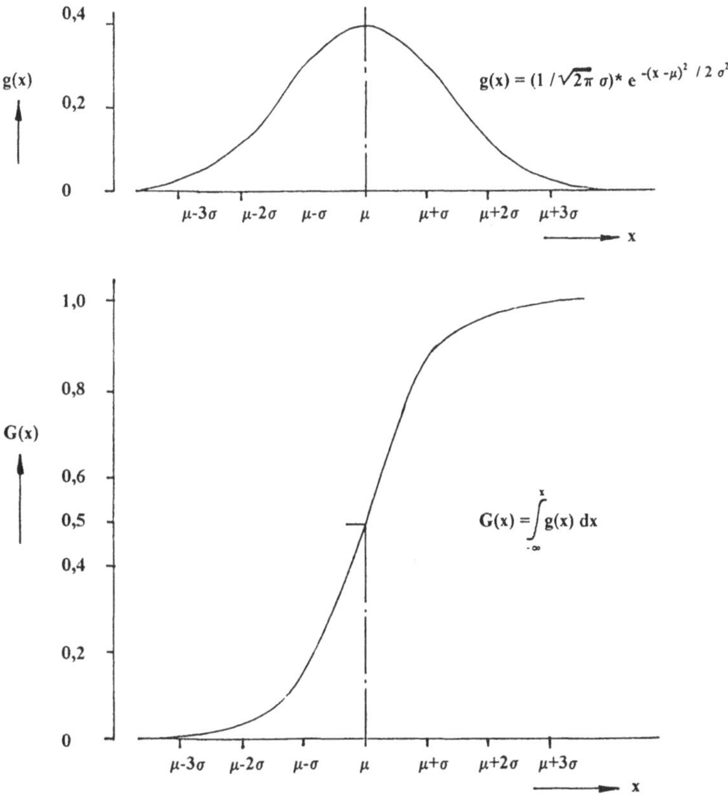

Abb. 2.4 Wahrscheinlichkeitsdichtefunktion g(x) und Verteilungsfunktion G(x) der Normalverteilung; die Formeln für g(x) und für G(x) werden in der Praxis nie benötigt

Da die Parameter Mittelwert μ und Standardabweichung σ beliebige Werte annehmen können, gibt es beliebig viele Normalverteilungen. Durch die Transformation

$$u = (x - \mu) / \sigma$$

wird jede beliebige NV hinsichtlich ihrer Lage in den Nullpunkt verschoben und hinsichtlich ihrer Breite derart gestreckt oder gestaucht, daß alle Normalverteilungen dieselbe, nämlich die standardisierte Form erhalten. Abb. 2.5 zeigt den Übergang von einer beliebigen Normalverteilung in die standardisierte Form.

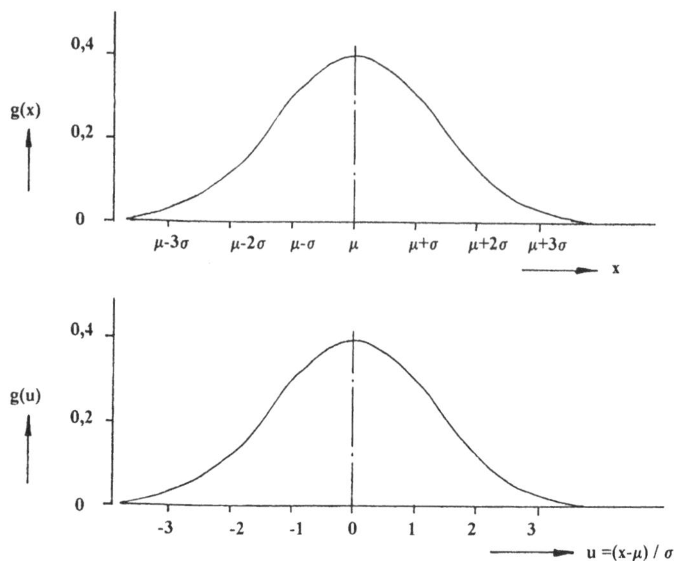

Abb. 2.5 Übergang von g(x; μ, σ) in g(u; 0, 1) durch Standardisierung (Maßstabtransformation)

Die Parameter der standardisierten NV sind $\mu = 0$ und $\sigma = 1$.

Die Standardnormalverteilung läßt sich in einfacher Weise tabellieren, Tabelle 1 im Anhang.

Dieser NV-Tabelle (u-Tabelle) können folgende Größen entnommen werden:

für $u \geq 0$	G(u)	Anteil der Verteilung im Bereich von $-\infty$ bis u
	Q(u)	Anteil der Verteilung im Bereich von u bis $+\infty$
	G(u) – Q(u)	Anteil der Verteilung im Bereich von – u bis + u
für $u < 0$	G(-u) = Q(u)	Anteil im Bereich von $-\infty$ bis – u

Zur Übung des Umgangs mit der NV-Tabelle folgendes

■ **Beispiel 2.6**

gegeben: Auf einem Drehautomaten werden Wellen nach Zeichnung gefertigt auf das Maß $d = 50^{+0,4}_{-0,4}$ mm.

Nach Abschluß der Fertigung wird festgestellt, daß das Los normalverteilt ist mit den Parametern $\mu = 50{,}1$ mm und $\sigma = 0{,}3$ mm.

gesucht: Anteil fehlerhafter Wellen
(Anteil Wellen außerhalb des Toleranzfeldes)

Lösung: Mit Abb. 2.6 ist der Abstand von μ zu den Grenzwerten in σ-Einheiten

$u_{OGW} = (OGW - \mu) / \sigma = (50{,}4 - 50{,}1) / 0{,}3 = 1{,}00$

$u_{UGW} = (UGW - \mu) / \sigma = (49{,}6 - 50{,}1) / 0{,}3 = -1{,}67$

Damit ist nach NV-Tabelle der Fehleranteil

Oberhalb OGW ist $p_{OGW} = 0{,}15866$

Unterhalb UGW ist $p_{UGW} = 0{,}04779$

Insgesamt ist $p_{ges} = 0{,}20645 \approx 20{,}6\ \%$

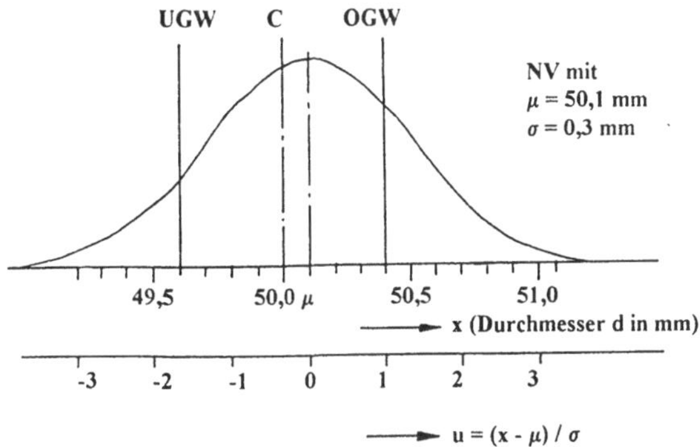

Abb. 2.6 Darstellung der Normalverteilung mit den Parametern μ = 50,1 mm und σ = 0,3 mm und des Toleranzfeldes zu der Zeichnungsvorgabe $d = 50^{+0,4}_{-0,4}$ mm; zu Beispiel 2.6

Das Wahrscheinlichkeitsnetz

Der Zusammenhang zwischen einer normalverteilten Variablen x und der Standardnormalvariablen u ist gegeben durch

$$u = (x - \mu) / \sigma$$

Dies ist eine Geradengleichung, die im Koordinatensystem u(x) durch den Punkt $u(x = \mu) = 0$ verläuft mit der Steigung $1/\sigma$. Diese Gerade ist in Abb. 2.7 dargestellt. Weitere Punkte der Geraden sind beispielsweise

$$u = -3 \quad \text{für } x = \mu - 3\sigma$$

oder

$$u = 2 \quad \text{für } x = \mu + 2\sigma$$

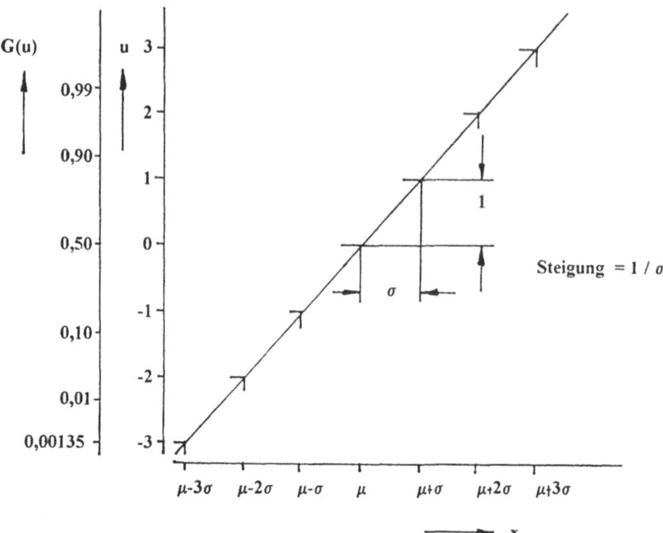

Abb. 2.7 Darstellung der Geradengleichung $u = (x - \mu) / \sigma$; zusätzlich eingetragen ist eine G(u) – Skala, wodurch sich das Wahrscheinlichkeitsnetz ergibt

Wird mit Hilfe der NV-Tabelle in dieses Koordinatensystem (Abb. 2.7) parallel zur u-Skala eine Skala für die Wahrscheinlichkeitssumme G(u) eingetragen, dann ensteht das Wahrscheinlichkeitsnetz (WN). In diesem WN wird die Verteilungsfunktion (Summenfunktion) jeder beliebigen Normalverteilung linearisiert.

Die Bedeutung des WN besteht nicht darin, daß in diesem normalverteilte Grundgesamtheiten dargestellt werden können. Die Bedeutung des WN liegt vielmehr darin, daß

Stichprobenergebnisse (Häufigkeitssummen) in das WN eingetragen werden können, um

- die Kennwerte $\bar{x}$ und s grafisch abzuschätzen (wegen der Rechner hat die grafische Abschätzung der Kennwerte keine praktische Bedeutung mehr, allenfalls zur Übung im Umgang mit der NV)
- das Maß der Übereinstimmung der Stichprobe mit der NV-Form (Gerade) subjektiv abzuschätzen.

Zufallsstreubereiche für Einzelwerte und für Kennwerte

Ist eine Grundgesamtheit hinsichtlich ihrer Parameter und hinsichtlich ihrer Verteilungsform bekannt, so können für künftige Stichprobenergebnisse Zufallsstreubereiche angegeben werden.

Zuvor muß die Aussagewahrscheinlichkeit $P_A = 1 - \alpha$ festgelegt werden; bevorzugt wird $1 - \alpha = 95$ % oder $1 - \alpha = 99$ % gewählt. Je nach Anwendungsfall wird die einseitige oder die zweiseitige Abgrenzung vorgenommen, Abb. 2.8; in der QRK-Technik wird fast ausnahmslos die zweiseitige Abgrenzung gewählt.

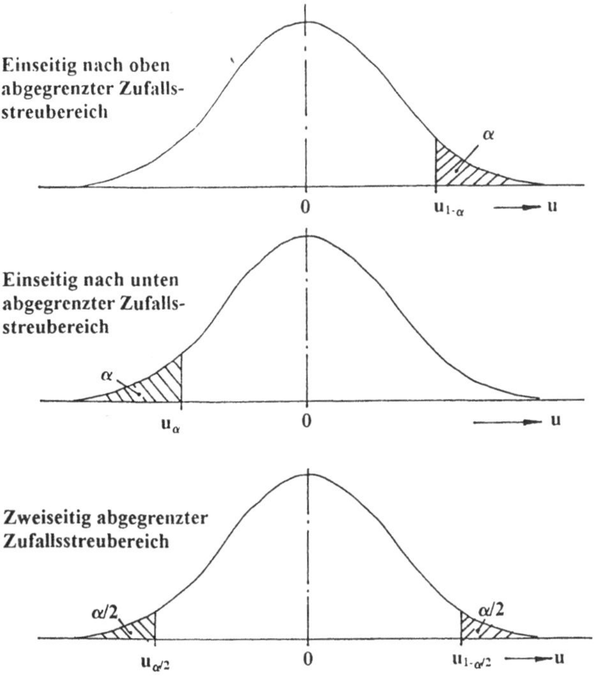

Abb. 2.8 Zufallsstreubereiche der standardisierten Variablen u bei einer Aussagewahrscheinlichkeit von $P_A = 1 - \alpha$

Das Komplement zur Aussagewahrscheinlichkeit ist die Irrtumswahrscheinlichkeit α. Eine Zusammenstellung der Formeln für die Zufallsstreubereiche von Einzelwerten und von Kennwerten für Stichproben aus normalverteilten Grundgesamtheiten ist in Abb. 2.9 enthalten. Zur Erläuterung: Mittelwerte $\overline{x}$ (sofern $n \geq 5$) sind stets normalverteilt (Zentraler Grenzwertsatz der Statistik) auch dann, wenn die Einzelwerte nicht normalverteilt sind. Mittelwerte haben die Standardabweichung $\sigma_{\overline{x}} = \sigma_x / \sqrt{n}$ (Abweichungsfortpflanzungsgesetz). Für die Angabe von Zufallsstreubereichen für die Standardabweichung s wird in analoger Weise die X^2-Verteilung nach Tabelle 3 im Anhang herangezogen.

Zufallsstreubereich für	Formeln	Bemerkungen
Einzelwerte	$x = \mu + u * \sigma$	
Mittelwerte	$\bar{x} = \mu + u * \sigma / \sqrt{n}$	u positiv und negativ u in Tabelle 1
Mediane	$\tilde{x} = \mu + u * c_n * \sigma / \sqrt{n}$	c_n in Tabelle 5
Standardabweichungen	$s_o = \sigma * \sqrt{X^2 / f}$ $s_u = \sigma * \sqrt{X^2 / f}$	f = n - 1 = Freiheitsgrad X^2 in Tabelle 3

Abb. 2.9 Formeln für die Berechnung von Zufallsstreubereichen

Bei der Ermittlung eines Zufallsstreubereiches ist die Wahl der Aussagewahrscheinlichkeit $P_A = 1 - \alpha$ grundsätzlich freigestellt. Neben dem Begriff der Aussagewahrscheinlichkeit gibt es den Begriff der Aussageschärfe, der nirgendwo definiert ist, auch nicht in /3/. Die Aussageschärfe ist die Engheit des Zufallstreubereiches, und jeder Anwender der Statistik möchte eine hohe Aussagewahrscheinlichkeit mit einer gleichzeitg hohen Aussageschärfe verbinden. Daß dies unmöglich ist, ist einer der schwierigsten Punkte zum Verständnis der Statistik.

Aussageschärfe und Aussagewahrscheinlichkeit haben gegenläufige Auswirkungen. Mit der Verwirklichung einer hohen Aussageschärfe ist stets eine geringe Aussagewahrscheinlichkeit verknüpft und eine hohe Aussagewahrscheinlichkeit hat stets eine geringe Aussageschärfe zur Folge.
Die Wahl dieser Randbedingungen ist stets ein Kompromiß; üblich ist der Kompromiß $1 - \alpha = 0{,}95$ oder $1 - \alpha = 0{,}99$.

■ **Beispiel 2.7**

gegeben: Normalverteilte Wellendurchmesser mit den Parametern $\mu = 50{,}1$ mm und $\sigma = 0{,}3$ mm

gesucht: Zufallsstreubereich, in dem 95 % der Wellen liegen, rechnerisch und grafisch

Lösung: Rechnerisch ist $x = \mu + u * \sigma$ ($u = -1{,}96$ für $\alpha/2$ und $u = 1{,}96$ für $1 - \alpha/2$)

$$50{,}1 - 1{,}96 * 0{,}3 \leq x \leq 50{,}1 + 1{,}96 * 0{,}3$$

$$49{,}512 \leq x \leq 50{,}688 \text{ mm}$$

Die grafische Lösung ist in Abb. 2.10 enthalten.

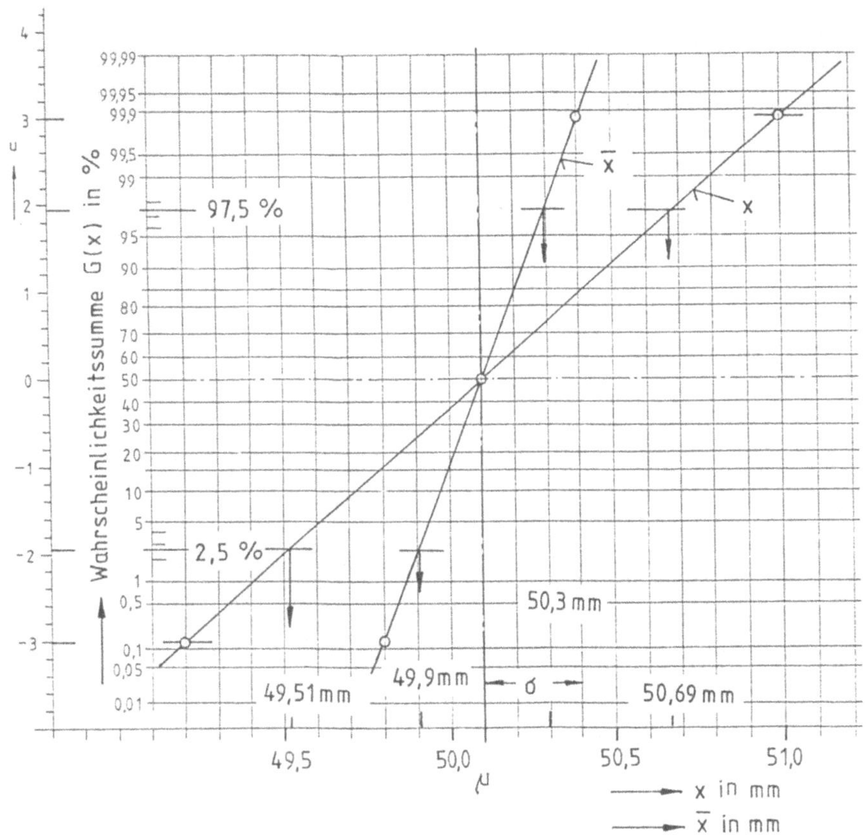

Abb. 2.10 Grafische Ermittlung der Zufallsstreubereiche für Einzelwerte x und für Mittelwerte $\overline{x}$ aus n = 9 bei einer Aussagewahrscheinlichkeit von $1 - \alpha = 0{,}95$; die Parameter der Grundgesamtheit sind $\mu = 50{,}1$ mm und $\sigma = 0{,}3$ mm; zu den Beispielen 2.7 und 2.8

■ Beispiel 2.8

gegeben: Normalverteilte Wellendurchmesser mit den Parametern $\mu = 50{,}1$ mm und $\sigma = 0{,}3$ mm

gesucht: Zufallsstreubereiche (ZB) für Mittelwerte $\overline{x}$ und für Standardabweichungen s aus Stichproben des Umfangs n = 9, $1 - \alpha = 95$ %

Lösung: ZB für $\bar{x}$ rechnerisch:

$$50{,}1 - 1{,}96 * 0{,}3 / \sqrt{9} \leq \bar{x} \leq 50{,}1 + 1{,}96 * 0{,}3 / \sqrt{9}$$

$$49{,}904 \text{ mm} \leq \bar{x} \leq 50{,}296 \text{ mm}$$

ZB für $\bar{x}$ grafisch in Abb. 2.10

ZB für s:

$$s_o = \sigma * \sqrt{X^2 / f} = 0{,}3 * \sqrt{17{,}535 / 8} = 0{,}4441 \text{ mm}$$

$$s_u = \sigma * \sqrt{X^2 / f} = 0{,}3 * \sqrt{2{,}1797 / 8} = 0{,}1566 \text{ mm}$$

Modelle für Normalverteilungen

Wirkliche Grundgesamtheiten mit einer ganz bestimmten Wahrscheinlichkeitsverteilung lassen sich durch Modell-Grundgesamtheiten simulieren. Dies ist jedoch auch bei stetigen Verteilungen – und alle Verteilungen kontinuierlicher, meßbarer Merkmale sind stetig – nur dadurch möglich, daß die Verteilung diskretisiert wird, d.h. in Klassen unterteilt wird.

Um den glockenförmigen Verlauf der Normalverteilung in sehr guter Näherung zu simulieren, sind dafür mindestens N = 1000 Werte erforderlich.

Das hier verwendete NV-Modell nach Abb. 2.11 besteht aus einer Schachtel, in der 1008 ca. 1 cm^2 große Pappkärtchen enthalten sind. Diese Kärtchen sind beschriftet mit den Zahlen 1 bis 14. Jede Zahl ist so oft vorhanden wie in der N_j-Spalte der Abb. 2.11 angegeben. Beispielsweise sind in der Schachtel 15 Kärtchen mit der Klassennummer 3 oder 150 Kärtchen mit der Klassennummer 6 enthalten.

Werden die Klassennummern multipliziert mit den Besetzungszahlen in den Taschenrechner eingegeben (1 * 1; 2 * 5; 3 * 15;........ 14 * 1) und danach $\bar{x}$ und s_n (oder σ_n), jedenfalls nicht s_{n-1} oder σ_{n-1}, abgerufen, dann sind dies die Parameter $\mu = 7{,}5$ und $\sigma = 2$ der NV_1 in Abb. 2.11.

Mit diesem Modell lassen sich viele Normalverteilungen simulieren; in Abb. 2.11 sind mit NV_2, NV_3 und NV_4 drei weitere NV-Modelle mit ihren Parametern angegeben.

Stichproben aus der NV_3 beispielsweise werden in der Weise entnommen, daß die Kärtchen Stück für Stück entnommen werden und für jedes Kärtchen, das gezogen und danach wieder in die Schachtel zurückgelegt wird, die der Kl.-Nr. zugeordnete Klassenmitte x_j notiert wird:

gezogen: 10 notiert: 55 oder
gezogen: 5 notiert: 45

bis der gewünschte Stichprobenumfang erreicht ist. Auf diese Weise sind die Stichproben in Abb. 2.13 entstanden.

Modelle für Normalverteilungen mit 14 Klassen und N = 1008

Klassen-Nr. j	NV_1 x_j	NV_2 x_j	NV_3 x_j	NV_4 x_j	Kl.-Besetzungszahl N_j	Wahrscheinlichkeitsdichte g(x)
1	1	0,07	37	235	1	0,000 992
2	2	0,09	39	245	5	0,004 960
3	3	0,11	41	255	15	0,014 881
4	4	0,13	43	265	40	0,039 683
5	5	0,15	45	275	103	0,102 183
6	6	0,17	47	285	150	0,148 809
7	7	0,19	49	295	190	0,188 492
8	8	0,21	51	305	190	0,188 492
9	9	0,23	53	315	150	0,148 809
10	10	0,25	55	325	103	0,102 183
11	11	0,27	57	335	40	0,039 683
12	12	0,29	59	345	15	0,014 881
13	13	0,31	61	355	5	0,004 960
14	14	0,33	63	365	1	0,000 992
Mittelwert μ	7,5	0,20	50	300	$\Sigma N_j = N = 1008$	
Standardabweichung σ	2	0,04	4	20		

Abb. 2.11 Vier NV-Modelle mit 14 Klassen und einem Losumfang von N = 1008 mit Angabe der Parameter μ und σ (in einer Schachtel befinden sich N = 1008 Kärtchen, beschriftet mit den Kl. Nr. j = 1 bis j = 14 jeweils mit der Häufigkeit der Besetzungszahlen N_j)

2.4 Rechnerische und grafische Auswertung von Meßreihen

2.4.1 Allgemeines

Die wichtigste Voraussetzung für die Anwendung der QRK-Technik ist die Abschätzung der Parameter der Grundgesamtheiten, die für die jeweiligen Prozesse charakteristisch sind.

Diese Grundgesamtheiten sind (fast) ausnahmslos nach Lage, Streuung und Verteilungsform unbekannt. Diese Unkenntnis kann nur durch eine geeignete Prozeßanalyse überwunden werden. Egal ob diese Prozeßanalyse durchgeführt wird als

- Kurzzeitanalyse, bei der beispielsweise 200 nacheinander gefertigte Einheiten entnommen werden, oder als

- Langzeitanalyse, bei der beispielsweise 200 Einheiten in Unterstichproben gleichgeringen Umfangs in gleichen Zeitabständen über einen längeren Zeitraum entnommen werden:

In jedem Falle ergeben sich Stichproben, die zu untersuchen sind. Da hier ausnahmslos von kontinuierlichen Merkmalen die Rede ist, besteht die Untersuchung darin, daß die Einheiten hinsichtlich des relevanten Merkmals (oder mehrerer) messend geprüft werden. Die Ergebnisse der Stichprobenprüfungen sind Meßreihen, die rechnerisch oder grafisch ausgewertet werden müssen. Da heute überall Rechner zur Verfügung stehen, erfolgt die Auswertung bevorzugt rechnerisch.

Nachfolgend wird zusätzlich die grafische Auswertung mit dem in Kapitel 2.3 erläuterten Wahrscheinlichkeitsnetz (WN) besprochen undzwar aus drei Gründen:

1. Der Umgang mit dem WN vermittelt ein besseres Verständnis der Normalverteilung,
2. Das Eintragen der Häufigkeitssummen in das WN ermöglicht eine visuelle Abschätzung der Verteilungsform und
3. Die genaue Kenntnis des WN ist Voraussetzung für das Verständnis des in Kapitel 4.3 besprochenen und in den nachfolgenden Kapiteln immer und immer wieder verwendeten doppelten Wahrscheinlichkeitsnetzes (DWN).

Sowohl bei der rechnerischen als auch bei der grafischen Auswertung von Meßreihen ist hinsichtlich der Verfahrensweise zu unterscheiden zwischen

- kleinen Stichproben ($n < 50$), diese werden ohne Klassieren ausgewertet, und
- großen Stichproben ($n \geq 50$), diese werden in der Regel nach Klassieren ausgewertet, um den Aufwand zu vermindern; große Stichproben können aber auch ohne Klassieren ausgewertet werden.

Wegen der stets begrenzten Meßgenauigkeit fallen die Meßwerte bereits klassiert an, d.h. mehrere der n Meßergebnisse sind jeweils gleich groß. Daher ist das Klassieren in Wahrheit ein Umklassieren bereits klassiert vorliegender Meßwerte.

Das Ergebnis der statistischen Auswertung einer Meßreihe sind statistische Kennwerte. Die mit Abstand wichtigsten statistischen Kennwerte sind

- der (arithmetische) Mittelwert $\overline{x}$, Schätzwert für den Parameter μ der Grundgesamtheit, aus der die Stichprobe entnommen wurde, und
- die Standardabweichung s, Schätzwert für den Parameter σ der Grundgesamtheit, aus der die Stichprobe entnommen wurde.

Für die in den nachfolgenden Kapiteln 2.4.2 und 2.4.3 beschriebene Auswertung von Meßreihen aus einer laufenden Fertigung werde – sofern nichts anderes gesagt ist – unterstellt, daß die Prozesse absolut stabil sind oder – was dasselbe ist –

daß die Stichproben aus einem abgeschlossenen Fertigungslos entnommen werden.

2.4.2 Auswertung ohne Klassieren

Werden alle Werte einer Meßreihe direkt in die Auswertung einbezogen (beispielsweise einzeln in den Rechner eingegeben), dann ist der (arithmetische) Mittelwert

$$\overline{x} = \sum x / n \qquad /2.1/$$

und die Standardabweichung

$$s = +\sqrt{[1/(n-1)] \sum (x - \overline{x})^2} \qquad /2.2/$$

Statt dieser Defintionsformel wird jedoch bevorzugt die Identitätsformel

$$s = +\sqrt{[1/n-1]\left[\sum x^2 - (1/n)\left(\sum x\right)^2\right]} \qquad /2.3/$$

verwendet, für die auch die Taschenrechner mit $\overline{x}/s$-Automatik programmiert sind.

Bei der grafischen Auswertung von nichtklassierten Meßreihen mit dem WN werden die Meßwerte der Größe nach geordnet, was in einfacher Weise dadurch erreicht wird, daß für die Meßwerte dicht über der Merkmalsachse des WN ein Punktdiagramm angelegt wird. Danach werden über den Meßwerten die Erwartungswerte für die Häufigkeitssummen nach Tabelle 2 im Anhang ins WN eingetragen; durch diese Punkte für die Häufigkeitssummen wird eine Ausgleichsgerade gelegt.

Hinweis: Die Erwartungswerte für die Häufigkeitsummen nach Tabelle 2 sind korrigierte Häufigkeitssummen.

Der Schnittpunkt dieser Ausgleichsgeraden mit der 50 % – Linie ergibt auf der x-Achse den Mittelwert $\overline{x}$. Ein Viertel der Differenz der Schnittpunkte mit der $u = 2$ und der $u = -2$-Koordinate ist der Standardabweichung s.

Beispiel 2.9

gegeben: Meßreihe mit $n = 20$ Werten aus der Modell-NV mit den Parametern $\mu = 50$ und $\sigma = 4$. Es handelt sich um die ersten 20 Werte (erste 4 Fünferstichproben) der Abb. 2.13.

gesucht:
1. Grafische Auswertung nach $\overline{x}$ und s
2. Rechnerische Auswertung mit dem TR und mit den Formeln /2.1/ und /2.3/

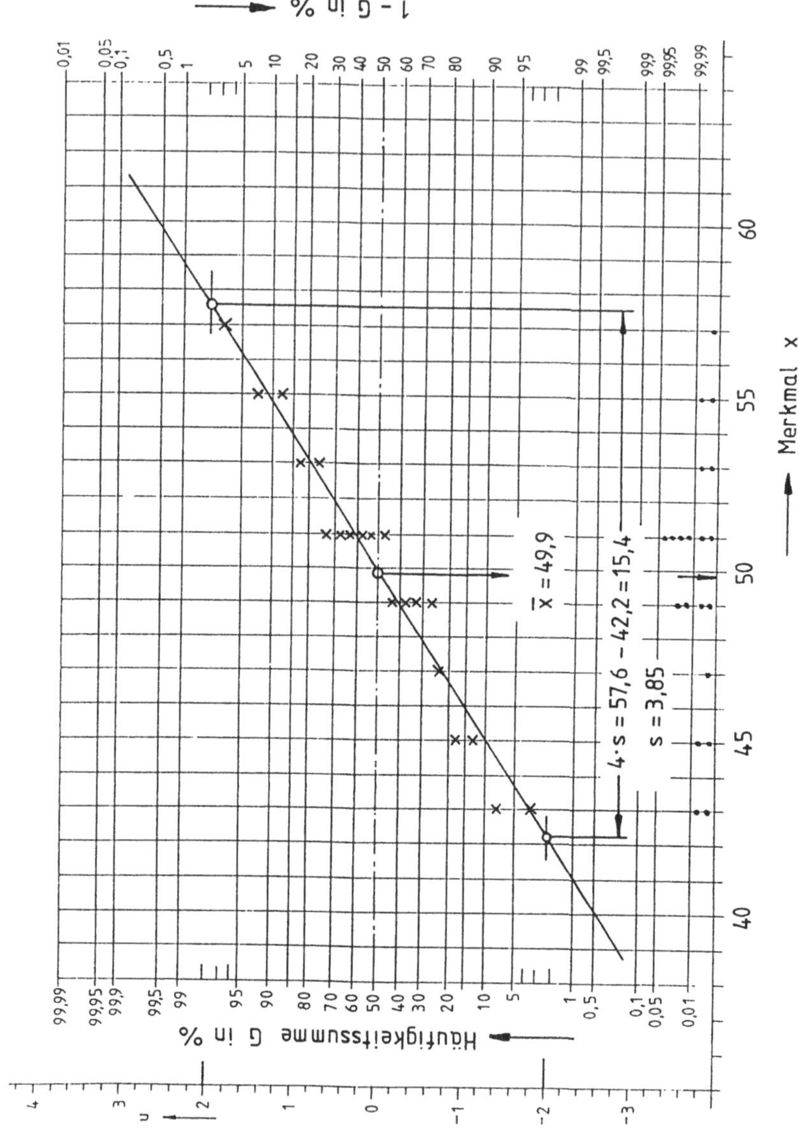

Abb. 2.12 Grafische Auswertung einer Stichprobe von n = 20 Einzelwerten aus einer Modell-NV mit den Parametern $\mu = 50$ und $\sigma = 4$; zu Beispiel 2.9

Lösung:
1. Die grafische Auswertung ist in Abb. 2.12 nachvollziehbar angegeben.
2. Nach Eingabe aller 20 Einzelwerte liefert der TR in Übereinstimmung mit der grafischen Lösung

   $\overline{x} = 49{,}9$ und $s = 3{,}864821$

   Mit den Formeln /2.1/ und /2.3/ und $\Sigma x_i = 998$ sowie $\Sigma x_i^2 = 50084$ ergeben sich die gleichen Kennwerte:

   $\overline{x} = 998/20 = 49{,}9$ und

   $s = \sqrt{(1/19)\left\{50084 - 998^2/20\right\}} = 3{,}864821$

■ **Beispiel 2.10**

gegeben: Erste Fünferstichprobe aus Abb. 2.19

i	x_i
1	9,473
2	9,482
3	9,462
4	9,461
5	9,461

gesucht: Rechnerische Auswertung nach $\overline{x}$ und s mit dem TR

Lösung: $\overline{x} = 9{,}4678$ mm und $s = 0{,}009418$ mm
in Übereinstimmung mit den Angaben in Abb. 2.19

Anmerkung: Auch bei der Benutzung eines TR kann es zweckmäßig sein, die Transformation

$$z = (x - A)/B$$

vorzunehmen (nach zweckentsprechender freier Wahl von A und B), die Kennwerte

$$\overline{z} = \sum z/n \quad \text{und}$$

$$s_z = +\sqrt{[1/n - 1][\Sigma z^2 - (1/n)(\Sigma z)^2]}$$

auszurechnen, um dann wieder auf $\overline{x}$ zurück zu transformieren:

$$\overline{x} = B\,\overline{z} + A \quad \text{bzw.}$$

$$s_x = B\,s_z$$

Das klingt kompliziert, vereinfacht jedoch die Auswertung, da jeweils nur zwei Ziffern in den Taschenrechner eingegeben werden müssen.

■ **Beispiel 2.11**

gegeben: vorstehendes Beispiel (erste Fünferstichprobe aus Abb. 2.19)

gesucht: Rechnerische Auswertung mit dem TR und der Transformation $z = (x - 9{,}4) / 10^{-3}$

Lösung:

i	x_i	z_i
1	9,473	73
2	9,482	82
3	9,462	62
4	9,461	61
5	9,461	61

Nach Eingabe der Werte z_i in den TR werden abgerufen

$\bar{z} = 67{,}8$ und somit $\bar{x} = 9{,}4678$ mm und
$s_z = 9{,}418067$ und somit $s = 0{,}009418$ mm

2.4.3 Auswertung klassierter Meßreihen

Begriffe zum Klassieren (Umklassieren) und Vorgehensweise:

- Klassierung: Aufteilung des Wertebereichs eines Merkmals in Teilbereiche, die einander ausschließen und den Wertebereich ausfüllen.
- Klasse: Ein bei der Klassierung entstehender Teilbereich
- Klassengrenze: Wert der oberen oder der unteren Grenze einer Klasse
- Nominelle Klassengrenze: Angegebene Klassengrenze, die nicht „echte" Klassengrenze ist.
- Echte Klassengrenze: Grenze zwischen Aufrunden und Abrunden der Istwerte zur Klassenmitte.
- Klassenmitte x_j: Arithmetischer Mittelwert der echten Klassengrenzen.
- Klassenweite: Echte obere minus echte untere Klassengrenze.
- Besetzungszahl n_j : Anzahl der Einzelwerte in einer Klasse.
- Aufsummierte Besetzungszahl $\sum n_j$: Anzahl der Einzelwerte bis zur j – ten Klasse.
- Häufigkeitssumme $G_j = \sum n_j / n$: Aufsummierte Besetzungszahl dividiert durch die Gesamtzahl der Einzelwerte; bei $n \leq 100$ mit Korrektur als $G_j = \sum(n_j - 0{,}5) / n$.
- Gesichtspunkte für das Klassieren:

- Klassengrenzen so wählen, daß jeder Wert eindeutig in eine Klasse fällt; dies ist der Fall, wenn Klassengrenze = Rundungsgrenze beim Erfassen der Einzelmeßwerte.
- Klassenzahl und Klassenweite so aufeinander abstimmen, daß 10 bis 20 Klassen entstehen.

Nach dem Klassieren wird eine Strichliste angefertigt, indem jeder Einzelwert der Klasse zugeordnet wird, in die er gehört.

Nach Anfertigen der Strichliste werden die Besetzungszahlen n_j ausgezählt.

Nach Eingabe aller $x_j * n_j$ in das Statistik-Programm des Taschenrechners können die Kennwerte $\overline{x}$ und s abgerufen werden.

Für die grafische Auswertung (oder auch nur die grafische Darstellung) im WN werden die Häufigkeitssummen G_j berechnet und

über den oberen, echten Klassengrenzen

in das Wahrscheinlichkeitsnetz eingetragen.(Diese Aussage ist deswegen so stark hervorgehoben, weil dies in der Praxis häufig falsch gemacht wird). Beim Einlegen einer Ausgleichsgeraden durch die Punkte für die Häufigkeitssummen ist darauf zu achten, daß die Punkte unter $G_j \approx 5$ % und über $G_j \approx 95$ % nicht berücksichtigt werden, weil die mittleren Klassen die höheren Bestzungszahlen aufweisen und daher gewichtiger sind.

Das Auswerten klassierter Meßreihen wird in den folgenden Beispielen erläutert.

■ **Beispiel 2.12**

gegeben: Die Abb. 2.13 enthält m = 20 Stichproben des Umfangs n = 5 aus der Modell- NV_3 mit den Parametern $\mu = 50$ und $\sigma = 4$ in Abb. 2.11; die NV_3 ist in Abb. 2.14 noch einmal angegeben.

gesucht: Auswertung dieser Meßreihe nach statistischen Kennwerten unter verschiedenen Gesichtspunkten rechnerisch und grafisch.

Lösung: In Abb. 2.13 wurden alle m = 20 Stichproben des Umfangs n = 5 mit dem TR ausgewertet nach deren $\overline{x}$, s und s^2 (Varianz).

Die m = 20 Mittelwerte $\overline{x}$ wurden gemittelt zum Mittelwert der Mittelwerte $\overline{\overline{x}} = 49{,}84$. Dieser ist identisch mit dem Gesamtmittelwert aller Einzelwerte. Um dies zu beweisen wurde aus allen 100 Einzelwerten in Abb. 2.13 eine Strichliste angefertigt und ausgewertet nach $\overline{x}$ und s, Abb. 2.14. Die grafische Auswertung führt – mit den für grafische Verfahren üblichen Abweichungen – zu den gleichen Kennwerten, Abb. 2.15.

Nr.	Urwerte x					$\bar{x}$	s	s^2	
1	51	55	53	51	55	53,0	2,000000	4,0	
2	43	51	49	43	51	47,4	4,098780	16,8	n = 25
3	47	53	51	45	49	49,0	3,162278	10,0	$\bar{x}$ = 49,88
4	49	49	45	57	51	50,2	4,381780	19,2	s = 3,700450
5	47	49	55	47	51	49,8	3,346640	11,2	
6	51	53	47	47	43	48,2	3,898718	15,2	
7	45	49	53	49	45	48,2	3,346640	11,2	n = 25
8	45	49	57	47	49	49,4	4,560702	20,8	$\bar{x}$ = 49,64
9	51	45	57	51	51	51,0	4,242641	18,0	s = 3,860915
10	49	55	51	55	47	51,4	3,577709	12,8	
11	53	51	45	45	49	48,6	3,577709	12.8	
12	51	49	57	45	47	49,8	4,604346	21,2	n = 25
13	45	43	51	59	51	49,8	6,260990	39,2	$\bar{x}$ = 50,12
14	53	55	51	55	51	53,0	2,000000	4,0	s = 4,166533
15	45	53	47	53	49	49,4	3,577709	12,8	
16	51	57	49	55	43	51,0	5,477226	30,0	
17	53	49	47	51	47	49,4	2,607681	6,8	n = 25
18	51	49	49	49	53	50,2	1,788854	3,2	$\bar{x}$ = 49,72
19	43	53	51	55	53	51,0	4,690416	22,0	s = 4,118252
20	41	47	55	47	45	47,0	5,099020	26,0	

$\bar{\bar{x}} = 49,84$ $\quad \bar{s} = 3,814992$ $\quad \overline{s^2} = 15,86$

$s_{\bar{x}} = 1,604730$ $\quad \hat{\sigma} = \bar{s} / a_n$ $\quad \hat{\sigma} = \sqrt{\overline{s^2}}$

$\sqrt{5}\, s_{\bar{x}} = 3,588285$ $\quad = 4,058502$ $\quad = 3,982462$

Abb. 2.13 m = 20 Stichproben des Umfangs n = 5 aus einer Modell-NV mit den Parametern $\mu = 50$ und $\sigma = 4$; Erläuterungen im Text; zu den Beispielen 2.9 und 2.12

Die Gesamtstreuung ist mit $s_{ges} = 3,909894$ ein Schätzwert für die in der Regel unbekannte Standardabweichung der Grundgesamtheit, die jedoch in diesem Beispiel mit $\sigma = 4$ bekannt ist.

Weitere Schätzwerte für die Standardabweichung sind nach Abb. 2.13 die Schätzwerte, die sich aus der mittleren Standardabweichung oder aus der mittleren Varianz ergeben. Während die Schätzung über die mittlere Varianz „erwartungstreu" ist, muß die Schätzung über s mit dem n-abhängigen Faktor a_n korrigiert werden. Die a_n – Faktoren sind in Tabelle 7 angegeben.

$\sigma = \bar{s} / a_n$ und $\sigma = \sqrt{\overline{s^2}}$ sind Schätzwerte für die „momentane" Streuung.

Wahrscheinlichkeitsverteilung = Grundgesamtheit			Häufigkeitsverteilung = Stichprobe			
Klassen-Nr.	Klassenmitte x_j	Klassen-besetzungszahl N_j	Strichliste	Klassen-besetzungszahl n_j	$\Sigma\, n_j$	Häufigkeits-summe in % $G_j = (\Sigma n_j - 0{,}5)/n$
1	37	1				
2	39	5				
3	41	15	/	1	1	0,5%
4	43	40	~~////~~ /	6	7	6,5
5	45	103	~~////~~ ~~////~~ //	12	19	18,5
6	47	150	~~////~~ ~~////~~ ///	13	32	31,5
7	49	190	~~////~~ ~~////~~ ~~////~~ ///	18	50	49,5
8	51	190	~~////~~ ~~////~~ ~~////~~ ~~////~~ //	22	72	71,5
9	53	150	~~////~~ ~~////~~ //	12	84	83,5
10	55	103	~~////~~ ~~////~~	10	94	93,5
11	57	40	~~////~~	5	99	98,5
12	59	15	/	1	100	99,5
13	61	5				
14	63	1				

Losumfang N = 1008	Stichprobenumfang n_{ges} = 100
Parameter:	Kennwerte:
Mittelwert $\mu = 50$	Mittelwert $\bar{x} = 49{,}84$
Standardabweichung $\sigma = 4$	Standardabweichung s_{ges} = 3,909894

Abb. 2.14 Modell-NV mit den Parametern $\mu = 50$ und $\sigma = 4$ (linker Teil) und Strichliste für die $m * n = n_{ges} = 20 * 5 = 100$ Einzelwerte der Zufallsstichprobe nach Abb. 2.13

In diesem Beispiel sind diese Schätzwerte angenähert identisch mit dem Schätzwert für die Gesamtstreuung

$$s_{ges} = 3{,}909894 \approx \sigma = 4{,}058502 \approx \sigma = 3{,}982462,$$

da alle Fünferstichproben derselben Grundgesamtheit entnommen wurden.

In Abb. 2.13 ist noch die Streuung der Mittelwerte $s_{\bar{x}}$ angegeben und „hochgerechnet" auf die der Einzelwerte $\sqrt{5} * s_{\bar{x}}$. Dies ist ebenfalls ein Schätzwert für die Streuung der Einzelwerte der Grundgesamtheit, sofern – wie in diesem Beispiel – die Streuung der Mittelwerte nur durch die Streuung der Einzelwerte verursacht wird.

Erläuterung: Wegen $\sigma_{\bar{x}} = \sigma / \sqrt{n}$ ist $\sigma = \sqrt{n} * \sigma_{\bar{x}}$ und angenähert $s = \sqrt{n} * s_{\bar{x}}$.

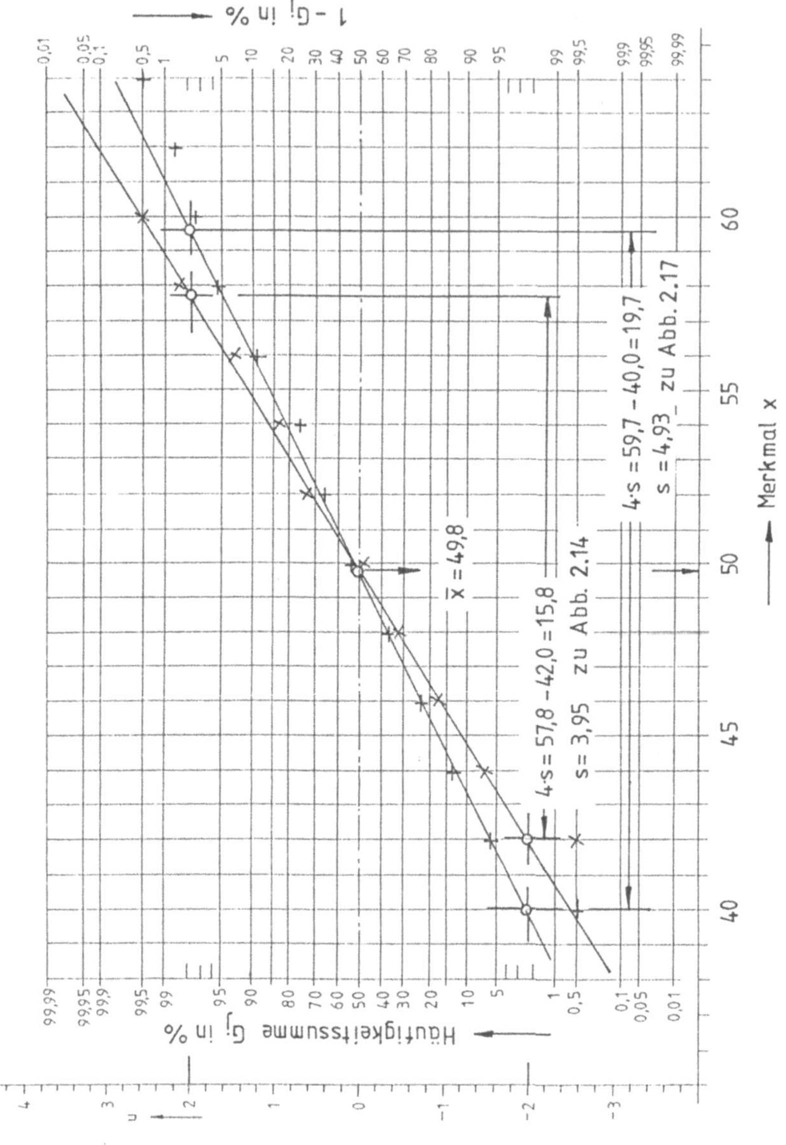

Abb. 2.15 Grafische Auswertung der Strichliste in Abb. 2.14 (steile Ausgleichsgerade, Stichprobe aus NV-Modell) und des Beispiels 2. 13 (flache Ausgleichsgerade, Stichprobe aus NV-Modell mit simulierter Störung und deren Korrektur)

Die Häufigkeitssummen aus Abb. 2.14 sind über den oberen Klassengrenzen in das WN der Abb. 2.15 eingetragen und ausgewertet. Grafisch ergeben sich $\overline{x}$ = 49,8 und s = 3,95 in Übereinstimmung mit der rechnerischen Lösung.

Schließlich wurden in Abb. 2.13 jeweils 5 Fünferstichproben zusammengefaßt ausgewertet nach $\overline{x}$ und s; die Ergebnisse lassen erkennen, daß beim Stichprobenumfang n = 25 die statistischen Kennwerte bereits in guter Näherung mit den (hier bekannten) Parametern der Grundgesamtheit übereinstimmen.

2.4.4 Der Unterschied zwischen der momentanen Streuung und der Gesamtstreuung

In den vorhergehenden Kapiteln ist wiederholt darauf hingewiesen worden, daß die aus Stichproben rechnerisch oder grafisch ermittelten statistischen Kennwerte $\overline{x}$ und s Schätzwerte sind für die entsprechenden Parameter der Grundgesamtheit μ und σ. Diese Aussage ist uneingeschränkt richtig, wenn die Parameter konstante Größen sind und dies ist immer der Fall, wenn abgeschlossene Lose – Fertigungslose oder Lieferlose – vorliegen.

Dies war der Fall in dem Beispiel 2.12. Die in Beispiel 2.12 vorgenommene Unterteilung der Gesamtstichprobe in m = 20 Unterstichproben des gleichen Umfangs n = 5 (Abb. 2.13) war – wie die Auswertungsergebnisse zeigen – nicht erforderlich, aber auch nicht falsch.

Ein erheblich anders gearteter Fall liegt vor, wenn Lose nicht abgeschlossen sondern in der Entstehung begriffen sind und zu erwarten ist, daß der Prozeß nicht oder nicht über einen längeren Zeitraum stabil ist und somit die Parameter über einen längeren Zeitraum, in dem die Gesamtstichprobe entnommen wird, nicht konstant sind. Die Parameter können sich durch systematische Einflüsse einmal oder wiederholt, stetig oder sprunghaft ändern. Eine sprunghafte Änderung zumindest des Mittelwertes liegt in der Regel auch dann vor, wenn in den Prozeß eingegriffen wird, beispielsweise indem das Werkzeug gewechselt wird.

In diesem Fall ist es notwendig oder dringend ratsam, die Gesamtstichprobe in der Form von Unterstichproben des gleichgeringen Umfang – bevorzugt n = 5 – zu entnehmen. Dabei ist darauf zu achten, daß während der Fertigung einer Unterstichprobe keine Eingriffe erfolgen. Sollte dies unvermeidbar sein, ist die davon betroffene Unterstichprobe nicht in die Auswertung einzubeziehen.

Eine Simulation der Änderung des Mittelwertes μ der Grundgesamtheit (bei unveränderter Streuung σ) durch eine Störung und durch Eingriffe zwischen den Unterstichproben erfolgt im nächsten Beispiel.

Nr.	Urwerte x					Statistische Kennwerte $\bar{x}$	s	s^2		Fertigungslage Änderung
1	51	55	53	51	55	53,0	2,000000	4,0		
2	43	51	49	43	51	47,4	4,098780	16,8	n = 25	
3	47	53	51	45	49	49,0	3,162278	10,0	$\bar{x}$ = 49,88	$\mu = 50$
4	49	49	45	57	51	50,2	4,381780	19,2	s = 3,700450	
5	47	49	55	47	51	49,8	3,346640	11,2		
										Störung
6	47	49	43	43	39	44,2	3,898718	15,2		
7	41	45	49	45	41	44,2	3,346640	11,2	n = 25	
8	41	45	53	43	45	45,4	4,560702	20,8	$\bar{x}$ = 45,64	$\mu - \sigma = 46$
9	47	41	53	47	47	47,0	4,242641	18,0	s = 3,860915	
10	45	51	47	51	43	47,4	3,577709	12,8		
										Korrektur, falsch
11	57	55	49	49	53	52,6	3,577709	12,8		
12	55	53	61	49	51	53,8	4,604346	21,2	n = 25	
13	49	47	55	63	55	53,8	6,260990	39,2	$\bar{x}$ = 54,12	$\mu + \sigma = 54$
14	57	59	55	59	55	55,0	2,000000	4,0	s = 4,166533	
15	49	57	51	57	53	53,4	3,577709	12,8		
										Korrektur, korrekt
16	51	57	49	55	43	51,0	5,477226	30,0		
17	53	49	47	51	47	49,4	2,607681	6,8	n = 25	
18	51	49	49	49	53	50,2	1,788854	3,2	$\bar{x}$ = 49,72	$\mu = 50$
19	43	53	51	55	53	51,0	4,690416	22,0	s = 4,118252	
20	41	47	55	47	45	47,0	5,099020	26,0		

$\bar{\bar{x}} = 49{,}84$ $\quad \bar{s} = 3{,}814992$ $\quad \overline{s^2} = 15{,}86$

$s_{\bar{x}} = 3{,}465074$ $\quad \hat{\sigma} = \bar{s} / a_n$ $\quad \hat{\sigma} = \sqrt{\overline{s^2}}$

$\sqrt{5}\, s_{\bar{x}} = 7{,}748141$ $\quad = 4{,}058502$ $\quad = 3{,}982462$

Abb. 2.16 m = 20 Stichproben des Umfangs n = 5 aus einer Modell-NV mit den Parametern μ = 50 und σ = 4 mit simulierter Störung und deren Korrektur; Erläuterungen im Text; zu Beispiel 2.13

■ Beispiel 2.13

gegeben: Gesamtstichprobe mit $n_{ges} = 100$ unterteilt in m = 20 Fünferstichproben aus einer Grundgesamtheit mit den Parametern μ = 50 und σ = 4 wie im Beispiel 2.12, dargestellt in Abb. 2.13. Zur Simulation eines laufenden Prozesses wird unterstellt, daß nach der 5. Unterstichprobe eine Störung erfolgt, die die Mittenlage auf μ – σ = 46 verändert, Abb. 2.16. Alle Urwerte sind in den Stichproben 6 bis 10 um Δμ = 4 verkleinert gegenüber dem Beispiel 2.12. Es sei weiterhin unterstellt, daß die Störung nach der 10. Stichprobe erkannt wird; der Prozeß wird jedoch nicht auf μ = 50 sondern irrtümlich auf μ + σ = 54 korrigiert. Dementsprechend sind alle Urwerte der Stichproben 11 bis 15 um $\Delta\mu = 4$ vergrößert gegenüber dem Beispiel 2.12, Abb. 2.13. Nach der 15. Stichprobe wird die Prozeßlage erneut korrigiert, diesmal korrekt auf $\mu = 50$.

gesucht: Statistische Auswertung des Analyse-Protokolls in Abb. 2.16

Lösung: Die Schätzwerte σ für die momentane Streuung als $\bar{s}/a_n$ und $\sqrt{\overline{s^2}}$ sind exakt die gleichen wie in Abb. 2.13. Das bedeutet: Die Lageverschiebungen zwischen den Fünferstichproben beeinflussen die Schätzung der momentanen Streuung nicht.

Für alle Urwerte der Abb. 2.16 ist in Abb. 2.17 eine Strichliste angefertigt und rechnerisch ausgewertet. Der Gesamtmittelwert ist unverändert, aber die Gesamtstreuung ist deutlich größer geworden gegenüber Abb. 2.14. Die grafische Darstellung und Auswertung enthält Abb. 2.15.

Wahrscheinlichkeitsverteilung = Grundgesamtheit			Häufigkeitsverteilung = Stichprobe			
Klassen- Nr.	Klassen- mitte x_j	Klassen- besetzungszahl N_j	Strichliste	Klassen- besetzungszahl n_j	Σn_j	Häufigkeits- summe in % $G_j = (\Sigma n_j - 0{,}5)/n$
1	37	1				
2	39	5	/	1	1	0,5
3	41	15	卌	5	6	5,5
4	43	40	卌 ///	8	14	13,5
5	45	103	卌 ///	8	22	21,5
6	47	150	卌 卌 ///	13	35	34,5
7	49	190	卌 卌 卌 //	17	52	51,5
8	51	190	卌 卌 ////	15	67	66,5
9	53	150	卌 卌 /	11	78	77,5
10	55	103	卌 卌 //	12	90	89,5
11	57	40	卌 /	6	96	95,5
12	59	15	//	2	98	97,5
13	61	5	/	1	99	98,5
14	63	1	/	1	100	99,5

Losumfang N = 1008	Stichprobenumfang n_{ges} = 100
Parameter:	Kennwerte:
Mittelwert $\mu = 50$	Mittelwert $\bar{x} = 49{,}84$
Standardabweichung $\sigma = 4$	Standardabweichung $s_{ges} = 4{,}933333$

Abb. 2.17 Strichliste und Auswertung der $n_{ges} = 100$ Urwerte des gestörten und korrigierten Prozesses nach Abb. 2.16; zu Beispiel 2.13

Durch die (mit $\Delta\mu = 1\ \sigma$) geringfügige Störung und Korrektur ist eine Mischverteilung entstanden; die Strichliste und die Häufigkeitssummengerade lassen dies aber nicht erkennen. Die Verteilungsform ist angenähert normal.

Die Tatsache, daß der Prozeß nicht stabil war, wird am empfindlichsten aufgezeigt durch die hochgerechnete Streuung der Mittelwerte, unten links in Abb. 2.16.

Der im vorstehenden Beispiel beschriebene Unterschied zwischen der momentanen Streuung und der Gesamtstreuung kann nur aufgedeckt werden, wenn bei der Fertigungsanalyse die Gesamtstichprobe in der Form von ungestörten Unterstichproben entnommen wird.

Nr.	Urwerte					Statistische Kennwerte		
	x					$\bar{x}$	s	s^2
1	51	55	43	49	55	50,6	4,979960	24,8
2	43	53	47	49	51	48,6	3,847077	14,8
3	47	41	51	53	57	49,8	6,099180	37,2
4	43	49	43	55	59	49,8	7,155418	51,2
5	47	49	45	41	57	47,8	5,932959	35,2
6	43	47	47	51	51	47,8	3,346640	11,2
7	55	51	49	57	61	54,6	4,774935	22,8
8	47	49	55	49	51	50,2	3,033150	9,2
9	47	55	55	51	57	53,0	4,000000	16,0
10	53	49	51	45	53	50,2	3,346640	11,2
11	49	47	53	47	55	50,2	3,633180	13,2
12	49	49	41	53	51	48,6	4,560702	20,8
13	57	55	49	41	47	49,8	6,418723	41,2
14	51	39	53	51	43	47,4	6,066300	36,8
15	53	59	45	47	49	50,6	5,549775	30,8
16	63	55	43	43	53	51,4	8,532292	72,8
17	47	53	45	51	45	48,2	3,633180	13,2
18	45	55	57	41	49	49,4	6,693280	44,8
19	51	53	49	49	55	51,4	2,607681	6,8
20	51	49	47	45	45	47,4	2,607681	6,8

$\bar{\bar{x}} = 49{,}84$ $\bar{s} = 4{,}840938$ $\overline{s^2} = 26{,}04$

$s_{\bar{x}} = 1{,}853134$ $\hat{\sigma} = \bar{s} / a_n$ $\hat{\sigma} = \sqrt{\overline{s^2}}$

$\sqrt{5}\, s_{\bar{x}} = 4{,}143733$ $= 5{,}149934$ $= 5{,}102940$

Abb. 2.18 Vermischte $n_{ges} = 100$ Urwerte der Abb. 2.16 unterteilt in Fünferstichproben mit Auswertung; zu Beispiel 2.14

Beispiel 2.14

gegeben: Simulierter Fertigungsprozeß nach Abb. 2.16.

gesucht: Kennwerte nach einer Mischung der n_{ges} = 100 Urwerte.

Lösung: In Abb. 2.18 sind alle Urwerte nach Abb. 2.16 durcheinander gemischt und zu neuen Unterstichproben aufgeteilt worden. An der Strichliste, am Gesamtmittelwert und an der Gesamtstreuung hat sich nichts geändert, Abb. 2.17; Die Schätzwerte für die „momentane" Streuung, die es nach dem Mischen nicht mehr gibt, sind fast identisch mit der Gesamtstreuung.

Die im letzten Beispiel vorgenommene Unterteilung in Unterstichproben dient dem Nachweis, daß die „momentane" Streuung und die Gesamtstreuung gleich groß sind, wenn eine Zufallsstichprobe aus einem homogenen Los entnommen wird. Ansonsten macht die Unterteilung keinen Sinn; sie ist nicht erforderlich aber auch nicht falsch.

In den letzten Beispielen ging es um die Simulation stabiler Fertigungen und solcher Prozesse, die sprunghafte Störungen aufweisen oder sprunghafte Lageverschiebungen durch korrigierende Eingriffe.

Oft haben Prozesse infolge Werkzeugverschleiß stetige Trends zu kleineren oder zu größeren Werten; dazu das folgende Beispiel.

Beispiel 2.15

gegeben: 10 Fünferstichproben, die periodisch – beipielsweise halbstündig – einer laufenden Fertigung entnommen wurden.

gesucht: Auswertung nach der momentanen Streuung und nach der Gesamtstreuung.

Lösung: Abb. 2.19 enthält die Fünferstichproben und die Auswertung. Die Gesamtstreuung ist als s_{ges} = 0,025788 mm durch Eingabe aller 50 Einzelwerte in den TR ermittelt worden. Die Standardabweichung s = 0,024823 in Abb. 2.20 weicht davon geringfügig ab, da sie durch Auswertung der Strichliste ermittelt wurde; bei einer Auswertung einer Strichliste werden die in eine Klasse fallenden Werte auf die Klassenmitte gerundet.

Die momentane Streuung ist in diesem Beispiel weniger als halb so groß wie die Gesamtstreuung. An der Strichliste in Abb. 2.20 und an den Häufigkeitssummen im WN Abb. 2.21 ist der Trend zu erkennen, da durch diesen die Verteilungsform in Richtung auf eine Gleichverteilung gestreckt ist. Dies schließt nicht aus, daß die Form der momentanen Verteilung normal ist.

Nr.	1	2	3	4	5	6	7	8	9	10
	9,473	9,461	9,470	9,493	9,499	9,506	9,507	9,532	9,529	9,532
	9,482	9,497	9,482	9,485	9,486	9,509	9,519	9,504	9,513	9,548
	9,462	9,480	9,470	9,497	9,492	9,517	9,506	9,537	9,541	9,557
	9,461	9,467	9,487	9,515	9,527	9,500	9,529	9,546	9,528	9,533
	9,461	9,484	9,475	9,498	9,500	9,510	9,509	9,527	9,530	9,532
$\bar{x}$:	9,4678	9,4778	9,4768	9,4976	9,5008	9,5084	9,5140	9,5292	9,5282	9,5404
$s*10^3$	9,418	14,237	7,530	10,991	15,707	6,189	9,849	15,738	9,985	11,502
s^2*10^6	88,7	202,7	56,7	120,8	246,7	38,3	97,0	247,7	99,7	132,3

Gesamtmittelwert: $\bar{x}_{ges} = \bar{\bar{x}} = 9{,}5041$ mm

Gesamtstreuung: $s_{ges} = 0{,}025788$ mm

momentane Streuung: $\hat{\sigma} = \sqrt{\overline{s^2}} = 0{,}011535$ mm

Abb. 2.19 Zehn Fünferstichproben periodisch, beispielsweise halbstündig, aus einer laufenden Fertigung mit Trend entnommen und ausgewertet; die Gesamtstreuung ist mehr als doppelt so groß wie die momentane Streuung; zu Beispiel 2.15

Kl.-Nr. j	Klassengrenze unten	Klassengrenze oben	Klassenmitte x_j	Strichliste	Besetzungszahl n_j	Σn_j	Häufigkeitssumme in % $G_j = (\Sigma n_j - 0{,}5)/n$
1	9,460	9,469	9,4645	~~////~~	5	5	9
2	9,470	9,479	9,4745	////	4	9	17
3	9,480	9.489	9,4845	~~////~~ //	7	16	31
4	9,490	9,499	9,4945	~~////~~ /	6	22	43
5	9,500	9,509	9,5045	~~////~~ ///	8	30	59
6	9,510	9,519	9,5145	~~////~~	5	35	69
7	9,520	9,529	9,5245	~~////~~	5	40	79
8	9,530	9,539	9,5345	~~////~~ /	6	46	91
9	9,540	9,549	9,5445	///	3	49	97
10	9,550	9,559	9,5545	/	1	50	99

Auswertung mit Taschenrechner ergibt nach Eingabe aller x_j*n_j:

Mittelwert $\bar{x} = 9{,}5041$ mm

Standardabweichung $s_{ges} = 0{,}024823$ mm

Abb. 2.20 Strichliste mit Auswertung der zehn Fünferstichproben aus Abb. 2.19; zu Beispiel 2.15

Hinweis: Die Tatsache, daß die Gesamtstreuung in diesem Beispiel ca. doppelt so groß ist wie die momentane Streuung, ist darauf zurückzuführen, daß sich der Trend ungebremst auswirken konnte. Der Trend läuft über den Bereich

$$(\bar{x}_{10} - \bar{x}_1) / \sigma \approx (9{,}54 - 9{,}47) / 0{,}0115 \approx 6$$

Nach Abb. 6.17 ist dafür die Streuungszunahme $\sigma_{ges} / \sigma_0 = 2$.

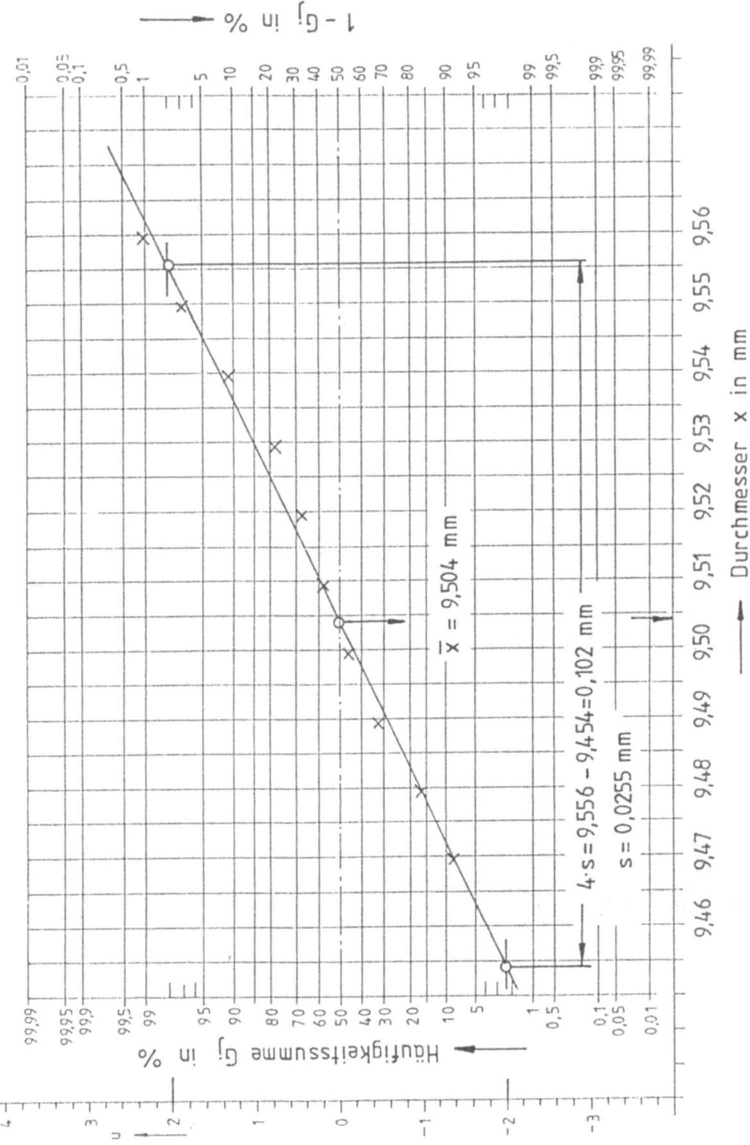

Abb. 2.21 Darstellung der Häufigkeitssummen im WN und grafische Auswertung der 50 Einzelwerte der Strichliste in Abb. 2.20; zu Beispiel 2.15

Die im vorstehenden Text und in den Beispielen beschriebene und erläuterte Unterscheidung zwischen der momentanen Streuung und der Gesamtstreuung ist für die QRK-Technik von großer Bedeutung.

Für die Berechnung der Eingriffsgrenzen der Annahme-QRK (ausnahmslos QRK für die Fertigungslage) muß die reine Zufallsstreuung, d.h. die momentane Streuung verwendet werden. Die systematischen Abweichungen, die den Unterschied ausmachen zwischen der Gesamtstreuung und der momentanen Streuung, sollen in gewissen Grenzen geduldet werden und bei Überschreiten dieser Grenzen mit zunehmender Wahrscheinlichkeit korrigiert werden, so daß die Grenzwerte durch die Einzelwerte allenfalls nur kurzzeitig und auch nur geringfügig überschritten werden, so daß der Fehleranteil insgesamt klein ist.

Für die Berechnung der Eingriffsgrenzen der QRK für die Lage nach Shewhart kann ebenfalls die reine Zufallsstreuung, d.h. die momentane Streuung verwendet werden, sofern der Unterschied zwischen der Gesamtstreuung und der momentanen Streuung nicht zu groß ist. Anderenfalls gibt es Probleme durch zu häufige Eingriffe, die dadurch vermieden werden können, daß für die Berechnung der Eingriffsgrenzen die Gesamtstreuung verwendet wird, wodurch der Spielraum für die Fertigung vergrößert wird.

Es gibt Firmen, die durch ihre werksinternen Normen ihre Mitarbeiter anweisen, die Shewhart-QRK für die Lage auch dann einzusetzen, wenn für das zu steuernde Merkmal Grenzwerte vorgegeben sind. Sofern die Prozeßfähigkeit gut ist oder besser kann es in diesen Fällen zweckmäßig sein, für die Berechnung der Eingriffsgrenzen die Gesamtstreuung zu verwenden oder mit QRK mit erweiterten Eingriffsgrenzen zu arbeiten, Kap. 5.5.

Für die Berechnung der Eingriffsgrenzen von QRK für die Streuung ist ausnahmslos die momentane Streuung zu verwenden.

2.4.5 Die Differenzenmethode zur Abschätzung der momentanen Streuung

Bei Trendprozessen mit einem steilen Trend ist es möglich, daß der Trend auch innerhalb der Fünferstichproben nicht vernachlässigbar ist. Zudem kommt es vor, daß häufig eingegriffen wird oder das Werkzeug häufig gewechselt werden muß. In der spanenden Fertigung ist es keine Seltenheit, daß das Werkzeug nach 5 bis 10 bearbeiteten Werkstücken gewechselt werden muß, sofern das Zerspanvolumen groß ist. Erfolgt der Werkzeugwechsel innerhalb einer Fünferstichprobe, darf diese nicht in die Auswertung einbezogen werden.

In diesen Fällen – aber auch in allen anderen Fällen – besteht die Möglichkeit, die momentane Streuung durch die Differenzenmethode abzuschätzen. Diese Methode läßt sich am besten mit Hilfe des statistischen Modells „Würfel“ erklären. Die

Wahrscheinlichkeitsverteilung für die Augenzahlen eines Würfels ist eine Gleichverteilung mit den Klassen 1 bis 6, Abb. 2.22.

Werden die Klassen in den TR eingegeben und werden $\overline{x}$ und s_n (nicht s_{n-1}) abgerufen, dann sind dies die Parameter $\mu_1 = 3{,}5$ und $\sigma_1 = 1{,}707825$ der Grundgesamtheit Augenzahlen.

Werden die Augenzahlen zweier Würfel subtrahiert ergibt sich eine Dreieckverteilung mit den in Abb. 2.22 angegebenen Wahrscheinlichkeiten für die Klassen –5 (1 – 6) bis +5 (6 – 1). Diese Dreieckverteilung hat die Parameter $\mu_2 = 0$ und $\sigma_2 = 2{,}415229 = \sqrt{2}\,\sigma_1$ (Abweichungsfortpflanzungsgesetz). Umgekehrt kann aus der Streuung der Differenzen auf die Streuung der Einzelwertverteilung zurückgeschlossen werden

$$\sigma_1 = \sigma_2 / \sqrt{2}$$

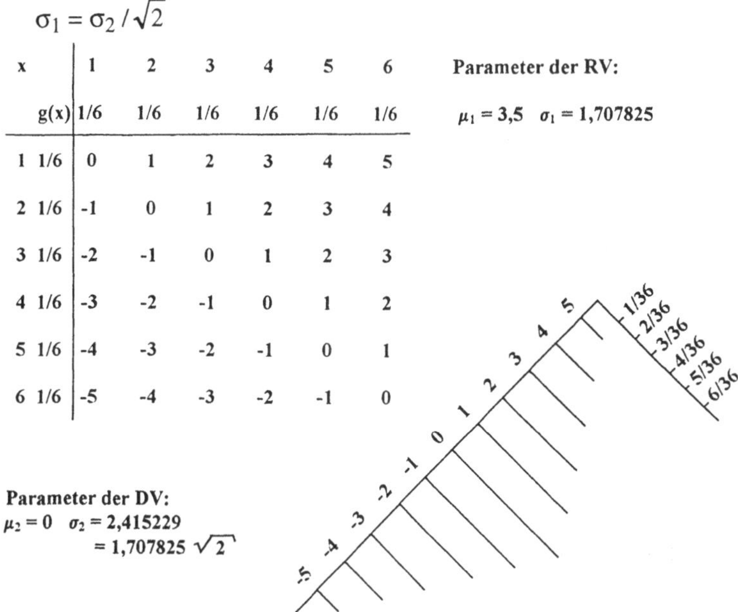

x		1	2	3	4	5	6
	g(x)	1/6	1/6	1/6	1/6	1/6	1/6
1	1/6	0	1	2	3	4	5
2	1/6	-1	0	1	2	3	4
3	1/6	-2	-1	0	1	2	3
4	1/6	-3	-2	-1	0	1	2
5	1/6	-4	-3	-2	-1	0	1
6	1/6	-5	-4	-3	-2	-1	0

Abb. 2.22 Parameter für die Verteilung der Augenzahlen eines Würfels und der Differenzen der Augenzahlen zweier Würfel

In Abb. 2.23 sind 25 Einzelwerte aus der Modell-NV_3 in Abb. 2.11 als (simulierte) Meßreihe angegeben; es handelt sich um die 25 Werte in den ersten fünf Fünferstichproben in Abb. 2.13. Werden die Differenzen D_1 gebildet und beispielsweise über eine Strichliste ausgewertet, dann ergeben sich die Kennwerte $\overline{D_1}$ und s_D und der Schätzwert für die momentane Standardabweichung ist $\sigma = 4{,}149384$.

	ohne Trend		mit Trend	
Nr.	x_1	D_1	$x_2 = x_1 + \text{Nr.}$	D_2
1	51		52	
2	55	4	57	5
3	53	-2	56	-1
4	51	-2	55	-1
5	55	4	60	5
6	43	-12	49	-11
7	51	8	58	9
8	49	-2	57	-1
9	43	-6	52	-5
10	51	8	61	9
11	47	-4	58	-3
12	53	6	65	7
13	51	-2	64	-1
14	45	-6	59	-5
15	49	4	64	5
16	49	0	65	1
17	49	0	66	1
18	45	-4	63	-3
19	57	12	76	13
20	51	-6	71	-5
21	47	-4	68	-3
22	49	2	71	3
23	55	6	78	7
24	47	-8	71	-7
25	51	4	76	5

$\overline{x_1} = 49{,}88$ $\overline{x_2} = 62{,}88$

$s_1 = 3{,}700450$ $s_2 = 7{,}907381$

Strichlisten:

Wert	D_1	D_2
13		/
12	/	
11		
10		
9		//
8	//	
7		//
6	//	
5		////
4	////	
3		/
2	/	
1		//
0	//	
-1		////
-2	////	
-3		///
-4	///	
-5		///
-6	///	
-7		/
-8	/	
-9		
-10		
-11		/
-12	/	

Mittelwerte: $\overline{D_1} = 0$ $\overline{D_2} = 1$

Streuung: $s_D = 5{,}868116$

Schätzwert: $\hat{\sigma} = s_D / \sqrt{2} = 4{,}149384$

Abb. 2.23 Erste 25 Einzelwerte x_1 aus Abb. 2.13 und ihre Differenzen und die Simulation eines linearen Trends x_2 mit Differenzen und der Auswertung nach dem Schätzwert für die momentane Standardabweichung σ

Zur Simulation eines Trends werden die die x_1 – Werte um die jeweilige Nr. ihrer Position erhöht zu x_2 mit den jeweiligen Differenzen D_2. Die Reihen für die Differenzen unterscheiden sich nur durch ihre Mittelwerte; die Schätzung der momentanen Standardabweichung der Einzelwerte über die Strichlisten für D_1 und D_2 ist in beiden Fällen identisch und unabhängig von der Steilheit des Trends.

Die Abb. 2.24 enthält eines Strichliste sämtlicher $n_{ges} = 100$ Differenzen der Einzelwerte aus Abb. 2.13; dabei wurde als 100. Differenz die Differenz des ersten und des letzten Einzelwertes gebildet. Der aus der Streuung der Differenzen gewonnene Schätzwert für die momentane Standardabweichung der Grundgesamtheit stimmt mit den in Abb. 2.13 angegebenen Schätzwerten aus der mittleren Standardabweichung und aus der mittleren Varianz gut überein.

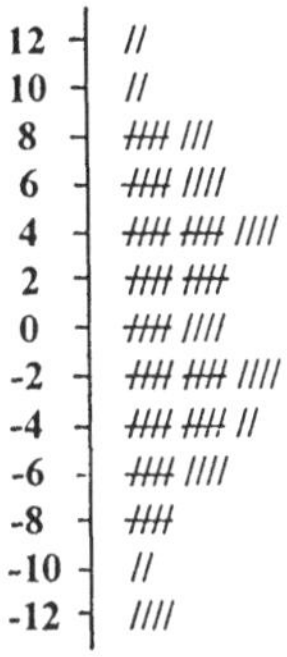

12	//
10	//
8	~~////~~ ///
6	~~////~~ ////
4	~~////~~ ~~////~~ ////
2	~~////~~ ~~////~~
0	~~////~~ ////
-2	~~////~~ ~~////~~ ////
-4	~~////~~ ~~////~~ //
-6	~~////~~ ////
-8	~~////~~
-10	//
-12	////

Mittelwert: $\overline{D} = 0$

Streuung: $s_D = 5{,}734884$

Schätzwert: $\hat{\sigma} = s_D / \sqrt{2} = 4{,}055175$

Abb. 2.24 Strichliste der Differenzen der $n_{ges} = 100$ Einzelwerte der Abb. 2.13 mit Auswertung nach dem Schätzwert für die momentane Standardabweichung σ

Zusammenfassend sind die fünf unterschiedlichen Möglichkeiten der Abschätzung der momentanen Prozeßstreuung in Abb. 2.25 zusammengestellt.

Schätz-möglichkeit	Schätzung erfolgt über	Schätzwert	Voraussetzung	Erläuterung
1	die Streuung der Mittelwerte	$\sigma = s_{\bar{x}} \sqrt{n}$	Unterteilung der Gesamtstichprobe in gleichgroße Untergruppen des Umfangs n; in keiner Untergruppe erfolgt ein Eingriff	äußerst empfindlich gegenüber Störungen
2	die mittlere Varianz	$\sigma = \sqrt{\overline{s^2}}$		weniger empfindlich gegenüber Störungen und Trends; Faktoren d_n und a_n nach Tabelle 7
3	die mittlere Spannweite 1)	$\sigma = \overline{R} / d_n$		
4	die mittlere Standardabweichung	$\sigma = \overline{s} / a_n$		
5	die Standardabweichung der Differenzen	$\sigma = s_D / \sqrt{2}$	Es werden nur Differenzen einbezogen, wenn zwischen den Einheiten kein Eingriff erfolgte	weniger empfindlich gegenüber Störungen, unempfindlich gegenüber Trends

1) im Text nicht besprochen, da nur noch selten angewendet.

Abb. 2.25 Fünf Möglichkeiten zur Schätzung der momentanen Standardabweichung eines Prozesses

3 Zusammenhang zwischen Zufallsstreubereich, Toleranz und Fehleranteil

3.1 Berechnung des Fehleranteils

Die Berechnung des momentan gefertigten Fehleranteils ist mit der u-Verteilung möglich, sofern angenommen werden kann, daß die Form der momentanen Verteilung normal ist. Diese Annahme ist häufig berechtigt. Immer dann, wenn viele Einflußgrößen wirksam sind und keine davon dominiert, entsteht eine Normalverteilung.

Über einen längeren Zeitraum können neben den zufallsbedingten Abweichungen systematische Abweichungen auftreten, so daß die Verteilung des gesamten Fertigungsloses eine Mischverteilung ist, die selten normal ist, oft nur angnähert normal ist oder auch deutlich von der NV-Form abweicht.

Da beim Arbeiten mit Annahme-QRK (Lage-QRK mit vorgegebenen Grenzwerten) mit kleinen Stichprobenumfängen gearbeitet wird, können systematische Abweichungen innerhalb der Stichproben ausgeschlossen oder als unbedeutend und somit vernachlässigbar eingeschätzt werden, sofern innerhalb der Stichproben keine Eingriffe erfolgen. Von daher haben momentane Verteilungen der Einzelwerte in der Regel die Form einer Normalverteilung.

Eine Ausnahme liegt dann vor, wenn die Verteilung von vornherein einseitig begrenzt ist. Dann kann eine schiefe Verteilung auftreten, die häufig durch die logarithmische Normalverteilung logNV beschrieben werden kann. Diese Verteilung ist auf einer Seite breiter als die zugeordnete (fiktive) NV mit den gleichen Parametern μ und σ. Beispiele für einseitig begrenzte und daher meistens schiefe Verteilungen sind die sogenannten Form- und Lage-Abweichungen wie Abweichungen von der Zylinderform, von der Geradheit, von der Parallelität oder von der Rechtwinkeligkeit.

In Abb. 3.1 ist eine Wahrscheinlichkeitssummenkuve für eine Modell-logNV mit den Parametern $\mu = 4{,}353$ und $\sigma = 1{,}777$ ins WN eingezeichnet, die Verteilungsfunktion ist eine nach rechts gekrümmte Punktfolge. Zusätzlich ist die zugeordnete fiktive NV mit den gleichen Parametern als Gerade eingezeichnet.

Anmerkung: Die logNV hat ihren Namen daher, daß sie durch eine logarithmische Transformation in die NV-Form übergeführt werden kann; ihre Verteilungsfunktion wird dadurch linearisiert. Leider ist diese Transformation nur auf dem Papier möglich; die logNV-verteilten Teile im Los lassen sich nicht transformieren.

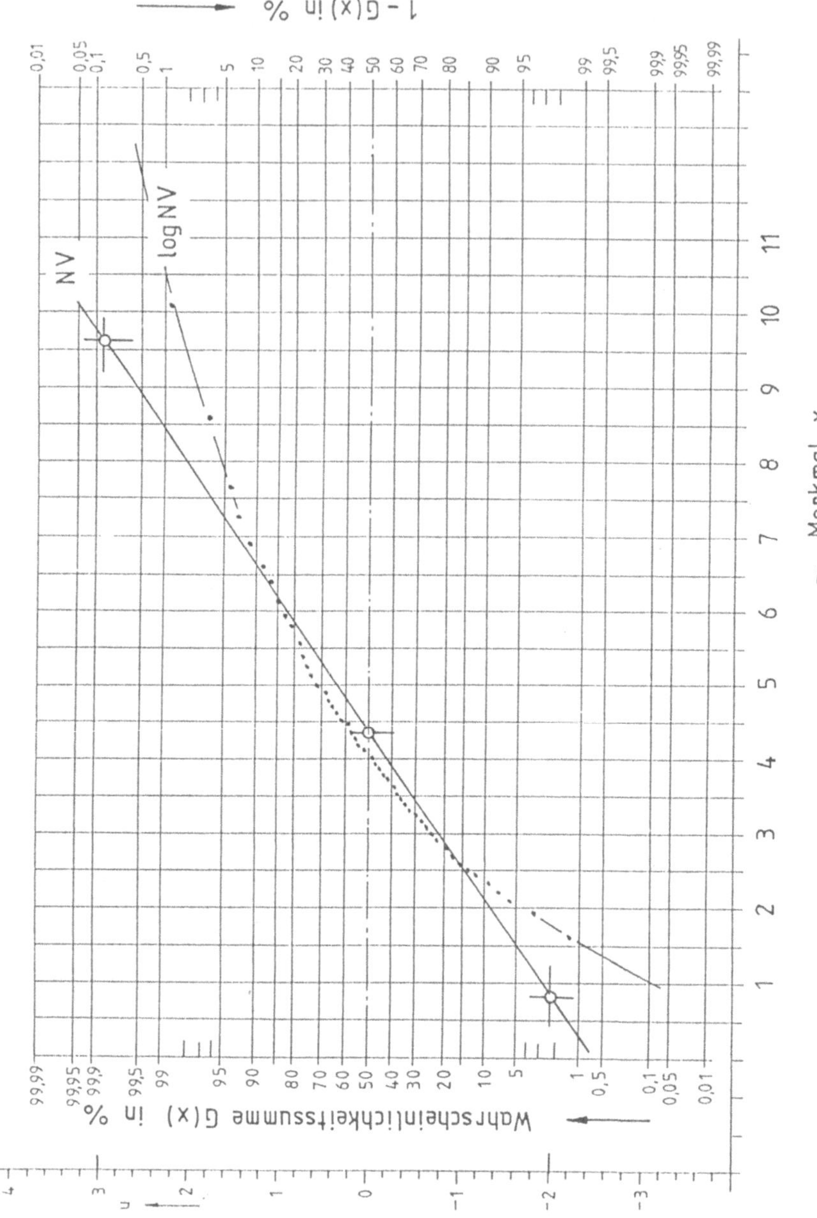

Abb. 3.1 Darstellung einer logNV mit den Parametern $\mu = 4{,}353$ und $\sigma = 1{,}777$ im WN und Darstellung der NV mit den gleichen Parametern (fiktive NV)

Aus Abb. 3.1 geht hervor, daß die Punktfolge für die logNV rechts flacher verläuft als bei der NV. Läge in dieser Fertigungslage der obere Grenzwert bei x = 9, dann wäre der momentane Fehleranteil bei der NV p ≈ 0,5 %; bei der logNV p ≈ 3 % , d.h. um Δp ≈ 2,5 % größer.

In Abb. 3.2 sind die Unterschiede für andere Fehleranteile dargestellt.

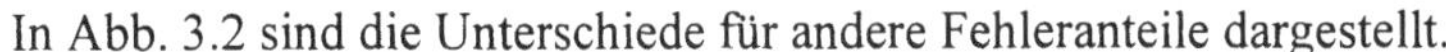

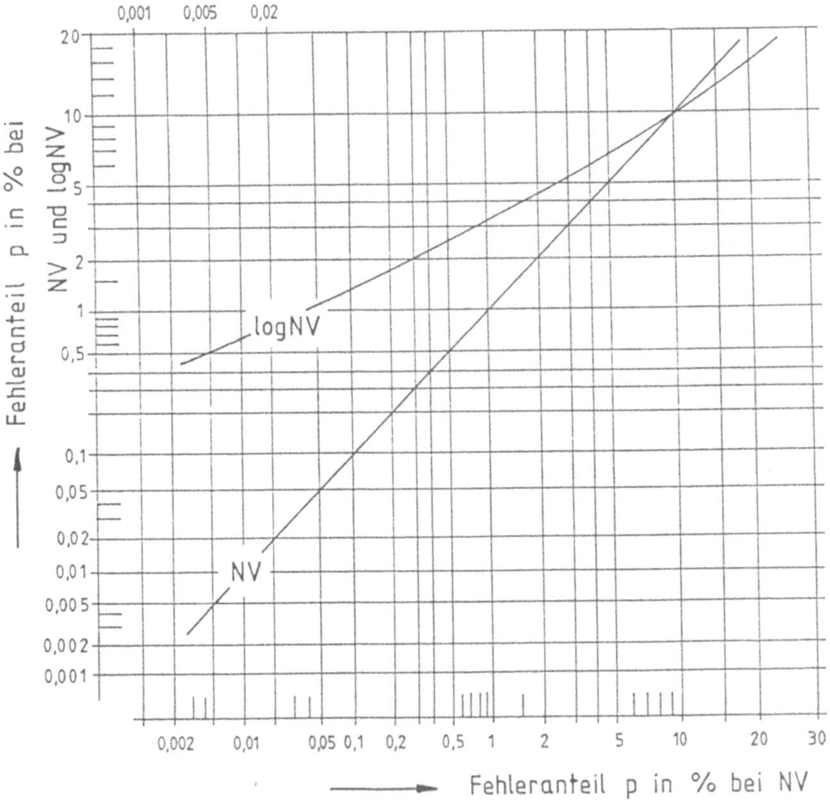

Abb. 3.2 Vergleichende Darstellung der Fehleranteile der logNV gegenüber der NV

■ Beispiel 3.1

gegeben: Die vorgegebene Toleranz für ein Merkmal x beträgt T = 0,08 mm; der durch eine Fertigungsanalyse ermittelte Schätzwert für die momentane Standardabweichung ist σ = 0,01 mm; somit ist T = 8 σ .

gesucht: Fehleranteil bei NV und bei logNV für Mittenabweichungen von $\Delta\mu = 0\sigma$, 1σ, 2σ und 3σ

Lösung:

$\Delta\mu / \sigma$	$u = (GW - \mu) / \sigma$	p bei NV in % (u-Tabelle)	p bei logNV in % (Abb. 3.2)
0	4	0,0032	0,45
1	3	0,135	1,4
2	2	2,275	4,6
3	1	15,866	13,0

3.2 Bedeutung des Fehleranteils

Seit Jahrzehnten ist es international üblich, einen mehr oder weniger geringen Fehleranteil vorzugeben, bei dessen Vorliegen das durch die Stichprobe beurteilte Los überwiegend angenommen wird. Bei der Annahmestichprobenprüfung anhand qualitativer Merkmale nach /9/ oder anhand quantitativer Merkmale nach /10/ ist dies der AQL-Wert. Er ist ein Fehleranteil in %, bei dessen Vorliegen Lose mit einer hohen Wahrscheinlichkeit von $P_a > 90$ % angenommen werden.

In den letzten Jahren wird diese AQL-Philosophie von vielen Seiten in Frage gestellt. Für die neuen Qualitätsziele werden Forderungen formuliert wie

- Fehleranteil im ppm-Bereich (ppm = part per million)
- Null-Fehler-Qualität, oder
- Besser als Nullfehler, /13/.

Derartige Forderungen sind nicht nur edel gemeint sondern gelegentlich auch notwendig. Werden beispielsweise Zylinderkopfschrauben oder Radmuttern von einem Roboter montiert, dann sind die Folgekosten einer fehlerhaften Einheit, die zum „Fressen“ des Gewindes führt, immens. Die Nullfehler-Forderung ist hier notwendig und realisierbar, wenn auch nicht durch eine Nullfehler-Fertigung aber durch eine automatische 100 %-Prüfung (Prüfung an allen Einheiten eines Loses).

Die nachfolgenden Ausführungen beziehen sich auf das Merkmal Längenmaß, kurz Maß. Zumindest im Bereich des Maschinen- und Apparatebaus sind Maße die mit Abstand wichtigsten Prüfmerkmale.

Alle Maße haben eine Funktion, anderenfalls wären sie überflüssig. Zu unterscheiden ist zwischen direkten und indirekten Funktionsmaßen. Die direkten Funktionsmaße treten mit anderen Maßen in Interaktion, die indirekten nicht. Dies sei erläutert an dem Wellenausschnitt in Abb. 3.3. Der Durchmesser D_1 tritt nach der Montage in Funktion mit dem Innendurchmesser der Lagerbuchse, er hat eine direkte Funktion. Dagegen tritt der Durchmesser D_2 mit keinem anderen Maß in Funktion, er hat eine indirekte Funktion. Er ist berechnet in Hinblick darauf, daß die Durchbiegung der Welle den zulässigen Wert nicht überschreitet oder daß die Biege- oder die Torsionsrandspannung unter dem für den Wellenwerkstoff zulässigen Wert bleibt. Auch die Länge L des Lagerzapfens hat eine indirekte Funktion; sie ist so dimensioniert, daß die Flächenpressung den Grenzwert nicht überschreitet.

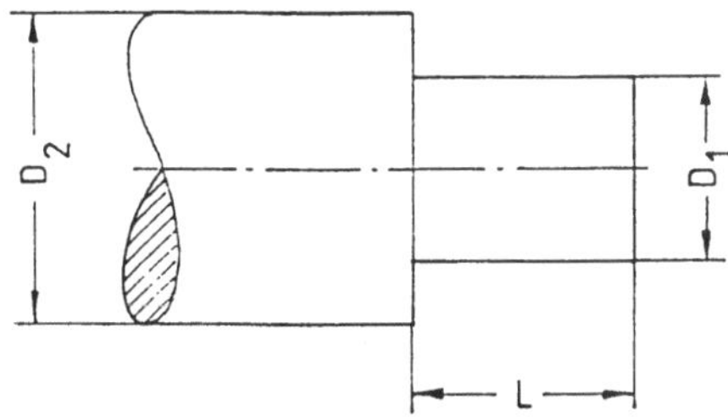

Abb. 3.3
Wellenende mit Wellenzapfen

Die Maße mit indirekter Funktion

- haben weite Toleranzen, beispielsweise Allgemeintoleranzen,
- sind keine Prüfmaße, d.h. sie werden nicht auf Stichprobenbasis beurteilt bzw. der Stichprobenumfang ist n = 1 (Identitätsprüfung)
- werden in der Fertigung selten durch Qualitätsregelkarten überwacht
- dürfen grenzüberschreitende Werte aufweisen; diese Fehler – falls sie wegen der weiten Toleranzen überhaupt vorkommen – sind zwar zu beanstanden aber in der Regel akzeptabel. Wenn beispielsweise die Länge L des Lagerzapfens in Abb. 3.3 um 0,1 mm unter dem unteren Grenzwert liegt, ist eine Funktionseinschränkung der Lagerstelle nicht zu befürchten.

Die Maße mit direkter Funktion

- haben enge Toleranzen, beispielsweise Paßtoleranzen,
- sind meistens Prüfmaße, die auf Stichprobenbasis beurteilt werden,
- werden in der Fertigung häufig durch QRK überwacht und
- dürfen möglichst keine Fehler (grenzüberschreitende Maße), allenfalls geringe Fehleranteile aufweisen.

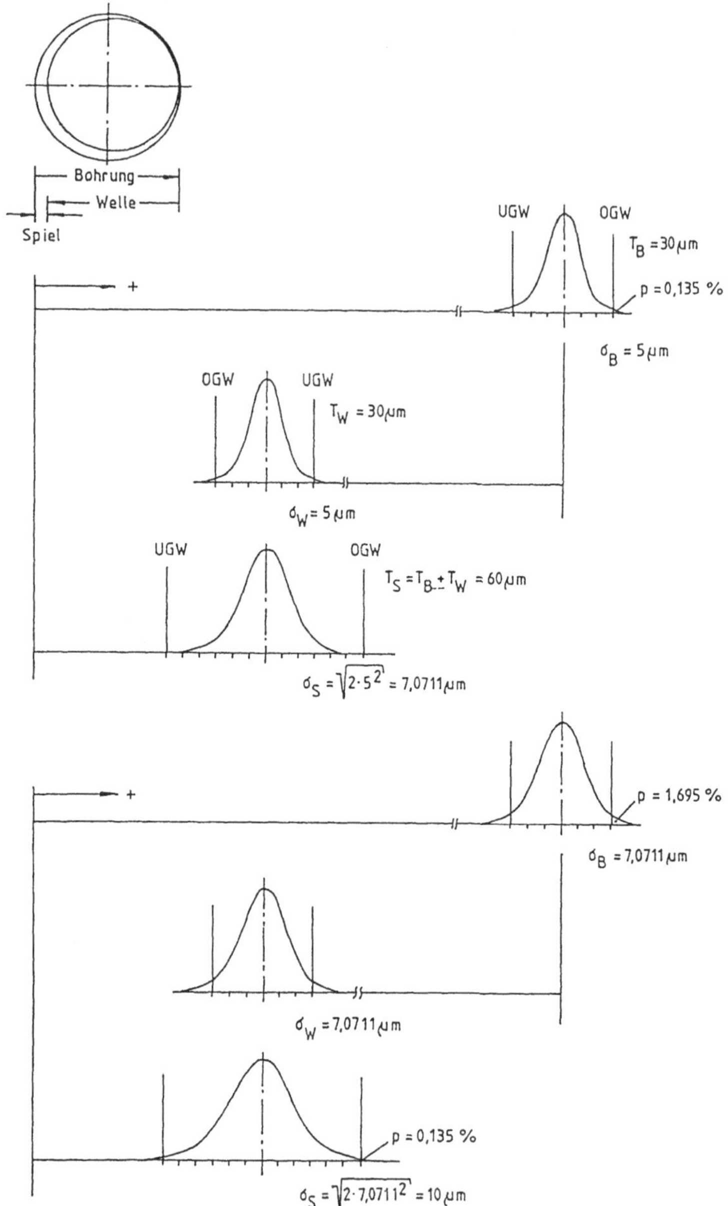

Abb. 3.4 Maßpläne für die Paarung Welle in Lagerbuchse mit zwei verschiedenen Annahmen über die Breite der Normalverteilungen in den Toleranzfeldern

Die Maße mit direkter Funktion, die mit anderen Maßen in Interaktion treten, bilden mit diesen in der Regel eine Maßkette. Die einfachste (lineare) Maßkette ist die Paarung Lagerbuchse-Wellenzapfen. In Abb. 3.4 sind Maßpläne für eine derartige Paarung gezeichnet. Die Darstellungen sind unvollständig. Die Berechnung der Mittenmaße ist bewußt fortgelassen, da es hier nur auf die Toleranzen ankommt. Die Toleranz für das Spiel ist herkömmlich berechnet, sie ist die Summe der Einzeltoleranzen. Der ungünstigste Fall (worst case), wobei die kleinstzulässige Welle mit der größtzulässigen Bohrung oder die größtzulässige Welle mit der kleinstzulässigen Bohrung montiert wird, ist zulässig.

Im oberen Maßplan wird unterstellt, daß die Einzellose der in Serie gefertigten Bauteile ihre Toleranzfelder mit ihrem 6σ-Zufallsstreubereich äußerstenfalls ausfüllen. Dann ist die Verteilung der Spiele, die stets identisch ist mit der Summe der Einzelverteilungen, schmaler als das arithmetisch berechnete Toleranzfeld.

Im unteren Maßplan der Abb. 3.4 wird davon ausgegangen, daß die Verteilung der Spiele deren Toleranzfeld ausfüllt. Dann können in den Einzelmaß-Verteilungen grenzüberschreitende Anteile von jeweils $p \leq 1{,}7$ % auf beiden Seiten akzeptiert werden.

In analoger Weise sind in Abb. 3.5 Maßpläne für eine viergliederige Maßkette gezeichnet. Wenn wie im unteren Maßplan die Verteilung der Spiele deren arithmetisch berechnetes Toleranzfeld ausfüllt, dann könnten in den Einzelmaßen grenzüberschreitende Anteile von $p \leq 6{,}7$ % auf jeweils beiden Seiten akzeptiert werden.

Die Maßpläne in den Abb. 3.4 und 3.5 sind nicht ganz leicht zu verstehen. Dies ist jedoch nicht unbedingt erforderlich für das Verständnis des nachfolgenden Textes. Wichtig ist nur das Resultat dieser Beispiele: Bei allen Maßen, die zu Maßketten gehören und die daher enge Toleranzen aufweisen, können dennoch grenzüberschreitende Werte (Fehler) in geringer Höhe akzeptiert werden, sofern die Maßketten herkömmlich, d.h. arithmetisch toleriert sind, wie dies in der Praxis nahezu ausnahmslos der Fall ist.

Das was zuvor über Maße gesagt wurde, kann sinngemäß auch auf andere Merkmale übertragen werden. Beispielsweise sind die Merkmale für Werkstoffeigenschaften (Härte, Festigkeit, Dehnung, Zähigkeit) in der Regel den Maßen mit indirekter Funktion gleichwertig.

Keinesfalls soll hier behauptet werden, daß es – außer dem genannten Beispiel für durch Roboter montierte Zylinderkopfschrauben – keine Beispiele dafür gibt, daß bei vorgegebenen Grenzwerten Fehler unakzeptabel sind und die Forderung nach Nullfehler-Qualität unbedingt erfüllt sein muß. Diese Beispiele sind jedoch mit Sicherheit Ausnahmefälle und nicht Regelfälle.

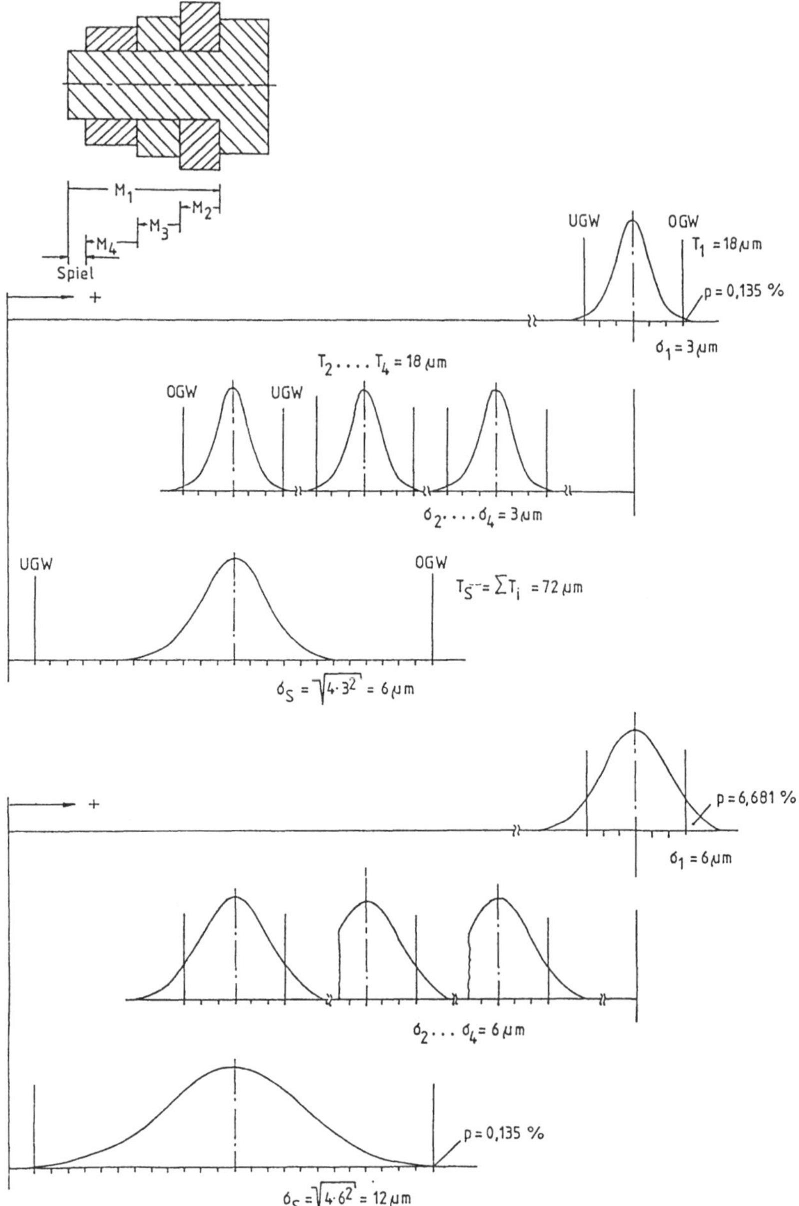

Abb. 3.5 Maßpläne für eine viergliederige Maßkette mit zwei verschiedenen Annahmen über die Breite der normalverteilten Lose in den Toleranzfeldern

Diese Auffassung ist konform mit der Norm. In /12, Teil 11/ ist der Fehler definiert als

> Nichterfüllung vorgegebener Forderungen durch einen Merkmalswert.
> Anmerkung 1: Eine vorgegebene Forderung für ein quantitatives Merkmal ist z.B. ein Toleranzbereich, der durch die Grenzwerte definiert ist. Liegt der Merkmalswert außerhalb des Toleranzbereiches, handelt es sich um einen Fehler. Dabei kann der Betrag des Grenzwertabstandes bedeutsam sein für die Entscheidung, was mit der fehlerhaften Einheit geschehen soll. Die Verwendbarkeit ist durch einen Fehler nicht notwendigerweise beeinträchtigt.

Eine Einheit, die in dem Sinne einen (oder mehrere) Fehler aufweist, daß Merkmalswerte außerhalb des Toleranzfeldes liegen, sollte nicht als „Ausschuß" bezeichnet werden. Diese Bezeichnung ist nur angebracht, wenn erwiesen ist, daß die Einheit durch einen Fehler unbrauchbar ist.

Die im vorstehenden Text gemachte Aussage, wonach bei allen Maßen, die zu arithmetisch tolerierten Maßketten gehören, grenzüberschreitende Werte (Fehler) akzeptiert werden können, darf nicht mißverstanden werden. Ein geringer Fehleranteil ist nicht a priori akzeptabel sondern nur in den Fällen, in denen dies zwingend notwendig ist. In allen anderen Fällen, in denen Fehler vermeidbar sind, weil die Prozeßfähigkeit sehr gut oder noch besser ist, sind Fehler nicht akzeptabel. Die Erfüllung der Nullfehler-Forderung ist in jedem Falle erstrebenswert, allerdings nicht in allen Fällen realisierbar, dazu Abb. 3.6.

Prozeßfähigkeit		**Beurteilung der Prozeßfähigkeit**	**Erfüllung der Nullfehler-Forderung**	**Akzeptanz eines (geringen) Fehleranteils**
$c_P = T/(6 * \sigma)$	T/σ			
< 1	**< 6**	**nicht gegeben**	**ausgeschlossen**	**zwingend nötig**
≈ 1	**≈ 6**	**bedingt gegeben**	**nicht möglich**	**notwendig**
≥ 1,33	**≥ 8**	**gut**	**schlecht möglich**	**erforderlich**
≥ 1,67	**≥ 10**	**sehr gut**	**gut möglich**	**bedingt erforderlich**
≥ 2,00	**≥ 12**	**ausgezeichnet**	**sehr gut möglich**	**nicht erforderlich**

Abb. 3.6 Prozeßfähigkeiten, ihre Beurteilung und ihre Auswirkungen

3.3 Berechnung und Bewertung der Prozeßfähigkeit

Ist durch eine Prozeßanalyse die momentane Standardabweichung σ genügend genau abgeschätzt worden, dann ist der Index für die Prozeßfähigkeit

$$c_P = T / (6 * \sigma)$$

mit T = vorgegebene Toleranz

und $6 * \sigma$ = momentaner Zufallsstreubereich der (normalverteilten) Einzelwerte bei bei der Realisierung eines bestimmten Merkmals mit der Toleranz T

Die mögliche Beurteilung der Prozeßfähigkeit ist in Abb. 3. 6 enthalten.

Die Beurteilung der Prozeßfähigkeit sei ergänzt durch den Hinweis, daß sich diese Aussage stets bezieht auf

- ein ganz bestimmtes Maß
- mit einer ganz bestimmten Toleranz
- an ganz speziellen Werkstücken
- aus einem bestimmten Werkstoff
- bearbeitet auf einer ganz bestimmten Maschine
- unter exakt festgelegten Randbedingungen wie Schnittgeschwindigkeit, Vorschub, Schnittiefe, Schmierung, Druck oder Temperatur.

Falls die Prozeßfähigkeit gegeben ist oder nicht, ist es durchaus möglich, daß dieselbe Maschine in Bezug auf andere Werksstücke mit anderen Maßen und Toleranzen oder auch nur aus einem anderen Werkstoff genau gegenteilig zu beurteilen ist.

Auch kann es vorkommen, daß bei zwei relevanten Maßen, die an demselben Werkstück auf derselben Maschine bearbeitet werden, die Prozeßfähigkeit bei dem einen Maß gegeben ist und bei dem anderen nicht.

Falls die Prozeßfähigkeit nicht gegeben ist, muß untersucht werden, ob es möglich ist, die Streuung zu verringern. Insbesondere ist durch eine Änderung der Randbedingungen wie beispielsweise der Schnittiefe oft eine Verringerung der Streuung zu erreichen. Allerdings ist zu bedenken, daß die meisten Prozesse in der Regel im Hinblick auf die Fertigungskosten optimiert sind. Eine Verringerung der Streuung ohne Erhöhung der Fertigungskosten dürfte in der Regel nicht möglich sein.

Seit einigen Jahren wird viel davon gesprochen, daß die Streuung mit Hilfe der Versuchsmethodik verringert werden kann. Beispiele dafür sind jedoch aus dem Bereich der Zerspanung nicht bekannt.

Falls die Streuung nicht verringert werden kann, ist zu überprüfen, ob die Toleranz erweitert werden kann. Falls beides nicht möglich oder nicht durchsetzbar ist, sind andere Maßnahmen zu erwägen wie ein Wechsel auf eine andere Maschine mit einer besseren Maschinenfähigkeit oder ein Wechsel des Verfahrens, beispielsweise Hartdrehen statt Schleifen.

Schließlich sei darauf hingewiesen, daß für die Beurteilung der Prozeßfähigkeit nach Abb. 3.6 vorausgesetzt werden muß, daß die Gesamtstreuung des Prozesses nicht oder nicht wesentlich größer ist als die momentane Streuung. Falls diese Voraussetzung nicht zutrifft, ist die endgültige Beurteilung eines Prozesses erst möglich durch die Ermittlung der Prozeßpräzision nach Abschnitt 3.4.

Neben dem c_p-Wert gibt es noch den c_{pk}-Wert für die Einstellage:

$$c_{pk} = (OGW - \mu) / (3 * \sigma) \text{ für } \mu \geq C = \text{Mittenmaß, oder}$$

$$c_{pK} = (\mu - UGW) / (3 * \sigma) \text{ für } \mu < C$$

Während der c_p-Wert eine Prozeßbeurteilung vor Serienbeginn ermöglicht, eignet sich der c_{pk}-Wert für die Beurteilung einer laufenden Fertigung. Auch hier gilt die Forderung $c_{pk} \geq 1$, und wenn ein Prozeß optimal auf Toleranzfeldmitte eingestellt ist, dann ist $c_{pk} \equiv c_p$.

Der c_{pk}-Wert hat eine untergeordnete Bedeutung, wenn ein Prozeß jederzeit hinsichtlich seiner Einstellage korrigiert werden kann und wenn dies mittels Annahme-QRK geschieht.

Eine bildliche Erläuterung des c_p-Wertes und des c_{pk}-Wertes enthält Abb. 3.7 bei konstanter Toleranz T.

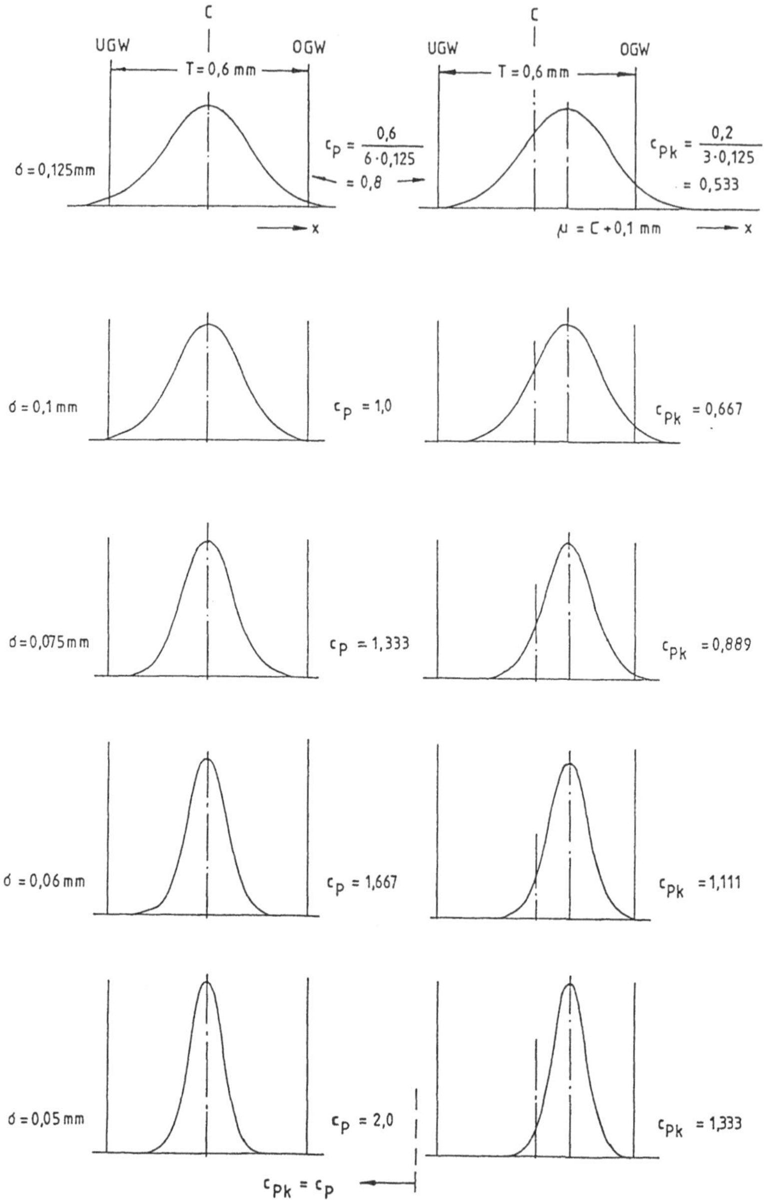

C
UGW OGW
T = 0,6 mm
σ = 0,125 mm
$c_p = \frac{0,6}{6 \cdot 0,125} = 0,8$
x

C
UGW OGW
T = 0,6 mm
$c_{Pk} = \frac{0,2}{3 \cdot 0,125} = 0,533$
μ = C + 0,1 mm
x

σ = 0,1 mm
$c_p = 1,0$
$c_{Pk} = 0,667$

σ = 0,075 mm
$c_p = 1,333$
$c_{Pk} = 0,889$

σ = 0,06 mm
$c_p = 1,667$
$c_{Pk} = 1,111$

σ = 0,05 mm
$c_p = 2,0$
$c_{Pk} = 1,333$

$c_{Pk} = c_p$

Abb. 3.7 Bildliche Erläuterung der Indices für die Prozeßfähigkeit $c_P = T / 6 * \sigma$ und $c_{Pk} = (OGW - \mu) / 3 * \sigma$ am Beispiel einer konstanen Toleranz

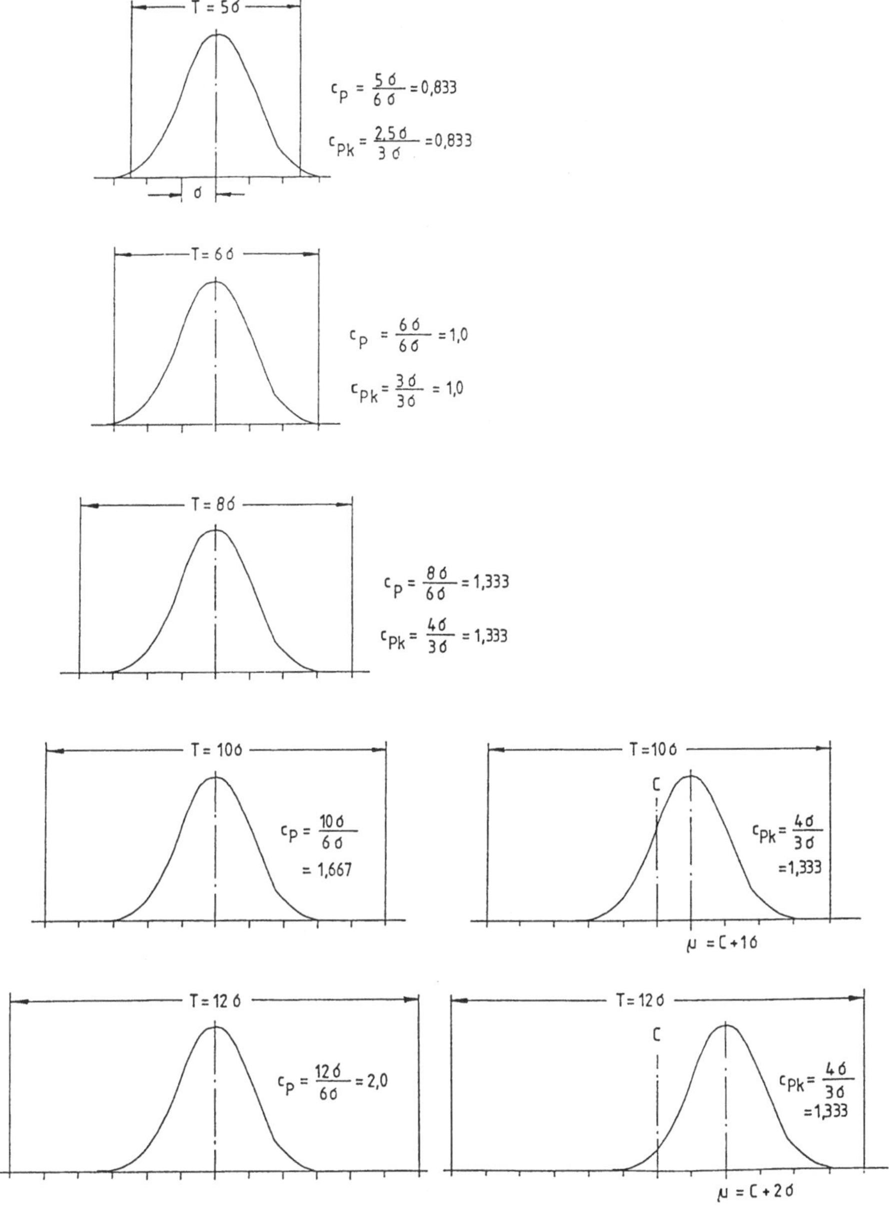

Abb. 3.8 Bildliche Erläuterung des Indices für die Prozeßfähigkeit $c_P = T / 6 * \sigma$ und $c_{Pk} = (OGW - \mu) / 3 * \sigma$ am Beispiel einer konstanten Standardabweichung σ

In Abb. 3.8 werden der c_p-Wert und der c_{pk}-Wert erläutert auf der Basis einer in allen Fällen gleichgroßen Standardabweichung σ.

3.4 Berechnung und Bewertung der Prozeßpräzision

Die im vorhergehenden Unterabschnitt definierte Prozeßfähigkeit bezieht sich auf die momentane Verteilung der Einzelwerte und wird berechnet aus der geschätzten momentanen (inneren) Streuung der Einzelwerte.

Im Idealfall ist die Gesamtstreuung des gefertigten Loses nicht größer als die momentane Streuung. Durch Störungen, Werkzeugwechsel, Chargenwechsel oder andere überzufällige Schwankungen (sytematische Abweichungen) und den daraus resultierenden Eingriffen und Korrekturen ist im Realfall die Gesamtstreuung, die von Los zu Los schwanken kann, stets größer als die in der Regel konstante, momentane Streuung.

Die Beurteilung eines abgeschlossenen Loses ist möglich durch die Angabe der Prozeßpräzision. In Anlehnung an den in /3/ definierten Begriff kann die Prozeßpräzision gekennzeichnet werden durch die Indices

$$c_{pp} = T / 6 * \sigma_{ges} \text{ und}$$
$$c_{ppk} = (OGW - \mu) / 3 * \sigma_{ges} \quad \text{für } \mu \geq C \text{ bzw.}$$
$$c_{ppk} = (\mu - UGW) / 3 * \sigma_{ges} \quad \text{für } \mu < C$$

In diesen Formeln ist σ_{ges} der Schätzwert für die Standardabweichung aller Einzelwerte eines gefertigten Loses. Dieser Schätzwert wird beispielsweise ermittelt durch die Berechnung der Standardabweichung aller Einzelwerte in m = 50 bis 100 Stichproben des gleichen Umfangs n.

Auch bei der Prozeßpräzision ist $c_{ppk} = c_{pp}$ für $\mu \equiv C$.

Ein Fertigungslos ist als befriedigend zu beurteilen, wenn der c_{ppk}-Wert mindestens 1 ist, und es ist umso besser je weiter dieser Wert über 1 liegt. In allen Fällen ist der c_{pp}-Wert genauso groß oder größer als der c_{ppk}-Wert.

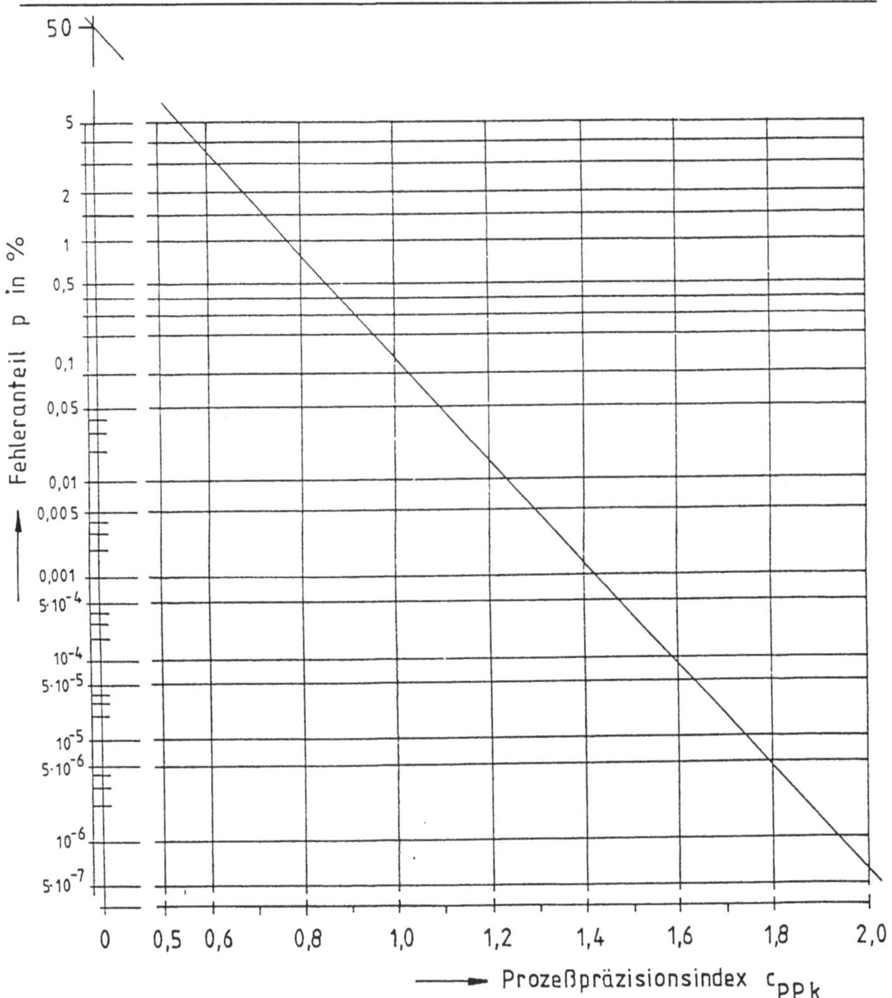

Abb. 3.9 Fehleranteil p einseitig in Abhängigkeit vom Prozeßpräzisionsindex c_{PPk}

In Abb. 3.9 ist der (einseitige) Fehleranteil p in Abhängigkeit vom c_{PPk}-Wert dargestellt. Dieses Diagramm gilt für den Fall, daß die Gesamtverteilung des Fertigungsloses exakt oder angenähert normal ist. Da die Gesamtverteilung stets eine Mischverteilung ist, die sich aus der momentanen Normalverteilung und den überlagerten überzufälligen Abweichungen zusammensetzt, kann sie mehr oder weniger stark von der NV-Form abweichen. Ist die Gesamtverteilung gegenüber der Normalverteilung

- schmaler, dann ist der Fehleranteil kleiner bzw.
- breiter, dann ist der Fehleranteil größer

als in Abb. 3.9 dargestellt.

Falls das Merkmal ein Maß ist und zu einer Maßkette gehört, dann sind diese Abweichungen von der NV-Form unbedeutend, da jede nichtnormale Verteilung sich in einer Maßkette so verhält, als wenn sie normal wäre (Zentraler Grenzwertsatz der Statistik).

Die Erfüllung der Forderung, daß der Prozeßpräzisionsindex $c_{Pk} \geq 1$ sein soll, hängt in hohem Maße von dem Unterschied ab zwischen der Gesamtstreuung und der momentanen Streuung.

Je größer dieser Unterschied ist oder zu erwarten ist umso größer muß der geforderte Index für die Prozeßfähigkeit sein:

$$c_P / c_{PP} = \sigma_{ges} / \sigma$$

Beispiel 3.2

gegeben: Simulierter „Prozeß" mit Störung und mit Korrekturen nach Abb. 2.16 und Abb. 2.17. Zusätzlich werde unterstellt, daß Grenzwerte vorgegeben sind mit UGW = 37 und OGW = 63

Die Schätzwerte für die Parameter sind:

Mittelwert $\mu = 49{,}84$

momentane Standardabweichung $\sigma = 3{,}982$ und

Gesamtstandardabweichung $\sigma_{ges} = 4{,}933$

Hinweis: Nur m = 20 Stichproben des gleichen Umfangs n sind für eine genaue Schätzung der Standardabweichungen nicht ausreichend.

gesucht: Indices für die Prozeßfähigkeit und für die Prozeßpräzision

Lösung: $c_P = T / 6 * \sigma = 26 / 6 * 3{,}982 = 1{,}088$

$c_{Pk} = (\mu - UGW) / 3 * \sigma = (49{,}84 - 37) / 3 * 3.982 = 1{,}075$

$c_{PP} = T / 6 * \sigma_{ges} = 26 / 6 * 4.933 = 0{,}878$

$c_{PPk} = (\mu - UGW) / 3 * \sigma_{ges} = (49{,}84 - 37) / 3 * 4{,}933 = 0{,}868$

Beurteilung: Da die Prozeßfähigkeit nach Abb. 3.6 nur „bedingt gegeben" ist, fällt die Prozeßpräzision schlecht aus. Nach Abb. 3.9 ist für $c_{PPk} = 0{,}867$ mit einem Fehleranteil von einseitig $p \approx 0{,}5$ % zu rechnen; es hängt vom Einzelfall ab, ob dies noch akzeptabel ist. Es fällt auf, daß der c_{PP}-Wert zur Beurteilung der Prozeßpräzision nicht unbedingt erforderlich ist. Dennoch ist er nicht überflüssig. Es sind Fälle denkbar, in denen $c_{PP} >> 1$ und dennoch ist $c_{PPk} < 1$; in diesen Fällen erfolgte die Prozeßsteuerung nicht auf Toleranzfeldmitte.

■ **Beispiel 3.3**

gegeben: Gegebenheiten des Beispiels 3.2; abweichend davon werde unterstellt, daß die Grenzwerte UGW = 35 und OGW = 65 sind.

gesucht: Indices für die Prozeßfähigkeit und für die Prozeßpräzision

Lösung: $c_P = T / 6 * \sigma = 30 / 6 * 3{,}982 = 1{,}256$

$c_{Pk} = (\mu - UGW) / 3 * \sigma = 14{,}84 / 3 * 3{,}982 = 1{,}242$

$c_{PP} > c_{PPk}$

$c_{PPk} = (\mu - UGW) / 3 * \sigma = 14{,}84 / 3 * 4{,}933 = 1{,}003$

Beurteilung: Für den ermittelten c_{PPk}-Wert ist nach Abb. 3.9 mit einem Fehleranteil von einseitig $p < 0{,}1$ % zu rechnen.

4 Annahme-Qualitätsregelkarten

4.1 Allgemeines

QRK sind ein Rationalisierungsmittel zur Fertigungssteuerung. Die „klassischen" QRK für quantitative Merkmale nach Shewhart, Kap. 5, basieren nicht auf Fertigungsanweisungen sondern auf dem Istzustand der Fertigung, der unter optimalen Randbedingungen durch Abschätzen der Parameter

für die Lage ($\mu = \bar{\bar{x}}$) und

für die Streuung ($\sigma = \sqrt{\overline{s^2}}$ oder $\sigma = \bar{s} / a_n$ oder $\sigma = s_D / \sqrt{2}$
nach Abb. 2.25)

ermittelt werden. Aufgrund dieser Schätzwerte werden Zufallsstreubereiche für künftige Kennwerte für die Lage (Urwerte, Mediane oder Mittelwerte) und für die Streuung (Standardabweichung oder Spannweite) berechnet und als Warn- und als Eingriffsgrenzen in die QRK eingetragen. Mit dem Führen der QRK soll erreicht werden, daß auch die künftig gefertigten Grundgesamtheiten mit der bisherigen Grundgesamtheit, für die die Parameter geschätzt worden waren, übereinstimmen.

Da es für die Streuung nahezu ausnahmslos keines Fertigungsanweisungen gibt – außer der, daß die Streuung möglichst klein sein soll – sind die Streuungs-QRK nach Shewhart die einzige und zugleich sinnvollste Möglichkeit, diesen Parameter zu überwachen.

Anders ist es mit der Lage, für die es meistens Fertigungsanweisungen gibt, durch die zumindest der Sollwert als Zielgröße vorgegeben ist. Dann ist es notwendig und sinnvoll für die Lage-QRK nach Shewhart die Zufallsstreugrenzen (Warn- und Eingriffsgrenzen) auf diesen Sollwert zu beziehen.

Oft ist durch Fertigungsanweisungen nicht der Sollwert vorgegeben sondern statt dessen ein Grenzwert. Die Zielgröße ist dann kein bestimmter Wert; als Ziel der Fertigung ist vorgegeben, daß (möglichst) alle Istwerte auf einer Seite des Grenzwertes liegen, je nachdem ob es sich um einen unteren oder einen oberen Grenzwert handelt.

Sehr häufig sind durch die Fertigungsanweisungen zwei Grenzwerte vorgegeben, ein unterer und ein oberer, deren arithmetischer Mittelwert das Mittenmaß C ist; dieses Mittenmaß ist dann die Zielgröße für die Fertigung. Gleichzeitig muß die durch die Festlegung der Grenzwerte gestellte Forderung erfüllt werden, daß die

Istwerte möglichst alle im Bereich zwischen den Grenzwerten, dem Toleranzfeld liegen und nicht oder nur in Ausnahmefällen und dann allenfalls zu einem möglichst geringen Anteil außerhalb des Toleranzfeldes. In diesem Falle ist es sinnvoll, die Eingriffsgrenzen für die Lage-QRK bevorzugt in Bezug auf die Grenzwerte festzulegen; diese Lage-QRK werden Annahme-QRK genannt.

Die Bezeichnung „Annahme-Regelkarte" kommt daher, daß bei dieser QRK analog wie bei der Annahme-Stichprobenprüfung vorgegangen wird. Auch bei dieser Prüfung quantitativer Merkmale wird einem bestimmten (geringen) Fehleranteil p eine bestimmte (hohe) Annahmewahrscheinlichkeit P_a zugeordnet. Für die Praxis verständlicher wäre es, die „Annahme-QRK" als „QRK mit an Grenzwerten orientierten Eingriffsgrenzen" zu bezeichnen; allerdings wäre dies auch umständlicher.

4.2 Rechnerische Ermittlung der Eingriffsgrenzen

Da bei den Annahme-QRK die Eingriffsgrenzen in der Regel von den Grenzwerten ausgehend berechnet werden, sind die Eingriffsgrenzen

$$OEG = OGW - k * \sigma$$

$$UEG = UGW + k * \sigma$$

Darin ist k der Abgrenzungsfaktor und es wird unterschieden

k_A für die Mittelwert-QRK (A wie arithmertischer Mittelwert)

k_C für die Median-QRK (C wie Centralwert)

k_E für die Urwert-QRK (E wie Extremwert)

und σ ist die zuvor durch eine Fertigungsanalyse abgeschätzte, momentane Standardabweichung der momentanen Grundgesamtheit.

Oft ist der Erfahrung nach bekannt, daß die momentane Standardabweichung konstant ist. Sollte dies nicht der Fall sein, kann eine Streuungs-QRK als zweite Spur zweckmäßig oder notwendig sein. Streuungs-QRK sind stets Shewhart-QRK; sie werden in Kap. 5 besprochen.

Die Berechnung der Abgrenzungsfaktoren erfolgt nach den Formeln, die in den Abb. 4.1, 4.2 und 4.3 angegeben und bildlich erläutert sind.

Die dafür erforderlichen u-Werte können der u-Tabelle entnommen werden (Tabelle 1); die u-Werte für bevorzugt gewählte p- oder P_a-Werte sind in Abb. 4.4 zusammengestellt.

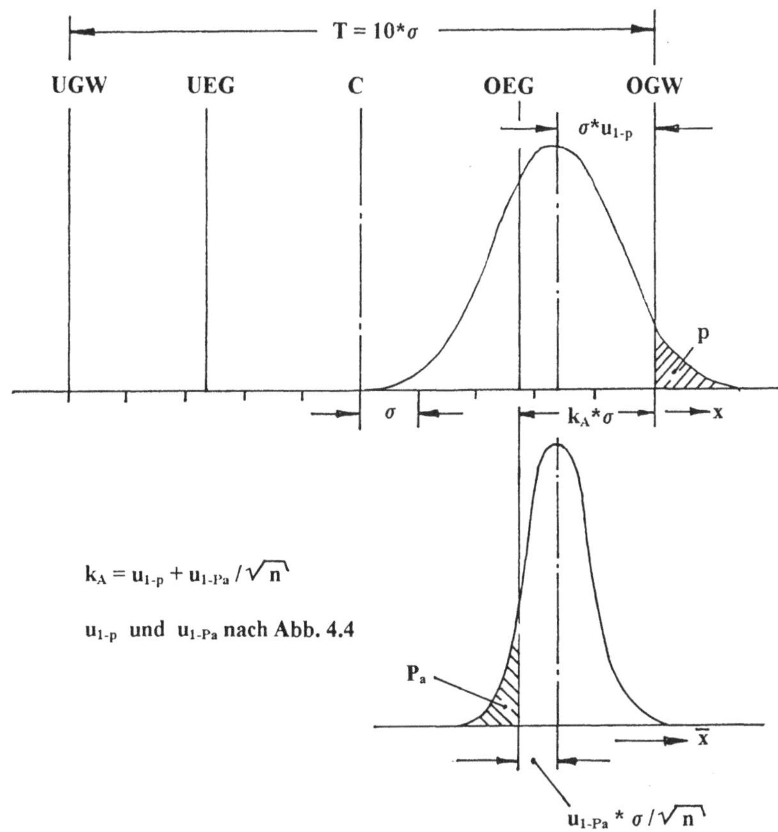

Abb. 4.1 Erläuterung der Formel für den Abgrenzungsfaktor k_A der Mittelwert-QRK

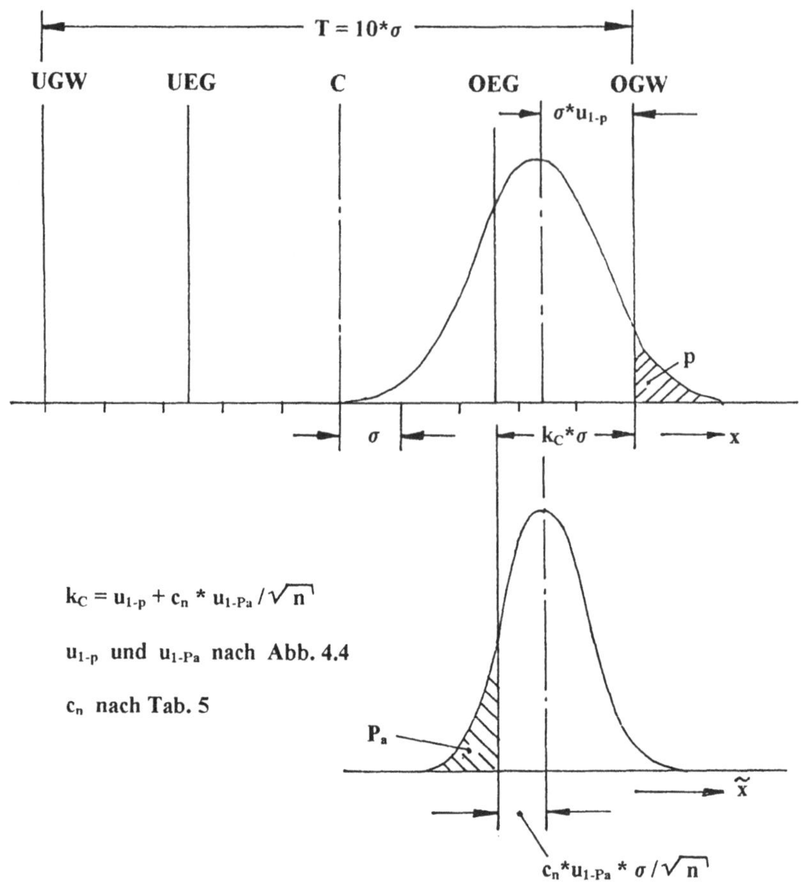

Abb. 4.2 Erläuterung der Formel für den Abgrenzungsfaktor k_C der Median-QRK

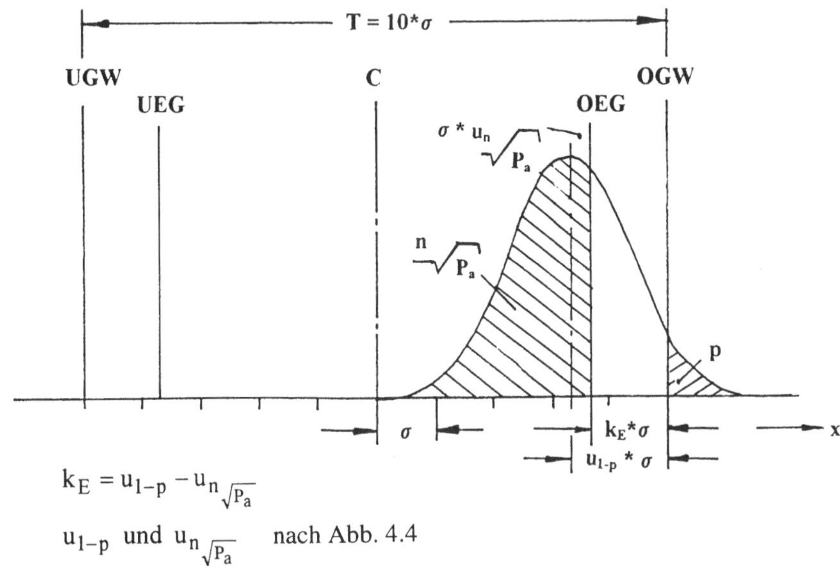

Abb. 4.3 Erläuterung der Formel für den Abgrenzungsfaktor k_E der Urwert-QRK

p oder P_a in %	u_{1-p}	u_{1-P_a}	$u_{\sqrt[n]{P_a}}$				
			n = 1	2	3	4	5
0,005	3,8906						
0,01	3,7190						
0,05	3,2905						
0,1	3,0902						
0,3	2,7478						
0,5	2,5758						
1	2,3263	2,3263	- 2,3263	-1,2816	-0,7877	- 0,4783	-0,2582
2	2,0537						
3	1,8808						
4	1,7507						
5	1,6449	1,6449	- 1,6449	-0,7601	-0,3361	-0,0680	0,1238
10	1,2816	1,2816	- 1,2816	-0,4783	-0,0900	0,1569	0,3344
50		0,0000	0,0000	0,5450	0,8193	0,9982	1,1290
90		-1,2816	1,2816	1,6322	1,8183	1,9431	2,0365
95		-1,6449	1,6449	1,9545	2,1212	2,2340	2,3187
99		-2,3263	2,3263	2,5749	2,7119	2,8057	2,8769

Abb. 4.4 u-Werte für bevorzugt gewählte Werte für den Fehleranteil p und für die Annahmewahrscheinlichkeit P_a

■ **Beispiel 4.1**

gegeben: Für Annahme-QRK sind n = 5 und der gemeinsame OC-Punkt $p_{0,9}$ = 0,5 % vorgegeben.

gesucht: Annahmefaktoren k für die Mittelwert-QRK, die Median-QRK und für die Urwert-QRK

Lösung:

$$\bar{x}\text{-QRK}: k_A = 2{,}5758 + (-1{,}2816)/\sqrt{5} = 2{,}0027$$

$$\tilde{x}\text{-QRK}: k_C = 2{,}5758 + (-1{,}198 * 1{,}2816)/\sqrt{5} = 1{,}8892$$

$$x\text{-QRK}: k_E = 2{,}5758 - 2{,}0365 = 0{,}5393$$

Die Übereinstimmung mit den grafisch ermittelten k-Faktoren in Abb. 4.8 ist gegeben.

4.3 Das Doppelte Wahrscheinlichkeitsnetz (DWN)

4.3.1 Beschreibung des DWN

Das DWN ist im Prinzip so aufgebaut wie das bekannte (einfache) WN, das in Kap. 2.3 beschrieben wurde. Der wichtigste Unterschied besteht darin, daß die horizontale Achse nicht als Merkmalsachse für x sondern – wie die vertikale Achse – als Achse für die Standardnormalvariable u ausgewiesen ist.

Im Einzelnen haben die Skalen im DWN – wie in Abb. 4.5 angegeben – folgende Bedeutung:

Skala 1 u-Skala für den Abstand des momentanen Mittelwertes μ der Verteilung der Einzelwerte von einem der Grenzwerte in σ-Einheiten.

Wenn μ mit einer der Eingriffsgrenzen übereinstimmt ist $u = u_{p\,0,5}$ der Abstand in σ-Einheiten zwischen dieser Eingriffsgrenze und dem zugeordneten Grenzwert bei der Mittelwert-QRK ($u = k_A$ = Abgrenzungsfaktor) oder bei der Median-QRK ($u = k_C$). Bei der Urwert-QRK ist der Abgrenzungsfaktor nach der an der Skala 1 der Abb. 4.5 angegebenen Formel leicht zu berechnen.

Skala 2 p-Skala für die der Skala 1 zugeordneten grenzüberschreitenden Anteile (Fehleranteile) in %, sofern die Einzelwerte exakt normalverteilt sind; wenn μ mit einem der Grenzwerte zusammenfällt (u = 0), ist der Fehleranteil p = 50 %.

Skala 3 u-Skala wie im WN; sie wird bei der Anwendung des DWN selten benötigt.

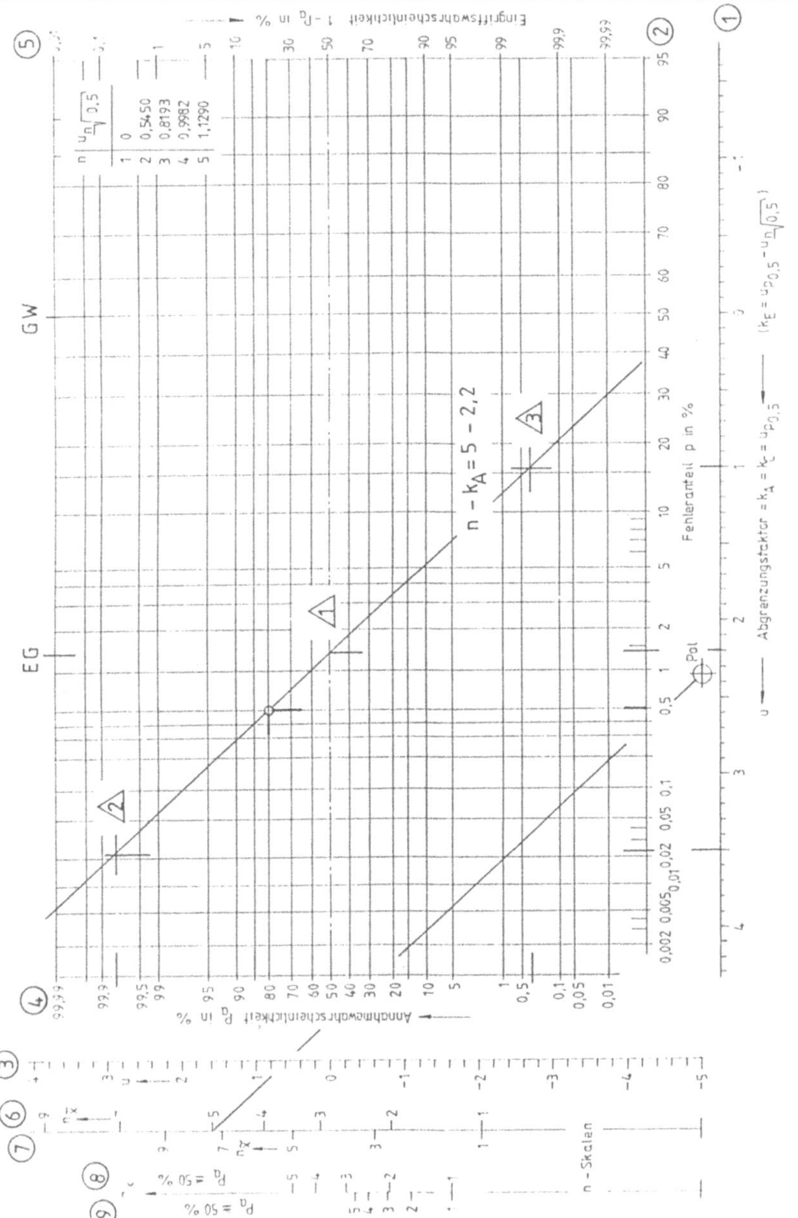

Abb. 4.5 Das Doppelte Wahrscheinlichkeitsnetz (DWN) mit numerierten Skalen zwecks deren Erläuterung im Text; eingezeichnet ist die Operationscharakteristik (OC) für die Mittelwert-QRK mit $n - k_A = 5 - 2{,}2$

Skala 4 angegeben sind die der Skala 3 zugeordneten Summenwahrscheinlichkeiten = Annahmewahrscheinlichkeiten = Nichteingriffswahrscheinlichkeiten = P_a in %.

Skala 5 angegeben sind die Komplemente 1 – P_a zur Skala 4 in %.

Skalen 6 bis 9 gelten in Verbindung mit dem über der Skala 1 festgelegten „Pol".

Skala 6 Steilheit der Operationscharakteristik (OC) der Mittelwert-QRK für gebräuchliche n

Skala 7 Steilheit der OC der Median-QRK

Skala 8 Steilheit für den unteren Teil der OC der Urwert-QRK

Skala 9 Steilheit für den oberen Teil der OC der Urwert-QRK

Zur näheren Erläuterung des Aufbaus des DWN ist in Abb. 4.5 die OC für eine Mittelwert-QRK für n = 5 eingezeichnet, die durch den (völlig willkürlich gewählten) Punkt P_a = 80 % bei p = 0,5 % verläuft. Dieser Punkt wird üblicherweise auch durch die Angabe $p_{0,8}$ = 0,5 % beschrieben. Die OC ist die Parallele zum Polstrahl auf n = 5 in Skala 6 durch den Punkt $p_{0,8}$ = 0,5 %.

Diese OC schneidet die P_a = 50 %-Linie in dem (durch ein Dreieck markierten) Punkt 1 in Abb. 4.5. Der zugeordnete Fehleranteil ist $p_{0,5}$ = 1,4 % (Skala 2) und der zugeornete u-Wert (Skala 1) ist der grafisch bestimme Abgrenzungsfaktor k_A = 2,2.

Hinweis: Rechnerisch ist $k_A = 2{,}5758 - 0{,}8416 / \sqrt{5} = 2{,}1994$.

Weiterhin sind die Punkte 2 und 3 der OC jeweils durch ein Dreieck markiert mit folgender Interpretation:

Punkt 2 Wenn der Mittelwert μ der Fertigungsverteilung um 3,5 σ von einem der Grenzwerte entfernt ist (Skala 1), dann ist – exakte NV vorausgesetzt – der momentan gefertigte Fehleranteil p = 0,022 % (Skala 2) und in dieser Fertigungslage ist die Annahmewahrscheinlichkeit P_a = 99,8 % (Skala 4).

Punkt 3 Wenn der Mittelwert μ der Fertigungsverteilung um 1 σ von einem der Grenzwerte entfernt ist (Skala 1), dann ist der momentane Fehleranteil p = 16 % (Skala 2) bei einer Annahmewahrscheinlichkeit von P_a = 0,4 % (Skala 4) bzw. einer Eingriffswahrscheinlichkeit von 1 – P_a = 99,6 % (Skala 5).

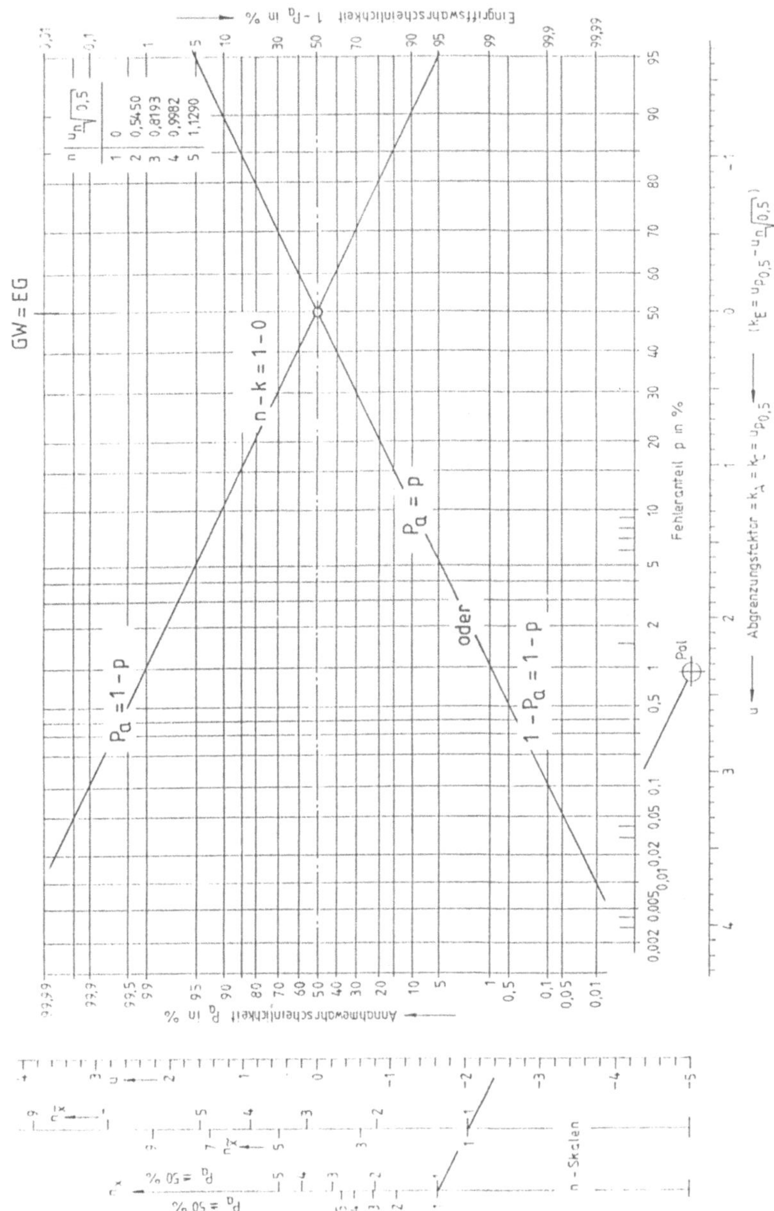

Abb. 4.6 Das DWN mit den Geraden für $P_a = 1 - p$ und für $1 - P_a = 1 - p$ zwecks Überprüfung der Genauigkeit des Netzes

Zur weiteren Erläuterung des DWN ist in Abb. 4.6 die OC für den Sonderfall einer QRK mit n = 1 und k = 0 eingezeichnet. n = 1 bedeutet den Grenzfall einer Mittelwert-QRK oder einer Median-QRK oder einer Urwert-QRK. k = 0 bedeutet, daß die Grenzwerte (Mindestwert oder Höchstwert) des Merkmals gleichzeitig die Eingriffsgrenzen sind. Diese QRK hat wegen ihrer geringen Empfindlichkeit keine praktische Bedeutung. Ihre OC als $P_a = 1 - p$ ist jedoch bestens geeignet, die Genauigkeit des manuell gezeichneten Netzes des DWN zu überprüfen; aus dem gleichen Grunde wurde in Abb. 4.6 auch die Gerade $P_a = p$ (oder $1 - P_a = 1 - p$) eingezeichnet.

Die OC für die Mittelwert-QRK und für die Median-QRK sind im DWN Geraden. Dagegen sind die OC für die Urwert-QRK mit n > 1 im DWN leicht gekrümmt. Daher ist es zweckmäßig, die gekrümmte OC einer Urwert-QRK durch zwei Geraden anzunähern, Skalen 8 und 9 in Abb. 4.5. Um die Güte der Näherung beurteilen zu können, wurde in Abb. 4.7 die exakt berechnete OC der Urwert-QRK mit n = 5 und $p_{0,5}$ = 5 % punktweise eingezeichnet; zusätzlich sind die Näherungsgeraden für den unteren Teil bzw. für den oberen Teil als Parallelen zu den Polstrahlen eingezeichnet. Die Näherungsgeraden weichen von den berechneten Punkten in den Bereichen P_a < 1 % und P_a > 99 % deutlich ab. Wegen des in diesen Bereichen gestreckten Maßstabes betragen diese Abweichungen nur ≈ 0,1 %; die Näherung der OC für Urwert-QRK durch zwei Geraden ist hinreichend gut. Eine plausible Erklärung für die Krümmung der OC der Urwert-QRK mit n > 1 erfolgt in Kap. 4.6 (Abb. 4.35).

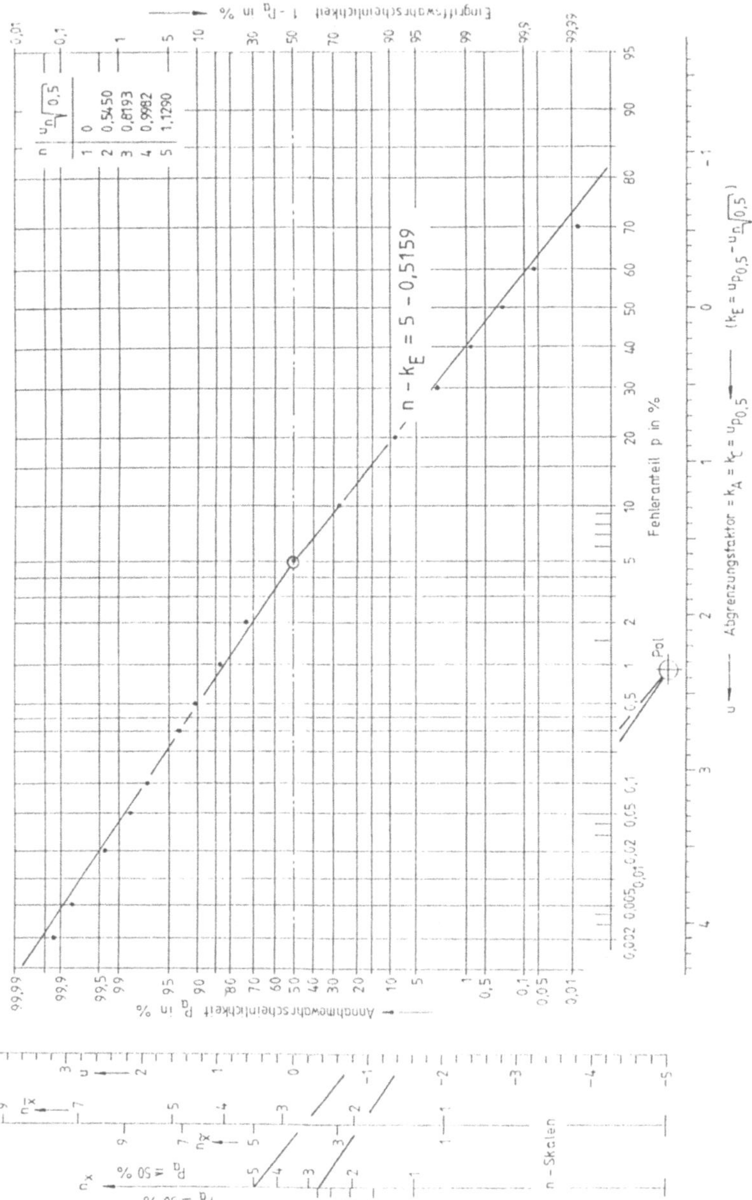

Abb. 4.7 DWN mit der OC für die Urwert-QRK mit $n - k_E = 5 - 0{,}5159$; die eingezeichneten Punkte sind exakt berechnet, die Geraden sind Näherungsgeraden

4.3.2 Anwendung des DWN zur grafischen Ermittlung der k-Faktoren

Zur grafischen Ermittlung der k-Faktoren mit Hilfe des DWN wird in folgenden Schritten vorgegangen:

1. Vorgabe eines Punktes der OC als p_{P_a} und des Stichprobenumfangs n
2. Markierung dieses Punktes im DWN
3. Einzeichnen der Parallelen zum Polstrahl (bei der Urwert-QRK zu den Polstrahlen) durch den Punkt p_{P_a}; dies ist die OC der QRK.
4. Ablesen des u-Wertes unter dem Schnittpunkt der OC mit der P_a = 50 %-Koordinate; direkt ist $u_{p_{0,5}} = k_A$ bzw. $u_{p_{0,5}} = k_C$ und indirekt ist

   $k_E = u_{p_{0,5}} - u_{\sqrt[n]{0,5}}$; für n = 1 bis n = 5 sind die $u_{\sqrt[n]{0,5}}$ -Werte rechts oben im DWN angegeben.

■ **Beispiel 4.2**

gegeben: Der OC-Punkt $p_{0,9}$ = 0,5 % für die Mittelwert-QRK, die Median-QRK und für die Urwert-QRK mit n = 5

gesucht: OC und Abgrenzungsfaktoren k grafisch

Lösung: In Abb. 4.8 ist die Lösung angegeben mit folgendem Ergebnis (rechnerische Lösung mit den Formeln in Abb. 4.1 bis 4.3 in Klammern):

k_A = 2,00 (2,0027)
k_C = 1,89 (1,8892)
k_E = 0,54 (0,5393)

■ **Beispiel 4.3**

gegeben: Der OC-Punkt $p_{0,1}$ = 5 % für die Mittelwert-QRK, die Median-QRK und für die Urwert-QRK mit n = 3

gesucht: OC und Abgrenzungsfaktoren k grafisch

Lösung: In Abb. 4.9 ist die Lösung angegeben mit folgendem Ergebnis (rechnerische Lösung mit den Formeln in Abb. 4.1 bis 4.3 in Klammern):

k_A = 2,38 (2,3848)
k_C = 2,50 (2,5032)
k_E = 1,74 (1,7349)

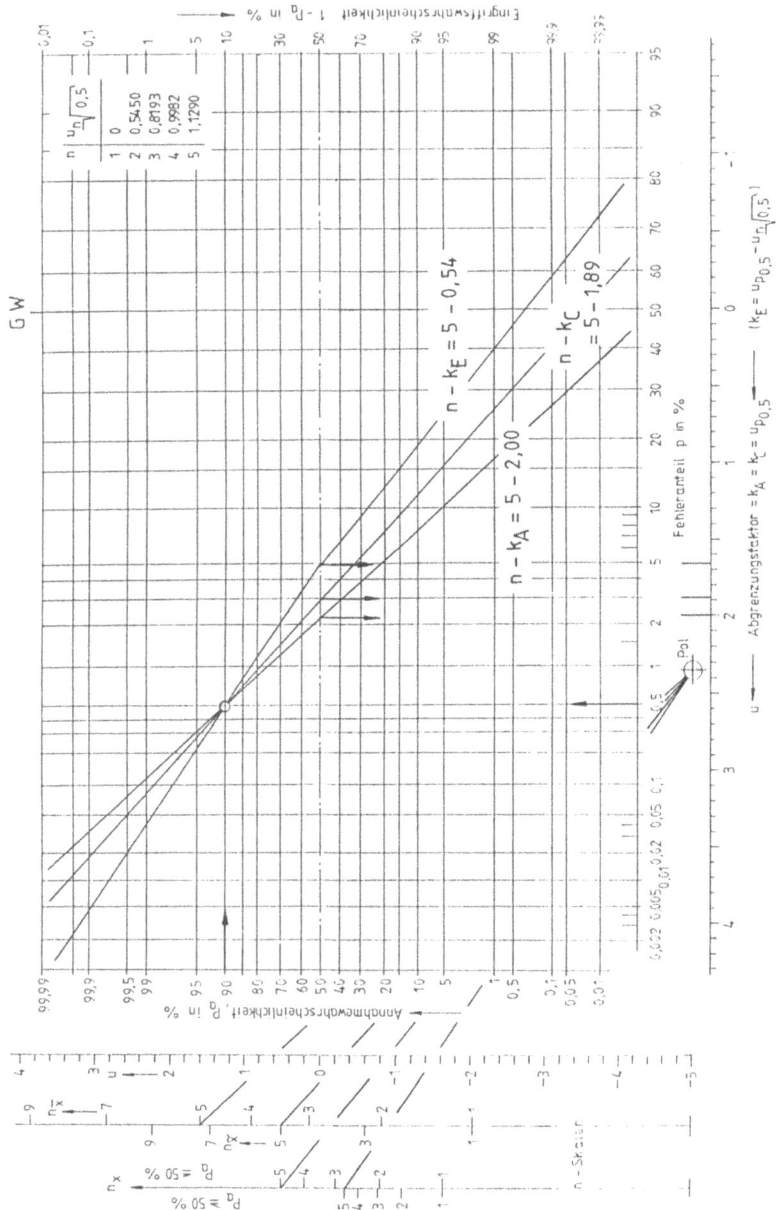

Abb. 4.8 Grafische Ermittlung der k-Faktoren von Annahme-QRK für den vorgegebenen OC-Punkt $p_{0,9} = 0{,}5\%$; zu den Beispielen 4.1 und 4.2

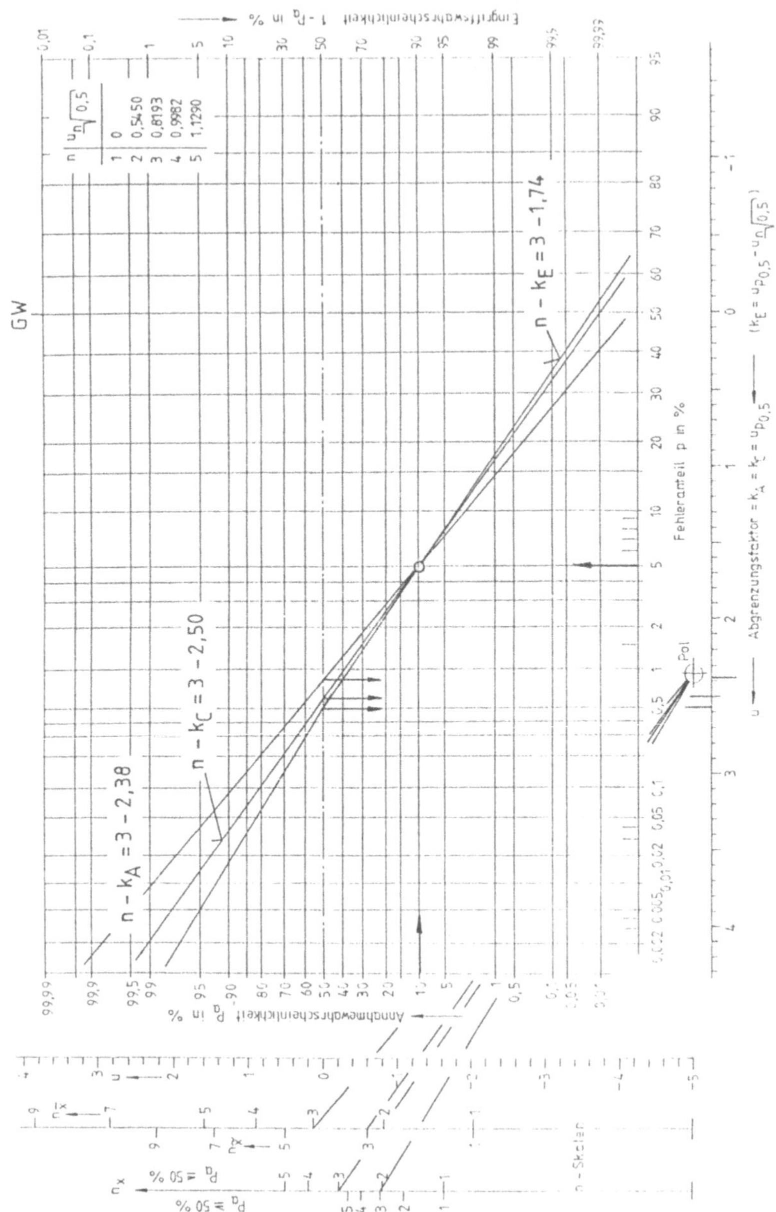

Abb. 4.9 Grafische Ermittlung der k-Faktoren von Annahme-QRK für den vorgegebenen OC-Punkt $p_{0,1} = 5\%$; zu Beispiel 4.3

In den beiden letzten Beispielen waren die OC-Punkte vorgegeben mit $P_a = 90$ % bzw. mit $P_a = 10$ %. Dies erfolgte in Anlehnung an die in der Annahmestichprobenprüfung übliche AQL- bzw. LQ-Philosophie. Dabei wird angestrebt, daß bei den verschiedenen Stichprobenanweisungen desselben Stichprobenplans und bei den gleichen Fehleranteilen die Lose überwiegend angenommen bzw. überwiegend zurückgewiesen werden.

Jede Annahme-QRK ist ein Unikat ohne Zugehörigkeit zu einem System von anderen QRK; daher ist es ohne weiteres möglich, irgend eine beliebige Wahrscheinlichkeit für einen OC-Punkt vorzugeben, also auch $P_a = 50$ %.

■ **Beispiel 4.4**

gegeben: Der OC-Punkt $p_{0,5} = 1$ % für die Mittelwert-QRK, die Median-QRK und für die Urwert-QRK mit n = 3

gesucht: OC und Abgrenzungsfaktoren grafisch

Lösung: In Abb. 4.10 ist die Lösung angegeben mit folgendem Ergebnis (rechnerische Lösung in Klammern):

$k_A = 2{,}33$ (2,3263)
$k_C = 2{,}33$ (2,3263)
$k_E = 1{,}51$ (1,5070)

In den letzten drei Beispielen erfolgte die Ermittlung der k-Faktoren mit Hilfe des DWN grafisch. Dabei ging es nur um die Verfahrensweise und nicht um die Frage, ob die so ermittelten QRK auch zweckmäßig sind. Diese Frage hängt ab von den Randbedingungen des Einzelfalles und wird in den nachfolgenden Kapiteln erörtert.

Auch wenn die Abgrenzungsfaktoren k rechnerisch bestimmt werden, ist das DWN nützlich, um die OC darzustellen und um dann weitere Kriterien zur Beurteilung der Zweckmäßigkeit der QRK abzuschätzen. Diese Kriterien wie der „Platzbedarf“ bzw. der „Spielraum“ sowie der „maximale, mittlere Fehleranteil“ werden in den nachfolgenden Kapiteln behandelt.

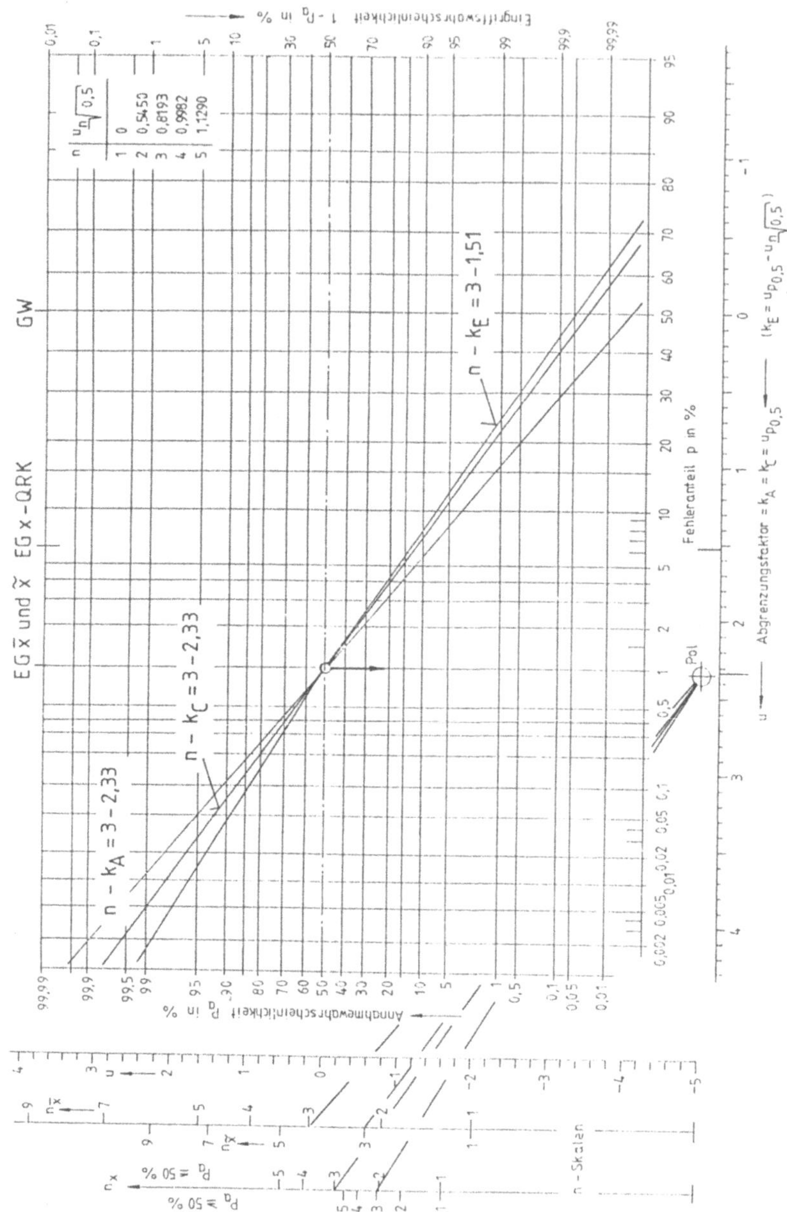

Abb. 4.10 Grafische Ermittlung der k-Faktoren von Annahme-QRK für den vorgegebenen OC-Punkt $p_{0,5} = 1\%$; zu Beispiel 4.4

4.4 Platzbedarf und Spielraum bei Annahme-QRK

4.4.1 Definition und Ermittlung des Platzbedarfs und des Spielraums

In Kapitel 3 war erläutert worden, daß die Prozeßfähigkeit umso besser zu beurteilen ist je größer der Prozeßfähigkeitsindex $c_p = T / (6 * \sigma)$ ist. Dann kann einerseits

- die Nullfehler-Forderung (angenähert) erfüllt werden bzw.
- es braucht nur ein geringer Fehleranteil akzeptiert zu werden und andererseits
- verbleibt der Fertigung ein gewisser Spielraum

im Mittenbereich des Toleranzfeldes, ohne daß es zum Eingriff in den Prozeß kommt.

Der Begriff „Spielraum" ist in Normen nicht festgelegt und wird hier als derjenige Bereich in der Mitte des Toleranzfeldes definiert, in dem überwiegend Annahme erfolgt. „Überwiegend" bedeutet in der Statistik stets mindestens 90 %. Aus Gründen der Vergleichbarkeit der QRK untereinander wird hier die Spielraumgrenze als diejenige Fertigungslage definiert, bei der die Annahmewahrscheinlichkeit $P_a = 99$ % pro Stück ist.

Dann ist bei allen Annahme-QRK der Spielraum der Bereich, in dem in Abhängigkeit von n folgende Annahmewahrscheinlichkeiten vorliegen:

n	1	2	3	4	5
P_a	$\geq 0{,}99$	$\geq 0{,}99^2 = 0{,}9801$	$\geq 0{,}99^3 = 0{,}9703$	$\geq 0{,}99^4 = 0{,}9606$	$\geq 0{,}99^5 = 0{,}9510$

Diese zunächst seltsam anmutende Definition hat den Vorteil, daß der Spielraum einer Urwert-QRK mit n = 5 exakt genauso groß ist, wie wenn im gleichen Zeitintervall, in dem Stichproben mit n = 5 entnommen werden, 5 mal eine Urwert-QRK mit n = 1 geführt wird.

Wie später nachgewiesen wird, haben bei dieser Definition für den Spielraum die Urwert-QRK mit n = 5 und die 5 mal geführte QRK mit n = 1 nicht nur den gleichen Spielraum sondern auch die insgesamt gleiche OC und damit die gleiche Wirkung auf den mittleren Fehleranteil.

Die Differenz zwischen der Toleranz und dem Spielraum ist der Platzbedarf der QRK. Ein Vergleich der Annahme-QRK auf der Basis eines gleichgroßen Stichprobenumfangs n und auf der Basis einer gleichgroßen Wirksamkeit (dieser Begriff wird in Kap. 4.6 definiert) führt zu folgendem qualitativen Ergebnis:

	Platzbedarf	Spielraum
Mittelwert-QRK:	klein	groß
Median-QRK:	größer	kleiner
Urwert-QRK:	noch größer	noch kleiner

Da der Spielraum abhängig von der Toleranz ist und der Platzbedarf nicht, werden hier Formeln für den Platzbedarf in σ-Einheiten als $(T - S) / \sigma$ hergeleitet. Damit und mit der jeweils vorgegebenen Toleranz kann dann der Spielraum berechnet werden:

$$S / \sigma = T / \sigma - (T - S) / \sigma$$

In den Abb. 4.11 bis 4.13 sind die Formeln für den Platzbedarf der Mittelwert-QRK, der Median-QRK und der Urwert-QRK angegeben und bildlich erläutert. Die bildlichen Erläuterungen sind die maßstäblichen Darstellungen der Ergebnisse des Beispiels 4.5 mit $T = 10\sigma$, $n = 5$ und $p_{0,5} = 1$ %, Abb. 4.17.

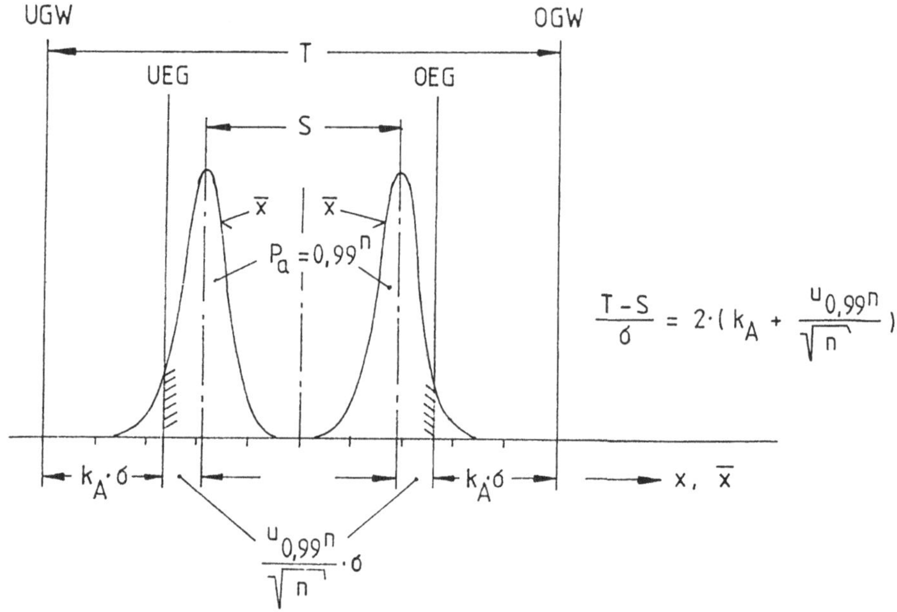

Abb. 4.11 Platzbedarf der Annahme-QRK für Mittelwerte mit Erläuterung

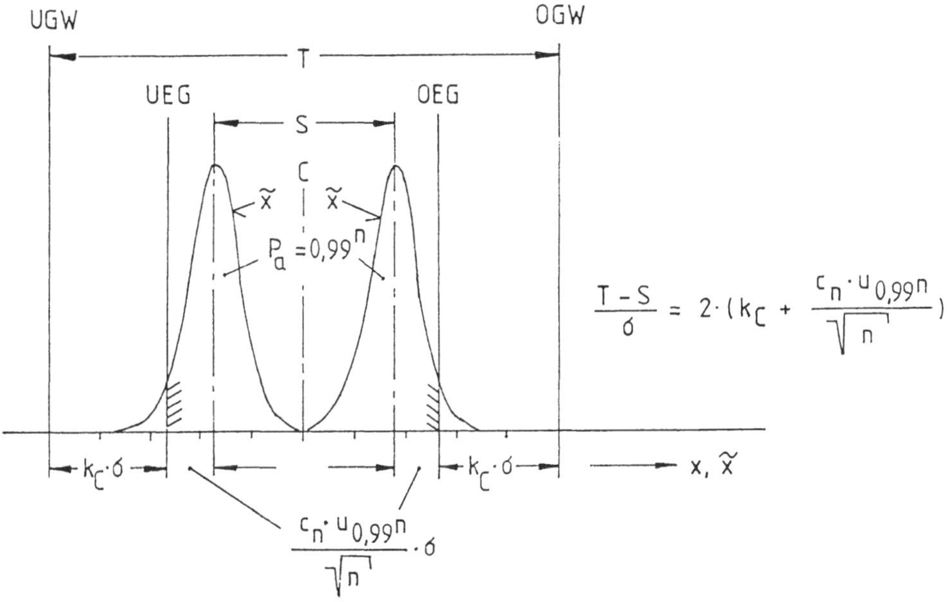

$$\frac{T-S}{\sigma} = 2 \cdot \left(k_C + \frac{c_n \cdot u_{0,99^n}}{\sqrt{n}} \right)$$

Abb. 4.12 Platzbedarf der Annahme-QRK für Mediane mit Erläuterung

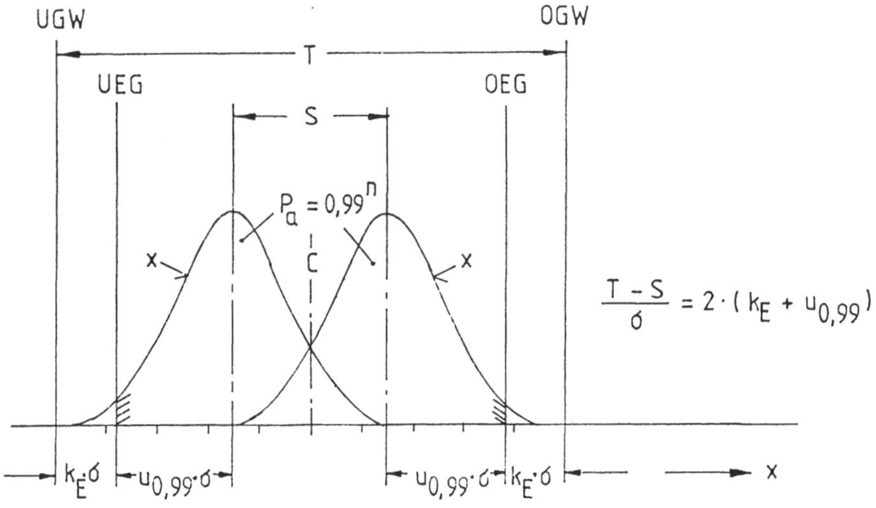

Abb. 4.13 Platzbedarf der Annahme-QRK für Urwerte mit Erläuterung

Die grafischen Darstellungen der Formeln für den Platzbedarf sind für gebräuchliche Stichprobenumfänge n in den Abb. 4.14 bis 4. 16 enthalten.

Beispiel 4.5

gegeben: Durch eine Prozeßanalyse ist die Prozeßfähigkeit mit c_P = 1,67 (T = 10σ) bekannt.

gesucht: Spielräume für die drei Annahme-QRK für Mittelwerte, für Mediane und für Urwerte mit dem gemeinsamen OC-Punkt $p_{0,5}$ = 1 % und mit n = 5.

Lösung: Für eine rechnerisch-grafische Lösung werden zunächst die k-Faktoren berechnet:

$$k_A = k_C = u_{1-p} = 2{,}3263$$

$$k_E = u_{1-p} - u_{\sqrt[n]{0{,}5}} = 2{,}3263 - 1{,}1290 = 1{,}1973$$

Mit diesen k-Faktoren und dem jeweiligen Platzbedarf nach den Abb. 4.14 bis 4.16 ergeben sich folgende Spielräume:

	(T – S) / σ	S / σ
Mittelwert-QRK:	6,15	3,85
Median-QRK:	6,42	3,58
Urwert-QRK:	7,04	2,96

Einfacher und anschaulicher ist die rein grafische Ermittlung des halben Platzbedarfs mit Hilfe des DWN. In Abb. 4.17 sind die OC eingezeichnet für die drei Annahme-QRK als Parallelen zu den Polstrahlen durch den gemeinsamen OC-Punkt $p_{0,5}$ = 1 %. Diese OC schneiden die $P_a = 0{,}99^5$ = 95,1-%-Koordinate jeweils in einem Punkt, für den an der horizontalen u-Skala der jeweils halbe Platzbedarf abgelesen werden kann. Damit ist das grafische Ergebnis:

	(T – S) / 2σ	(T – S) / σ	S / σ
Mittelwert-QRK:	3,07	6,14	3,86
Median-QRK:	3,21	6,42	3,58
Urwert-QRK:	3,52	7,04	2,96

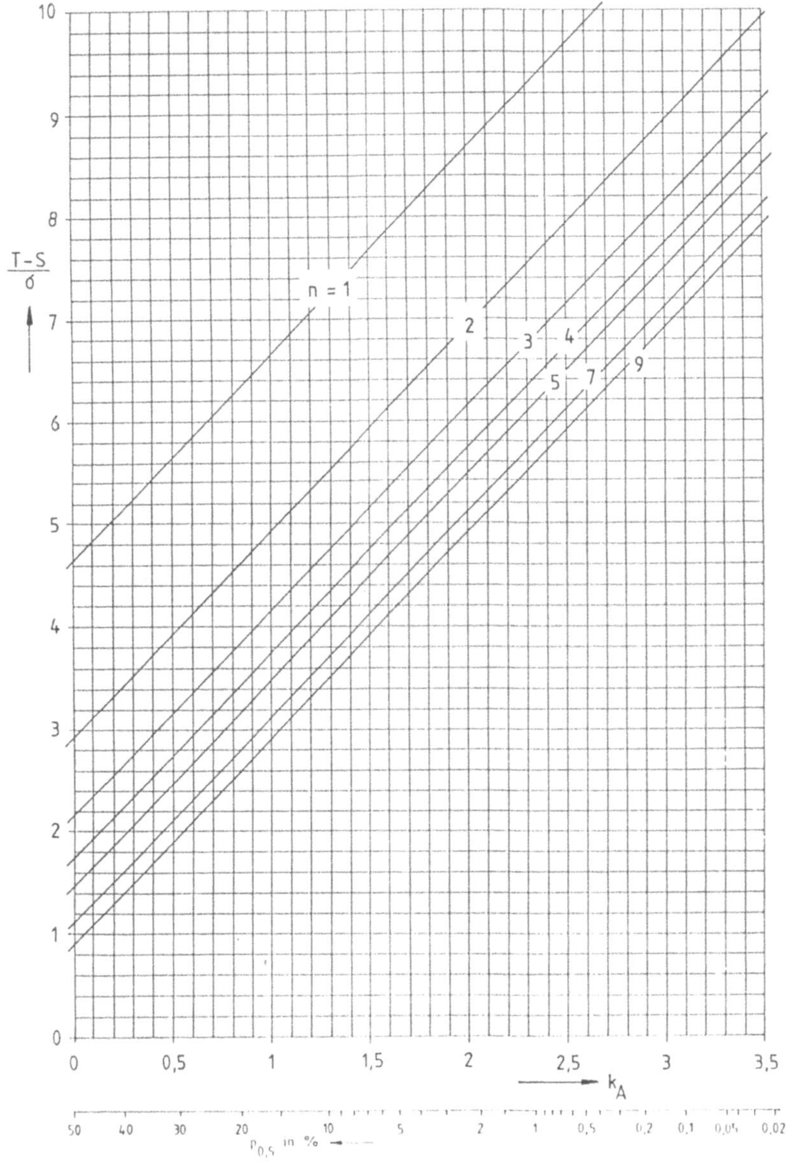

Abb. 4.14 Platzbedarf der Mittelwert-QRK in Abhängigkeit vom Abgrenzungsfaktor k_A für verschiedene Stichprobenumfänge n

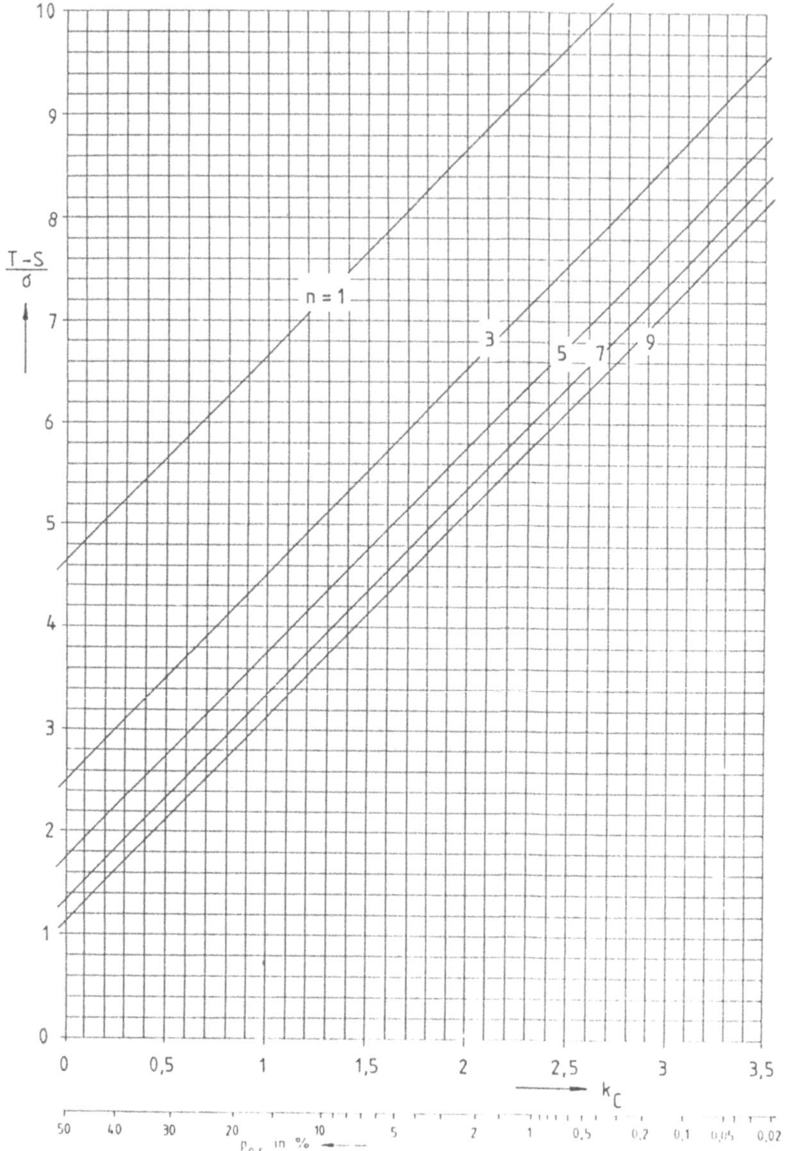

Abb. 4.15 Platzbedarf der Median-QRK in Abhängigkeit vom Abgrenzungsfaktor k_C für verschiedene Stichprobenumfänge n

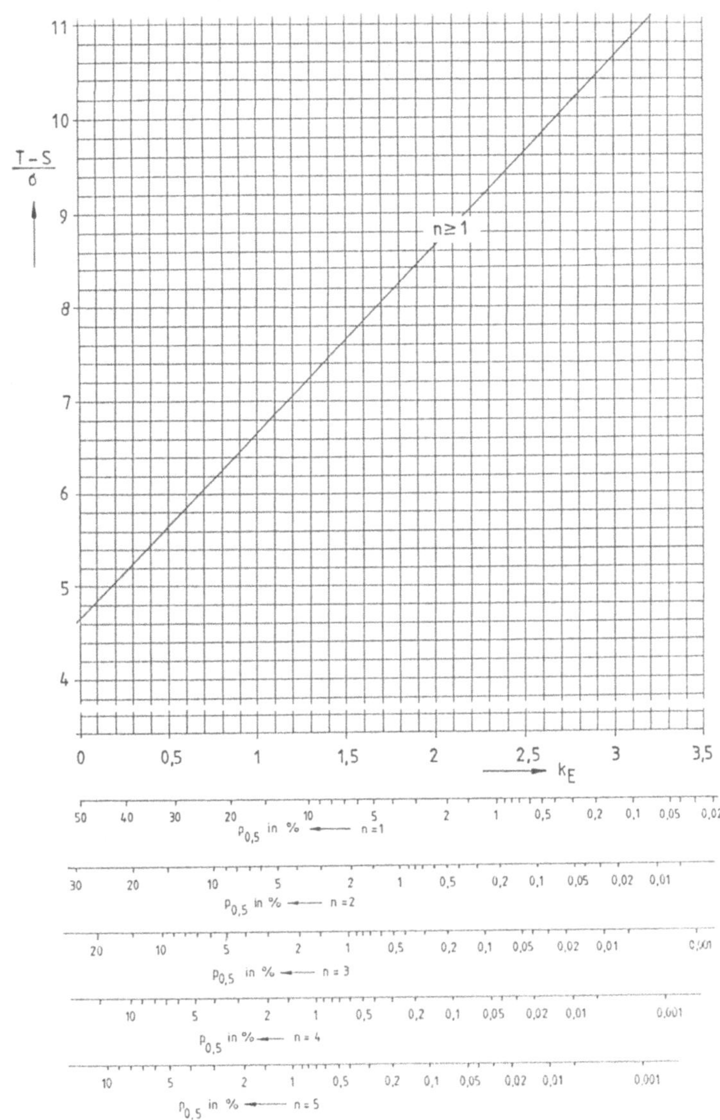

Abb. 4.16 Platzbedarf der Urwert-QRK in Abhängigkeit vom Abgrenzungsfator k_E unabhängig vom Stichprobenumfang n

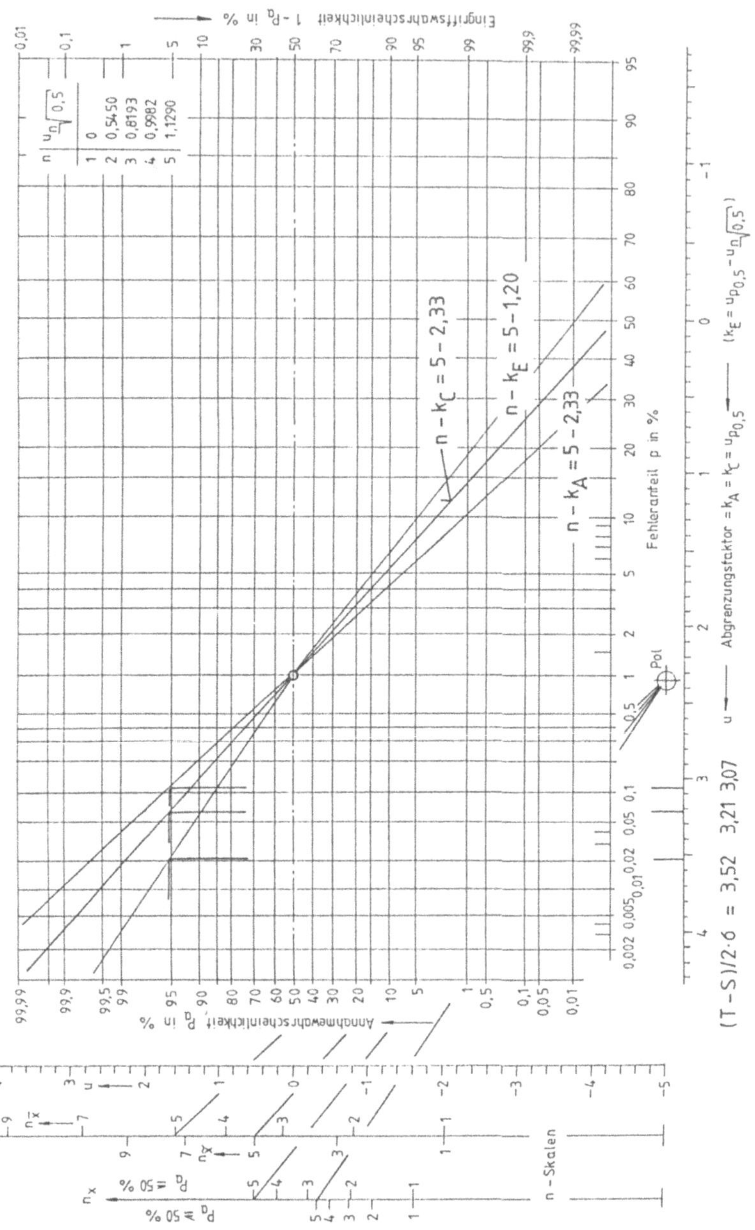

Abb. 4.17 Grafische Ermittlung des halben Platzbedarfes der drei Annahme-QRK mit dem gemeinsamen OC-Punkt $p_{0,5}$ = 1%; zu Beispiel 4.5

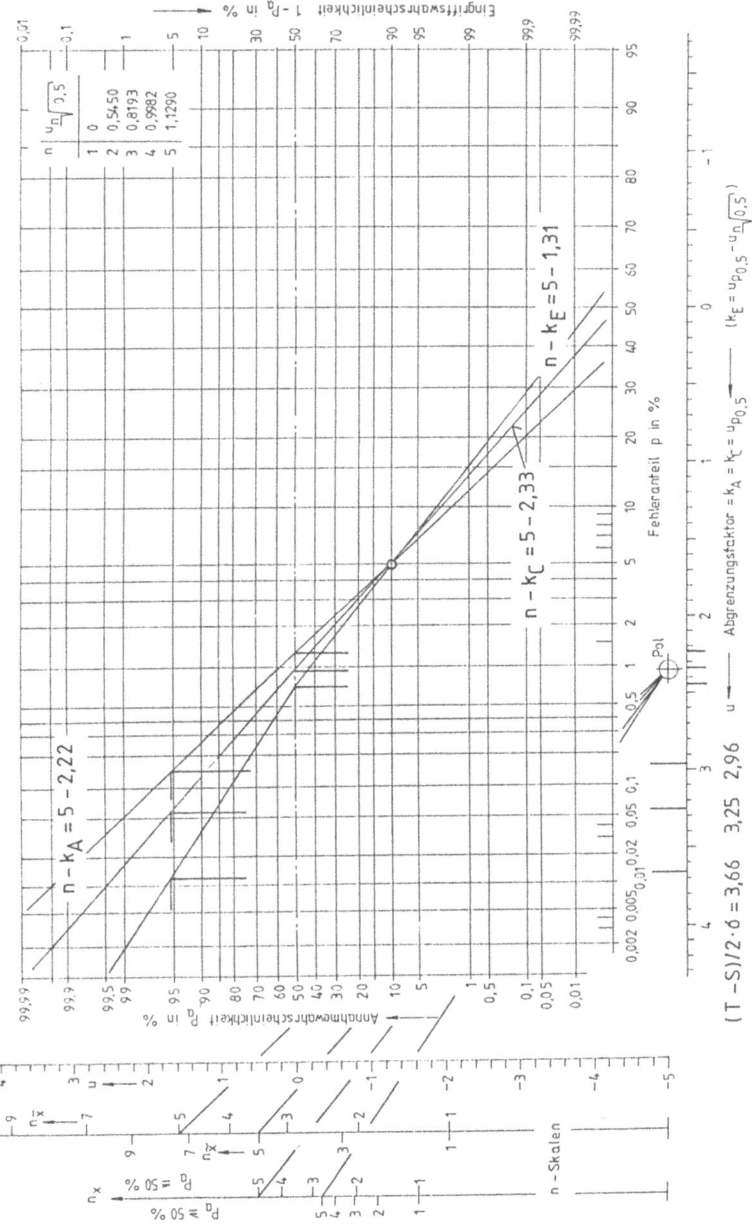

Abb. 4.18 Grafische Ermittlung des halben Platzbedarfes der drei Annahme-QRK mit dem gemeinsamen OC-Punkt $p_{0,1} = 5\%$; zu Beispiel 4.6

■ **Beispiel 4.6**

gegeben: Durch eine Prozeßanalyse ist die Prozeßfähigkeit mit $c_p = 1{,}33$ ($T = 8\sigma$) bekannt.

gesucht: Spielräume für die drei Annahme-QRK für Mittelwerte, für Mediane und für Urwerte mit dem gemeinsamen OC-Punkt $p_{0,1} = 5$ %.

Lösung: Der grafische Lösungsweg ist in Abb. 4.18 enthalten. Zusammengefaßt ist das Ergebnis:

	$(T-S)/2\sigma$	$(T-S)/\sigma$	S/σ
Mittelwert-QRK:	2,96	5,92	2,08
Median-QRK:	3,25	6,50	1,50
Urwert-QRK:	3,66	7,32	0,68

Mit der rechnerisch-grafischen bzw. rein grafischen Ermittlung des Spielraums in den letzten beiden Beispielen ist keine Aussage verbunden, ob diese Spielräume auch erforderlich sind.

4.4.2 Erforderlicher Spielraum

Im vorhergehenden Unterkapitel 4.4.1 ist die Ermittlung des Platzbedarfs und des Spielraums beschreiben worden, ohne die Frage zu klären, ob ein Spielraum überhaupt erforderlich oder zumindest zweckmäßig ist und falls ja, wie groß dieser mindestens sein muß und wie groß er höchstens sein darf.

Ausgangspunkt ist die weit verbreitete Meinung der Mitarbeiter in der Fertigung, daß ihnen durch die Festlegung von Eingriffsgrenzen die ihnen seitens der Konstruktion zugestandene Toleranz – zumindest teilweise – weggenommen wird. Um die Toleranz ausschöpfen zu können, fordern sie, daß die Eingriffsgrenzen möglichst dicht bei den Grenzwerten liegen, damit in der Mitte des Toleranzfeldes ein genügend großer Spielraum bleibt.

Dieser Spielraum sei erforderlich, damit es bei geringen Fehleinstellungen des Prozesses oder bei einem nicht vermeidbaren, permanentenTrend eines Prozesses nicht zu unnötigen Eingriffen kommt. Diese Eingriffe werden – bei manueller Prozeßführung – deswegen als unnötig erachtet, weil dadurch und auch durch die angeblichen Unwägbarkeiten der Prozeßkorrektur der Prozeß nicht im Sinne einer Verminderung des Fehleranteils verbessert wird.

Häufig wird auch seitens der Fertigung die durch Erfahrung begründete Meinung vertreten, daß ein Prozeß mit einem großen Spielraum und dementsprechend selteneren Eingriffen ungestörter und somit besser verläuft als ein Prozeß, in den wegen des nicht vorhandenen oder zu geringen Spielraums häufig eingegriffen wird.

Die objektive Beantwortung der Frage nach dem notwendigen Spielraum ist schwierig und nur möglich und verständlich mit Hilfe der Simulation der Prozeßführung und der Prozeßkorrektur, die in Kapitel 6 ausführlich erörtert wird. Das Ergebnis dieser Erörterungen sei schon an dieser Stelle vorweggenommen und für den Fall einer periodischen Prüfung in folgenden Punkten zusammengefaßt:

1. Ein Spielraum für die Fertigung ist nicht zwingend erforderlich. Ist der Spielraum null oder kleiner (negativ), dann läuft der Prozeß ausreichend gut, wenn auch nicht optimal, weil
   - schon bei keinen oder bei geringen Abweichungen $|\mu - C|$ gelegentlich eingegriffen wird und
   - nach einem Eingriff und einer optimalen Prozeßkorrektur häufig oder zumindest nicht selten erneut eingegriffen wird.
2. Ein kleiner Spielraum von $S \approx 2\sigma$ ($1{,}5\sigma ...... 2{,}5\sigma$) ist bei periodischer Prüfung zweckmäßig, weil
   - bei $\mu = C$ oder bei geringen Abweichungen $|\mu - C|$ nicht oder äußerst selten eingegriffen wird und
   - wenn es zum Eingriff kommt und der Prozeß optimal korrigiert wird durch die Korrekturbeträge $|\bar{x} - C|$ oder $|\tilde{x} - C|$, kommt es selten zu einem erneuten Eingriff, ferner
   - ist der Einfluß dieses geringen Spielraums auf eine Vergrößerung der Gesamtstreuung σ_{ges} verglichen mit der momentannen Streuung σ_0 gering.
3. Ein großer Spielraum von $S > 2{,}5\sigma$ ist in der Regel weder erforderlich noch zweckmäßig, weil
   - der Prozeß überhaupt nicht verbessert wird sondern
   - durch eine möglicherweise erhebliche Vergrößerung der Gesamtstreuung allein als Folge des Spielraums gegenüber der momentanen Streuung deutlich verschlechtert werden kann.
4. Ein großer Spielraum von $S > 2{,}5\sigma$ kann beim Vorliegen eines steilen Trends, d.h. in Ausnahmefällen zweckmäßig sein, sofern periodisch geprüft wird und sofern $c_p > 2$ ist.

Hinweis: Bei einer kontinuierlichen Prüfung ist die Vorgabe eines Spielraums weder erforderlich noch zweckmäßig. Dies wird in Kapitel 7 begründet.

4.5 Der mittlere Fehleranteil

4.5.1 Der mittlere Fehleranteil nach der ersten Stichprobe

In der Annahmestichprobenprüfung ist es üblich, den sogenannten Durchschlupf zu berechnen und anzugeben. Hat beispielweise ein Lieferlos den (in der Regel unbekannten) Fehleranteil von p = 3% und hat dieses Los nach der OC der angewendeten Stichprobenanweisung bei diesem Fehleranteil eine Annahmewahrscheinlichkeit von P_a = 50 %, dann ist mit einem Durchschlupf von (angenähert) $D = p * P_a = 0{,}03 * 0{,}5 = 0{,}015$ oder 1,5 % zu rechnen.

Für diese Berechnung wird vorausgesetzt, daß die angenommenen Lose unsortiert aufs Lager genommen oder der Weiterverarbeitung zugeführt werden und daß die zurückgewiesenen Lose zu 100 % geprüft werden und die aussortierten, fehlerhaften Einheiten durch fehlerfreie ersetzt werden. Der durchschnittliche Fehleranteil von D = 1,5 % ist so zu verstehen, daß durchschnittlich jedes zweite Los mit dem ursprünglichen Fehleranteil von p = 3 % durchschlüpft, während die übrigen Lose fehlerfrei sind.

Diese Betrachtungsweise läßt sich analog in der Technik der Annahme-QRK anwenden. In Abb. 4.19 ist der obere Teil einer Mittelwert-QRK dargestellt. Die Toleranz ist $T = 10\sigma$ (c_p = 1,67). Der Prozeß wird mit der Prüfanweisung $n - k_A$ = 5 – 2,0 überwacht.

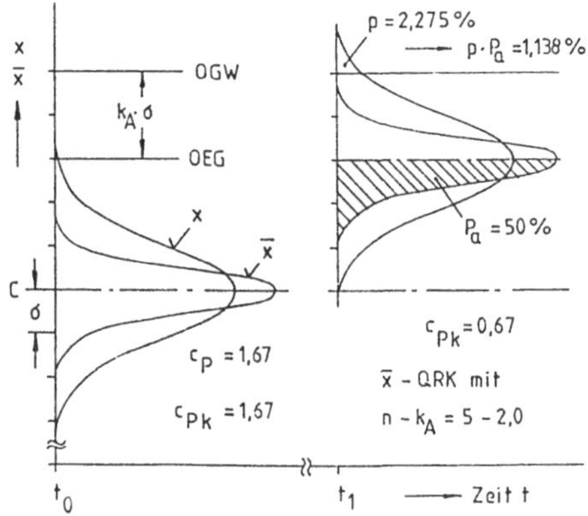

Abb. 4.19 Mittelwert-QRK mit $T = 10\sigma$ und der Prüfanweisung $n - k_A$ = 5 – 2,0. Die Verteilungen für x und $\bar{x}$ liegen bei t_0 auf Toleranzfeldmitte und bei t_1 auf der oberen Eingriffsgrenze

Es sei angenommen, daß zum Zeitpunkt t_0 der Prozeß auf Toleranzfeldmitte C eingestellt ist.

Während des Zeitintervalls bis zur nächsten Stichprobenentnahme tritt eine Störung ein, durch die sich die Prozeßlage sprunghaft derart verändert, daß zum Zeitpunkt t_1 die Fertigungsverteilung mit ihrem Mittelwert μ genau auf der oberen Eingriffsgrenze liegt. Der c_{Pk}-Wert ist nur noch $c_{Pk} = 0{,}67$; der momentan gefertigte Fehleranteil ist (rein rechnerisch und exakte NV vorausgesetzt) p = 2,275 % bei einer Annahmewahrscheinlichkeit von $P_a = 50$ %.

Falls in den Prozeß eingegriffen wird und unterstellt werden kann, daß durch die erforderliche Prozeßkorrektur die Fertigungsverteilung wieder auf die Mitte des Toleranzfeldes oder in dessen Nähe zurückgestellt wird, dann läuft der Prozeß – sofern er stabil bleibt – praktisch fehlerfrei weiter.

Falls aber zum Zeitpunkt t_1 Annahme (Nichteingriff) erfolgt und der gestörte Prozeß ohne Korrektur und stabil weiterläuft, bleibt es bei dem gefertigten Fehleranteil von p = 2,275 %.

Bei beliebig oftmaliger Wiederholung des Falls einer Störung zwischen t_0 und t_1 ist mit einem mittleren Fehleranteil von $p * P_a$ = 2,275% * 0,5 = 1,138 % zu rechnen. Im Einzelfall läuft der Prozeß jedes zweite mal mit p = 2,275 % oder mit $p \approx 0$ % weiter. In Abb. 4.20 ist oben die OC für die Mittelwert-QRK mit $n - k_A$ = 5 – 2,0 dargestellt und unten ist der mittlere Fehleranteil $p * P_a$ punktweise berechnet und dargestellt.

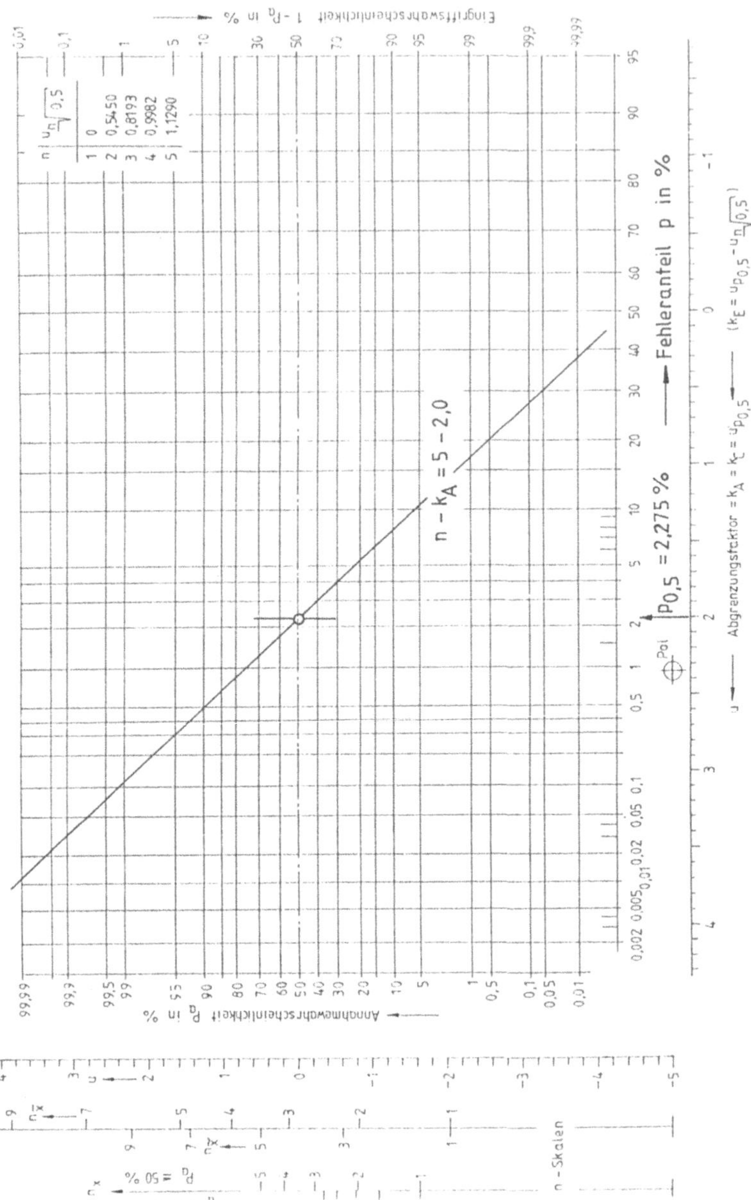
Eingriffswahrscheinlichkeit 1 - Pa in %
Fehleranteil p in %
n - kA = 5 - 2,0
p0,5 = 2,275 %
Annahmewahrscheinlichkeit Pa in %
Abgrenzungsfaktor
n - Skalen

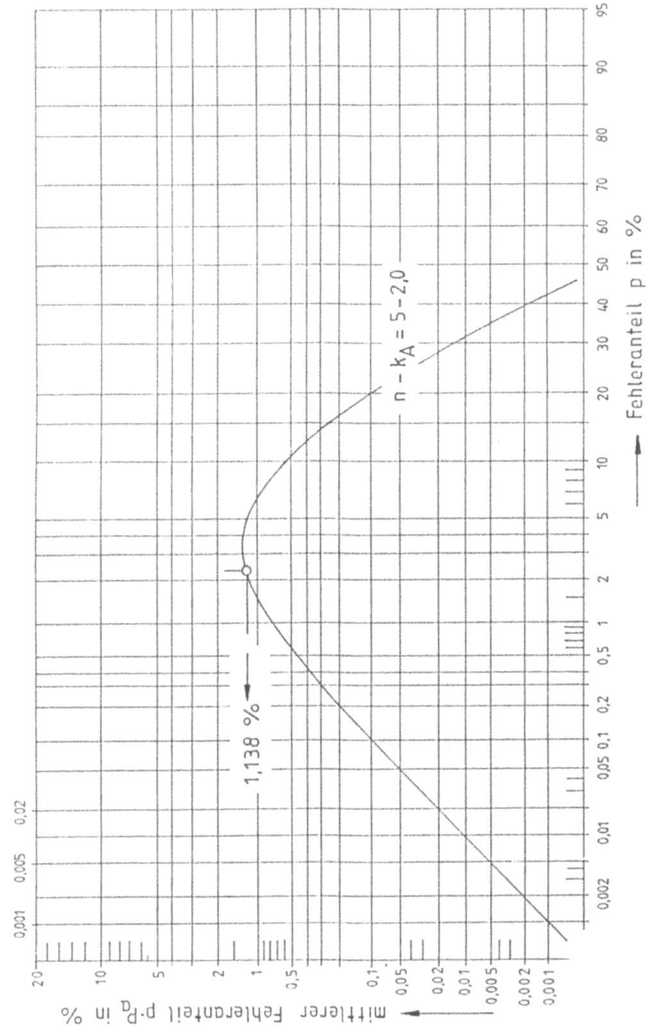

Abb. 4.20 OC für die Mittelwert-QRK mit $n - k_A = 5 - 2{,}0$ und der Verlauf des mittleren Fehleranteils $p * P_a$ nach der ersten Stichprobe; zu Beispiel 4.7

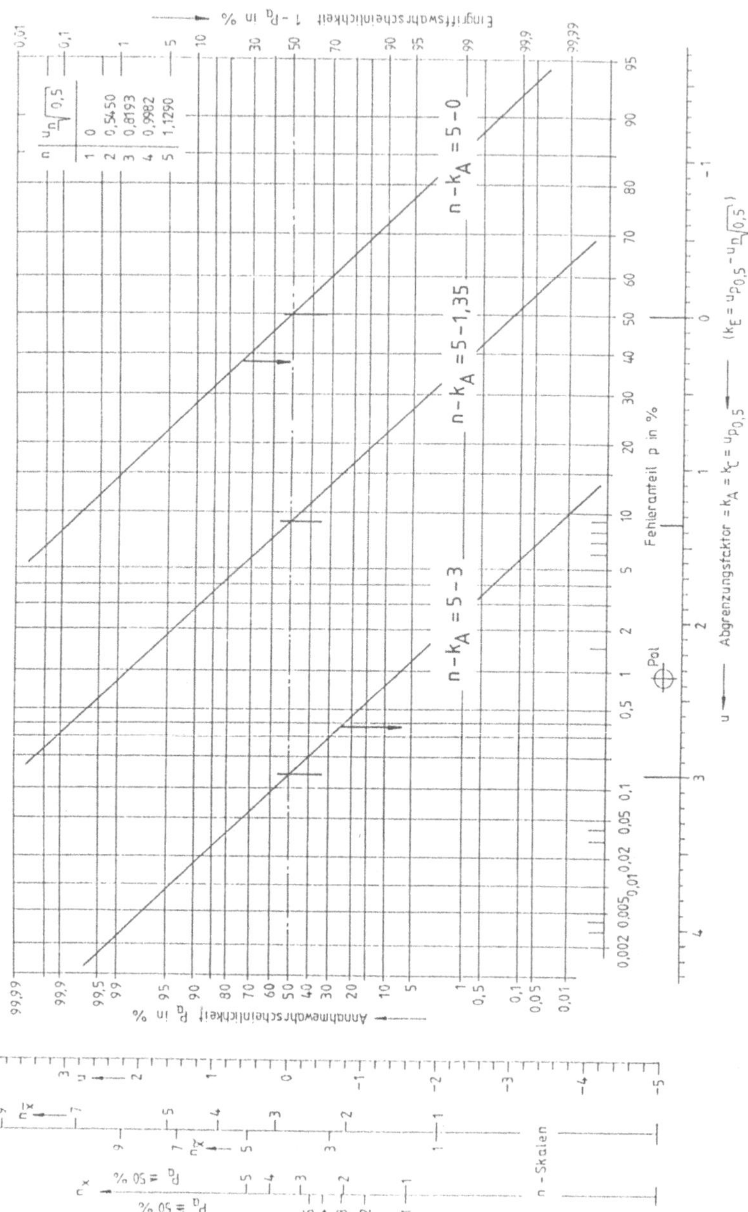
Eingriffswahrscheinlichkeit 1 - P_a in %
n | u_n√0,5
1 | 0
2 | 0,5450
3 | 0,8193
4 | 0,9982
5 | 1,1290
n - k_A = 5 - 0
n - k_A = 5 - 1,35
n - k_A = 5 - 3
Fehleranteil p in %
Pol
u — Abgrenzungsfaktor = k_A = k_t = u_P0,5 — (k_E = u_P0,5 - u_n√0,5)
Annahmewahrscheinlichkeit P_a in %
P_a = 50 %
n - Skalen

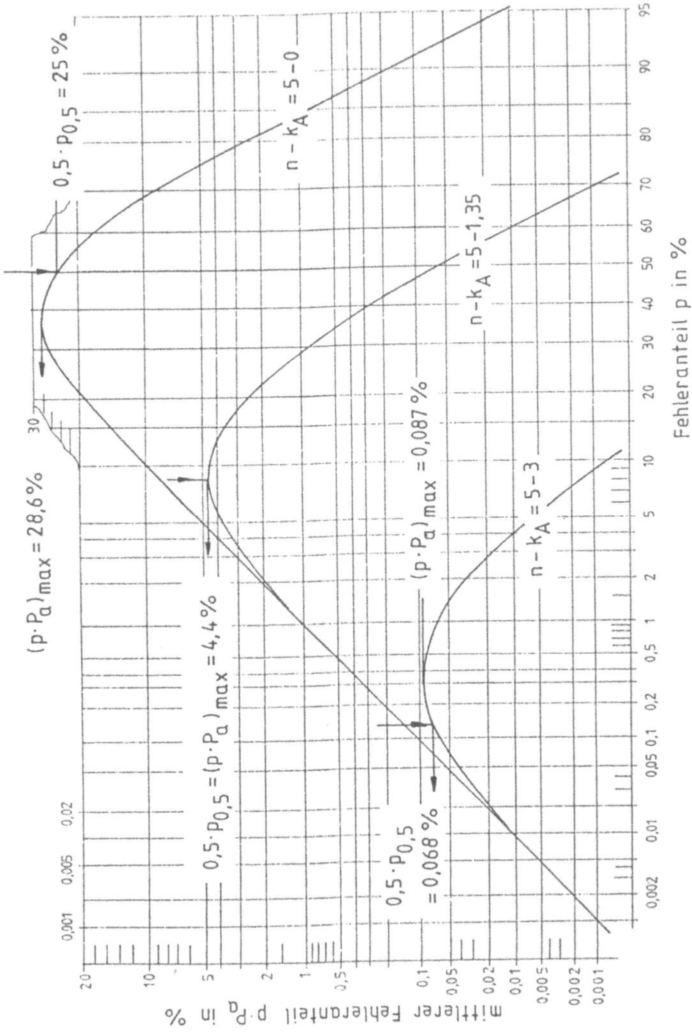

Abb. 4.21 OC von Mittelwert-QRK für n = 5 und k_A = 0, 1,35 und 3,0 (oben) und die zugeordneten Verläufe für den mittleren Fehleranteil $p * P_a$ nach der ersten Stichprobe (unten)

■ **Beispiel 4.7**

gegeben: Mittelwert-QRK mit $n - k_A = 5 - 2{,}0$; infolge einer Störung ist der momentan gefertigte Fehleranteil konstant p = 20 % bei einer Annahmewahrscheinlichkeit von $P_a = 0{,}5$ %.

gesucht: Mittlerer Fehleranteil nach der ersten Stichprobe und Interpretation des Ergebnisses.

Lösung: Aus Abb. 4.20 unten ist ersichtlich, daß in der gegebenen Fertigungslage der mittlere Fehleranteil $p * P_a = 0{,}1$ % ist. Das ist so zu interpretieren, daß der Prozeß nur in einer von 200 derartigen Situationen mit dem Fehleranteil von momentan p = 20 % weiterläuft. In den übrigen 199 Fällen wird eingegriffen und korrigiert. Unter der Voraussetzung, daß die Korrektur auf $p \approx 0$ % erfolgt, ist der durchschnittliche Fehleranteil $p * P_a = 20\% * 0{,}005 = 0{,}1$ %.

Der in Abb. 4.20 und in verschiedenen nachfolgenden Abbildungen dargestellte Verlauf für den mittleren Fehleranteil gilt unter der Voraussetzung, daß die Gesamtstreuung des gefertigten Loses nicht oder nicht wesentlich größer wird als die momentane, innere Streuung.

Ergänzend zu Abb. 4.20 sei darauf hingewiesen, daß die Kurve für den mittleren Fehleranteil ein Maximum hat, das in der Nähe des $p_{0,5}$ -Wertes liegt. Da dies bei allen Verläufen für den mittleren Fehleranteil so ist, kann als Näherungsformel für das Maximum des mittleren Fehleranteils gelten:

$$(p * P_a)_{max} \approx p_{0,5} * 0{,}5$$

Dieses Maximum für den mittleren Fehleranteil gilt nicht für das gesamte gefertigte Los. Falls der Prozeß über lange Zeiträume im Mittelfeld des Toleranzfeldes läuft oder so, daß der Fehleranteil sehr klein ist, dann ist der Fehleranteil bezogen auf das gesamte Los wesentlich kleiner als $(p * P_a)_{max}$.

Zur Veranschaulichung des Einflusses des Abgrenzungsfaktors k_A dient Abb. 4.21. Aus der Darstellung ist ersichtlich, daß die Maxima für die mittleren Fehleranteile in der Nähe des Fehleranteils $p_{0,5}$ liegen, der für die Näherungsformel verwendet wird:

für $n - k_A = 5 - 0$ links davon	Anmerkung: $k_A = 0$ wird nie verwendet
für $n - k_A = 5 - 1{,}35$ deckungsgleich	Anmerkung: $k_A = 1{,}35$ empirisch für Deckungsgleichheit ermittelt, wird selten verwendet
für $n - k_A = 5 - 3{,}0$ rechts davon	Anmerkung: $k_A = 3{,}0$ erstrebenswert, da $(p * P_a)_{max} < 0{,}1$ %

In Abb. 4.22 sind die OC von drei Annahme-QRK und die zugeordneten Verläufe für den mittleren Fehleranteil $p * P_a$ nach der ersten Stichprobe dargestellt. Die drei QRK sind vergleichbar, weil sie mit n = 5 den gleichen Stichprobenumfang haben und weil sie den gemeinsamen OC-Punkt $p_{0,5}$ aufweisen.

Die Verläufe zeigen, daß alle drei QRK die angenähert gleiche Wirksamkeit aufweisen. Die Maxima $(p * P_a)_{max}$ unterscheiden sich nur um zehntel Prozente und sind somit praktisch gleich. Die Unterschiede links von $p_{0,5}$ sind null, obgleich die OC in diesem Bereich deutlich auseinanderscheren. Die Unterschiede rechts von $p_{0,5}$ sind gering.

Zusammgefaßt: Die drei Annahme-QRK unterscheiden sich in ihrer Wirksamkeit praktisch nicht, sofern sie miteinander vergleichbar sind. Sie unterscheiden sich nur durch ihren unterschiedlichen Platzbedarf, der bei der Median-QRK und erst recht bei der Urwert-QRK größer ist als bei der Mittelwert-QRK.

In den Abb. 4.23 bis Abb. 4.25 sind die Maxima für den mittleren Fehleranteil nach der ersten Stichprobe in Abhängigkeit vom den k-Faktoren sowie für verschiedene n dargestellt. Die Bilder lassen erkennen, daß die $(p * P_a)_{max}$-Werte bei n = 3 und n = 5 für $k_A \geq 2{,}2$ und für $k_C \geq 2{,}2$ sowie – bei der Urwert-QRK – für $u_{p_{0,5}} \geq 2.2$ unter $(p * P_a)_{max} \approx 1\ \%$ sinken.

Ferner geht aus den Abb. 4.23 bis 4.25 hervor, daß mit wachsendem Stichprobenunfang n die $(p * P_a)_{max}$-Verläufe gegen $0{,}5 * p_{0,5}$ gehen. Bei n = 5 ist der Abstand bereits so gering, daß höhere Stichprobenumfange unter dem Aspekt der Wirksamkeit bei allen drei Annahme-QRK unzweckmäßig sind.

Ein weiterer Aspekt für die Wahl des Stichprobenumfangs betrifft die Urwert-QRK. In Abb. 4.26 sind oben die OC für Urwert-QRK mit $k_E = 0$ und n = 1 bis n = 5 eingezeichnet. Urwert-QRK mit $k_E = 0$, bei denen die Eingriffsgrenzen mit den Grenzwerten identisch sind, sind in der Praxis sehr beliebt und werden häufig eingesetzt. Dafür gibt es mehrere Gründe, die in Kap. 4.8 kritisch erörtert werden.

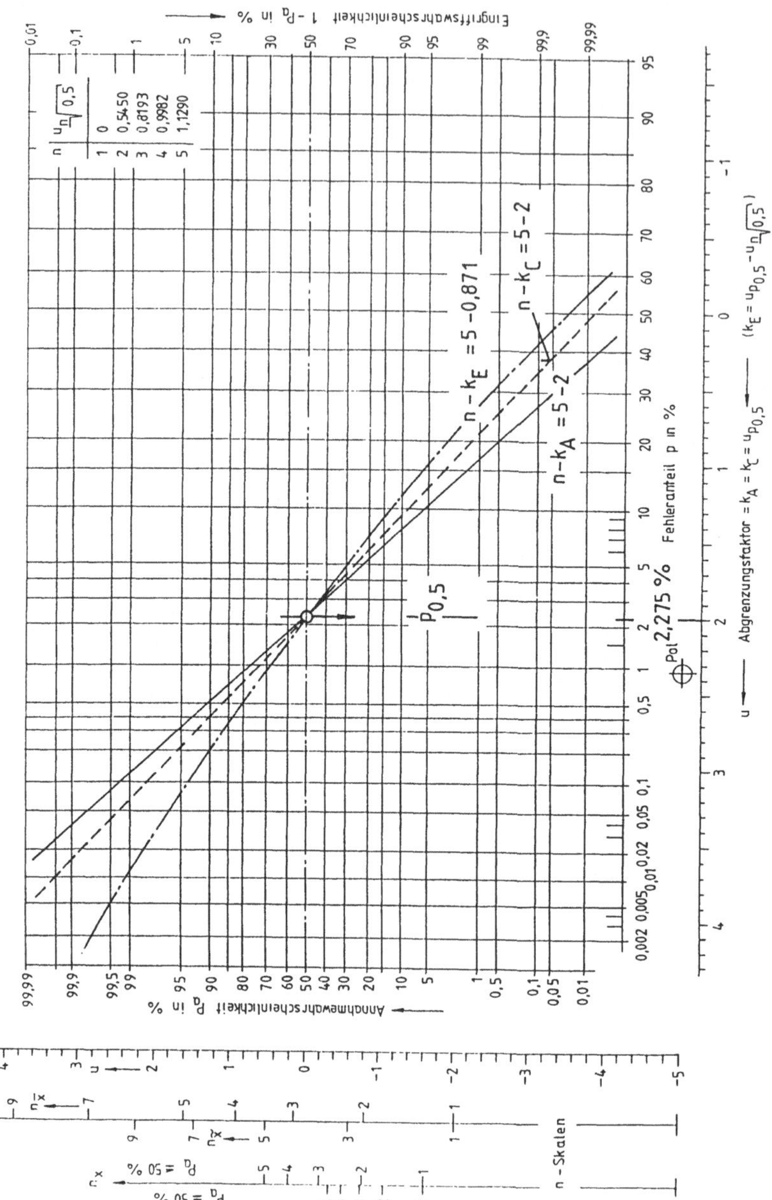

Eingriffswahrscheinlichkeit 1 - Pa in %
Annahmewahrscheinlichkeit Pa in %
Fehleranteil p in %
n | un√0,5
1 | 0
2 | 0,5450
3 | 0,8193
4 | 0,9982
5 | 1,1290
n - kE = 5 - 0,871
n - kC = 5 - 2
n - kA = 5 - 2
p0,5
Pol 2,275 %
u ← Abgrenzungsfaktor = kA = kC = up0,5 (kE = up0,5 - un√0,5)
n - Skalen
Pa ≥ 50 %
Pa ≤ 50 %

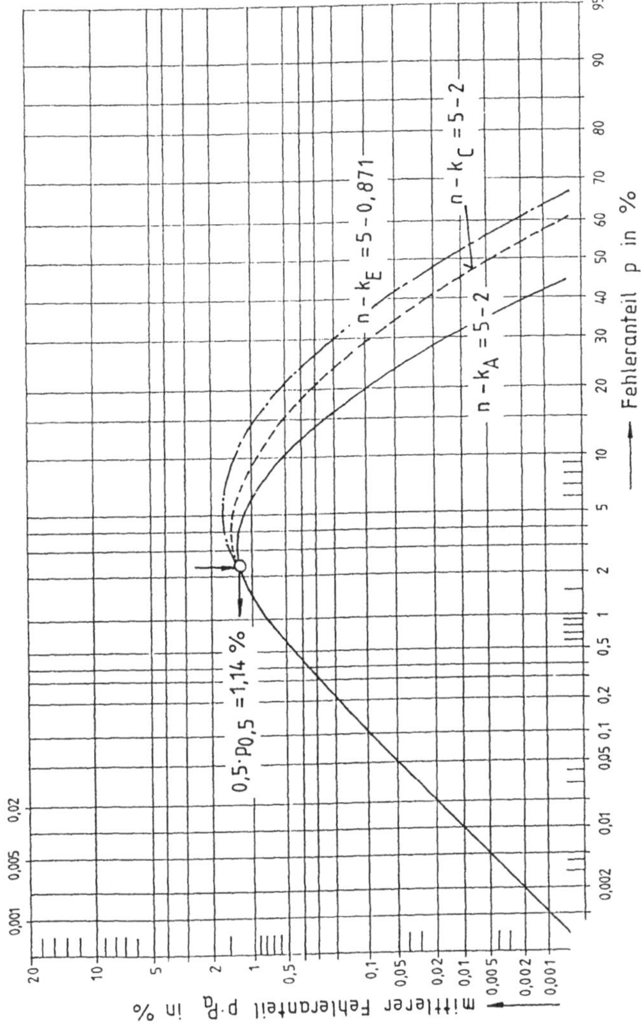

Abb. 4.22 OC von QRK für Mittelwerte, für Mediane und für Urwerte mit dem gemeinsamen Punkt $p_{0,5}$ = 2,275% (oben) und die zugeordneten Verläufe für den mittleren Fehleranteil $p*P_a$ nach der ersten Stichprobe (unten)

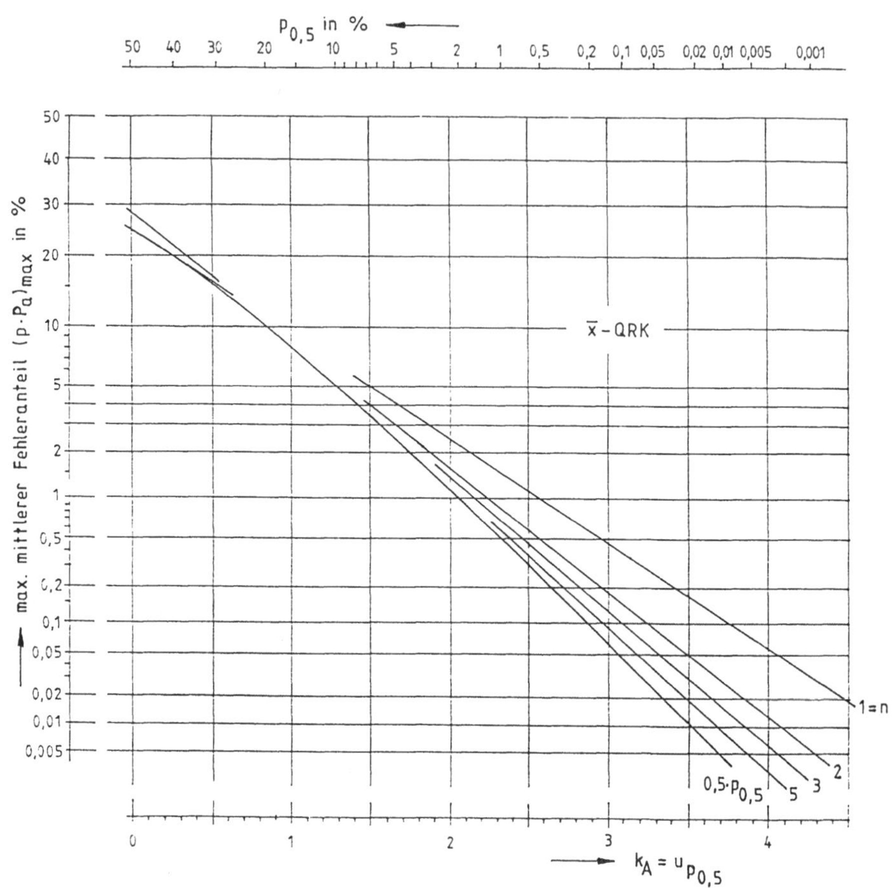

Abb. 4.23 Maximaler, mittlerer Fehleranteil der Mittelwert-QRK nach der ersten Stichprobe in Abhängigkeit vom Abgrenzungsfaktor k_A; zusätzlich eingetragen ist der Verlauf des maximalen, mittleren Fehleranteils nach der Faustformel $0{,}5 * p_{0,5}$

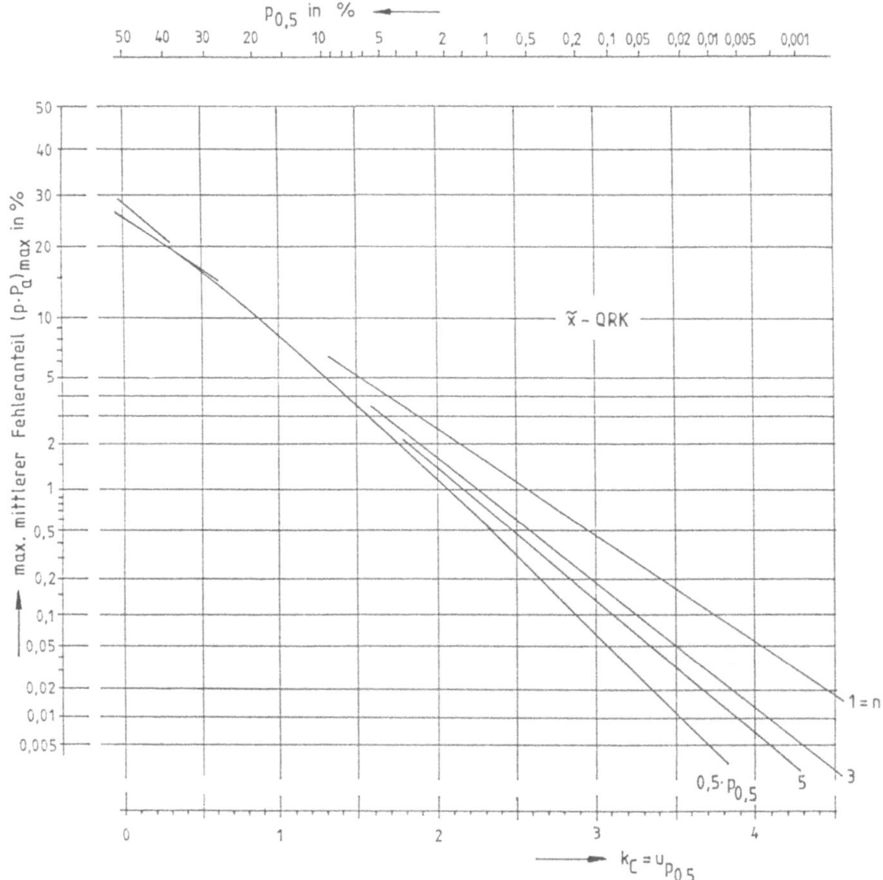

Abb. 4.24 Maximaler, mittlerer Fehleranteil der Median-QRK nach der ersten Stichprobe in Abhängigkeit vom Abgrenzungsfaktor k_C; zusätzlich eingetragen ist der Verlauf des maximalen, mittleren Fehleranteils nach der Faustformel $0{,}5 * p_{0,5}$

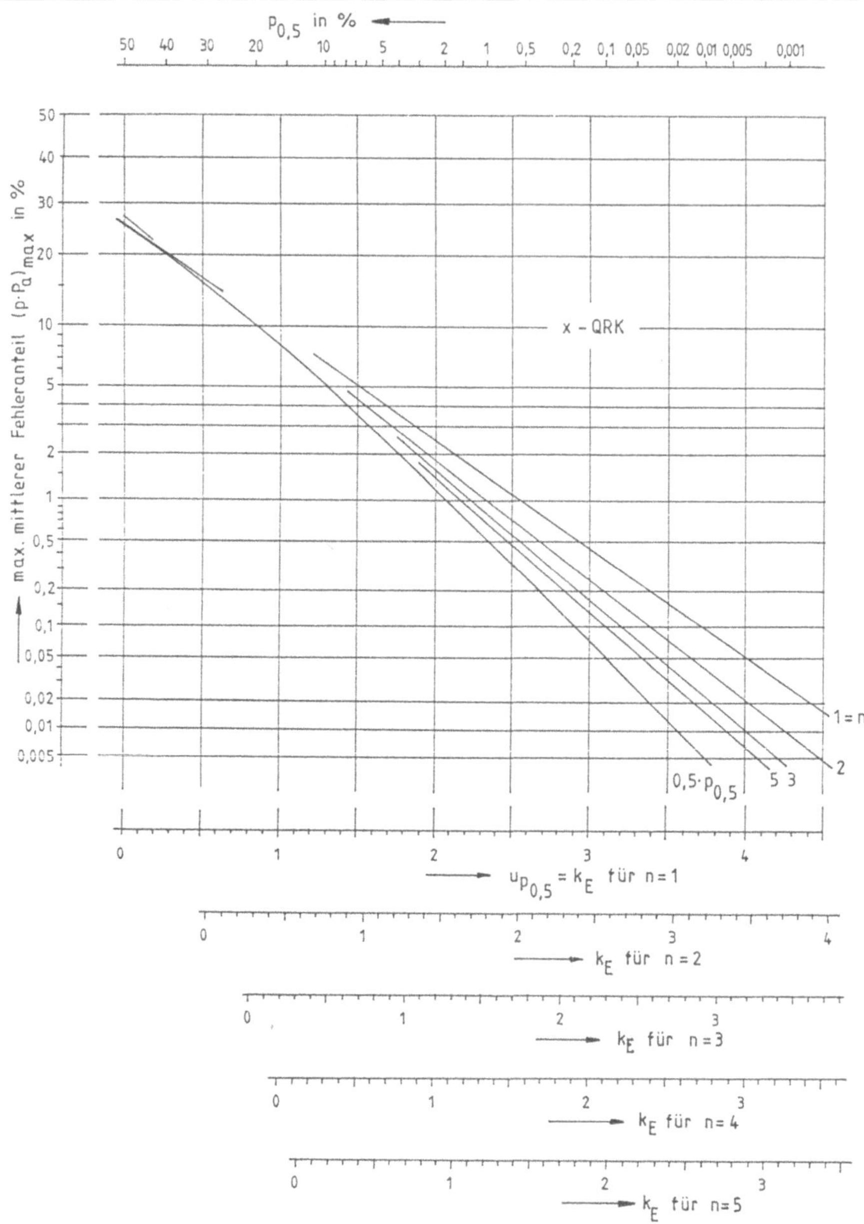

Abb. 4.25 Maximaler, mittlerer Fehleranteil der Urwert-QRK nach der ersten Stichprobe in Abhängigkeit von u für $p_{0,5}$ bzw. von k_E; zusätzlich eingetragen ist der Verlauf nach der Faustformel $0{,}5 * p_{0,5}$

Hier geht es zunächst nur darum, daß Urwert-QRK – verglichen auf der Basis eines gleichgroßen Abgrenzungsfaktors k_E – unabhängig vom Stichprobenumfang n die exakt gleiche Wirkung haben, wenn der Prüfaufwand gleich groß ist. Beispielsweise ist die OC für die Prüfanweisung $n - k_E = 5 - 0$ die unterste Kurve im oberen Teil der Abb. 4.26. Der Verlauf für den mittleren Fehleranteil im unteren Teil ist ebenfalls die unterste Kurve. Die exakt gleichen Kurven ergeben sich, wenn statt der Urwert-QRK mit n = 5 die Urwert-QRK mit n = 1 in gleichen Zeitintervall fünfmal geführt wird.

Ist beispielsweise exakt und konstant $P_a = 50\ \%$ bei der Urwert-QRK mit n = 1, dann ist die Wahrscheinlichkeit, daß der Prozeß nach der 5. Stichprobe ohne Eingriff weiterläuft $P_a^5 = 0{,}5^5 = 0{,}03125 = 3{,}1\ \%$; dies ist die gleiche Annahmewahrscheinlichkeit wie für die Urwert-QRK mit n = 5.

Zusammengefaßt: Der Stichprobenumfang erhöht bei den Urwert-QRK nicht deren Wirksamkeit; Urwert-QRK mit kleinen Stichprobenumfängen n sind genauso wirksam, sofern der Prüfaufwand während eines Zeitintervalls insgesamt gleich groß ist.

Hinweis: Im DWN der Abb. 4.26 kann der Wert für $^{u}\sqrt[n]{0{,}5}$ anschaulich an der horizontalen u-Skala abgelesen werden.

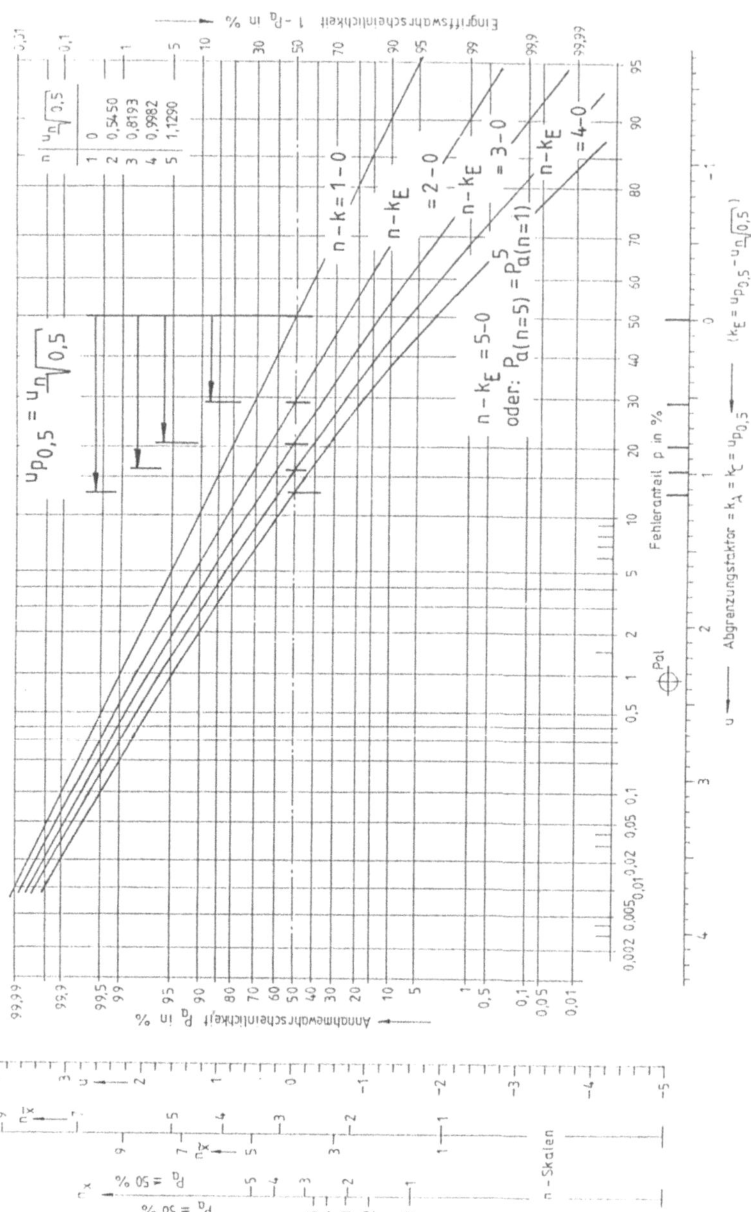

Eingriffswahrscheinlichkeit 1 - Pa in %
Annahmewahrscheinlichkeit Pa in %
Fehleranteil p in %
Abgrenzungsfaktor = kλ = kt = up0,5
(kE = up0,5 - un√0,5)
up0,5 = un√0,5
n | un√0,5
1 | 0
2 | 0,5450
3 | 0,8193
4 | 0,9982
5 | 1,1290
n - k = 1 - 0
n - kE = 2 - 0
n - kE = 3 - 0
n - kE = 4 - 0
n - kE = 5 - 0
oder: Pa(n=5) = P5a(n=1)
Pol
n - Skalen
Pa = 50 %
Pa ≠ 50 %

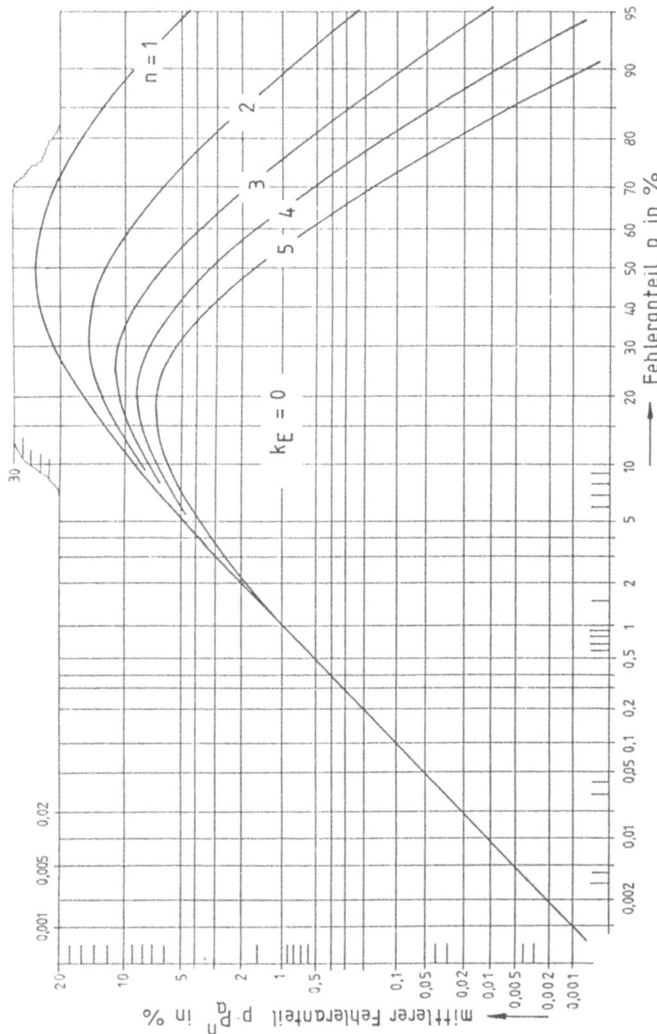

Abb. 4.26 OC von Urwert-QRK für verschiedene n mit $k_E = 0$ im DWN (oben) und die Verläufe für den mittleren Fehleranteil (unten)

4.5.2 Der mittlere Fehleranteil nach der zweiten und nach weiteren Stichproben

Unter der Voraussetzung, daß nach einer Verschlechterung der Fertigungslage aus der Toleranzfeldmitte beispielweise auf die obere Eingriffsgrenze diese Fertigungslage stabil bleibt, kann die Wahrscheinlichkeit für die Annahme als P_a^2 nach der zweiten oder als P_a^m nach der m-ten Stichprobe berechnet und angegeben werden.

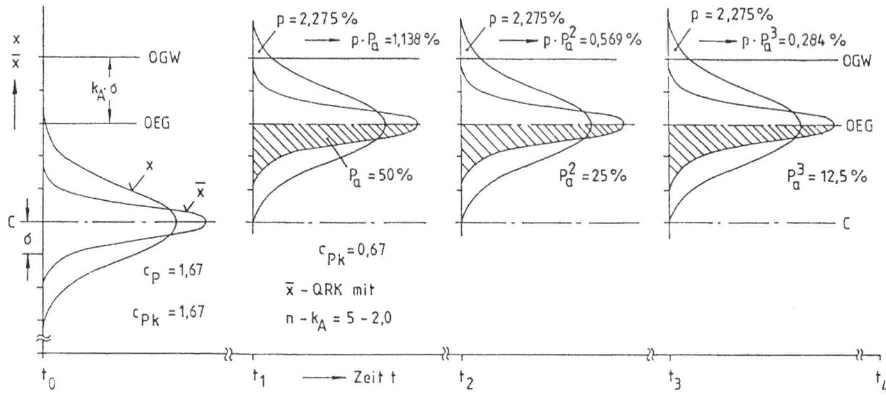

Abb. 4.27 Mittelwert-QRK mit T = 10σ und der Prüfanweisung n – k_A = 5 – 2,0. Die Verteilungen für x und $\bar{x}$ liegen bei t_0 auf Toleranzfeldmitte und bei t_1 bis t_3 auf der oberen Eingriffsgrenze (Ergänzung der Abb. 4.19)

Abb. 4.27 ist die Fortsetzung der Abb. 4.19. Die Wahrscheinlichkeit dafür, daß der Prozeß ohne Eingriff weiterläuft, ist nach der zweiten Stichprobe $P_a^2 = 0{,}25$ und nach der dritten Stichprobe $P_a^3 = 0{,}125$.

In Abb. 4.28 ist im DWN die OC für n – k_A = 5 – 2,0 nach der ersten und nach 4 weiteren Stichproben eingezeichnet. Beispielsweise bedeutet P_a^5 die Wahrscheinlichkeit, daß der Prozeß nach der fünften Fünferstichprobe unkorrigiert weiterläuft. Der mittlere Fehleranteil nach der fünften Stichprobe ist $p * P_a^5 = 0{,}071$ %, Abb. 4.28 unten. Es sei noch einmal darauf hingewiesen, daß dies ein rein rechnerischer Fehleranteil ist. Die Wahrscheinlichkeit, daß die Fertigungslage mit p = 2,275 % nach der fünften Stichprobe fortbesteht, ist 0,03125; der Reziprokwert ist 32, m.a.W.: jedes 32. mal läuft der Prozeß mit 2,275 % weiter. Besonders bemerkenswert ist, daß vor allem hohe und somit kritische Fehleranteile sehr wirksam „abgebaut“ werden. Dagegen werden geringe Fehleranteile unter $p_{0,5}$ wesentlich langsamer „abgebaut“.

Die Urwert-QRK mit n – k_E = 5 – 0,871 ist der vergleichbaren Mittelwert-QRK mit n – k_A = 5 – 2,0 nahzu ebenbürtig, Abb. 4.29.

Beispiel 4.8

gegeben: Annahme-QRK für Mittelwerte mit $n - k_A = 5 - 2{,}0$. Infolge einer Störung oder einer versehentlichen Fehleinstellung rückt der Prozeß in die (stabile) Lage, in der der Fehleranteil $p = 10$ % ist.

gesucht: Mittlerer Fehleranteil nach der dritten Stichprobe.

Lösung: Nach der OC in Abb. 4.28 ist bei $p = 10$ % die Annahmewahrscheinlichkeit $P_a \approx 5$ % (rechnerisch exakt $P_a = 0{,}0541$); nach der dritten Stichprobe ist $p * P_a{}^3 = 10 \% * 0{,}0541^3 = 0{,}00158$ % in Übereinstimmung mit Abb. 4.28 unten.

Beispiel 4.9

gegeben: Annahme-QRK für Urwerte mit $n - k_E = 5 - 0{,}871$. Infolge einer Störung rückt der Prozeß in eine (stabile) Lage, bei der der Fehleranteil $p = 10$ % ist.

gesucht: Mittlerer Fehleranteil nach der dritten Stichprobe.

Lösung: Nach der OC in Abb. 4.29 beträgt bei $p = 10$ % die Annahmewahrscheinlichkeit $P_a \approx 13$ % (rechnerisch exakt ist $P_a = 0{,}1246$). Nach der dritten Stichprobe ist $p * P_a^3 = 10 \% * 0{,}1246^3 = 0{,}019$ % in Übereinstimmung mit Abb. 4.29 unten.

In den bisherigen Beispielen war vorausgesetzt worden,, daß die „Störung stabil bleibt“und der Prozeß nach einer Störung mit konstantem Fehleranteil weiterläuft, sofern nicht eingegriffen wird. Diese Voraussetzung erleichtert die Berechnung des mittleren Fehleranteils. Wenn die Störung nicht stabil bleibt, ist der Effekt des „Fehlerabbaus“ der gleiche, nur die Berechnung ist komplizierter.

Beispiel 4.10

gegeben: Eine Fertigungsverteilung liegt zunächst auf Toleranzfeldmitte, die Mittelwert-QRK wird mit $n - k_A = 3 - 2{,}5$ geführt. Eine Störung vor der nächsten Stichprobenentnahme führt zu $p_1 = 2$ %; nach der Stichprobenentnahme (ohne Eingriff) verlagert sich die Fertigungsverteilung auf $p_2 = 5\%$.

gesucht: Mittlerer Fehleranteil nach der zweiten Stichprobe, grafische Lösung.

Lösung: In Abb. 4.30 ist die OC für $n - k_A = 3 - 2{,}5$ als Parallele zum Polstrahl eingetragen, für $p_1 = 2\%$ ist $P_a = 0{,}22$. Falls nach der ersten Stichprobe nicht eingegriffen wird ist bei der zweiten Stichprobe $p_2 = 5$ % mit $P_a = 0{,}07$ und der mittlere Fehleranteil nach der zweiten Stichprobe ist $p * \Pi P_a = 5\% * 0{,}22 * 0{,}07 = 0{,}077$ %.

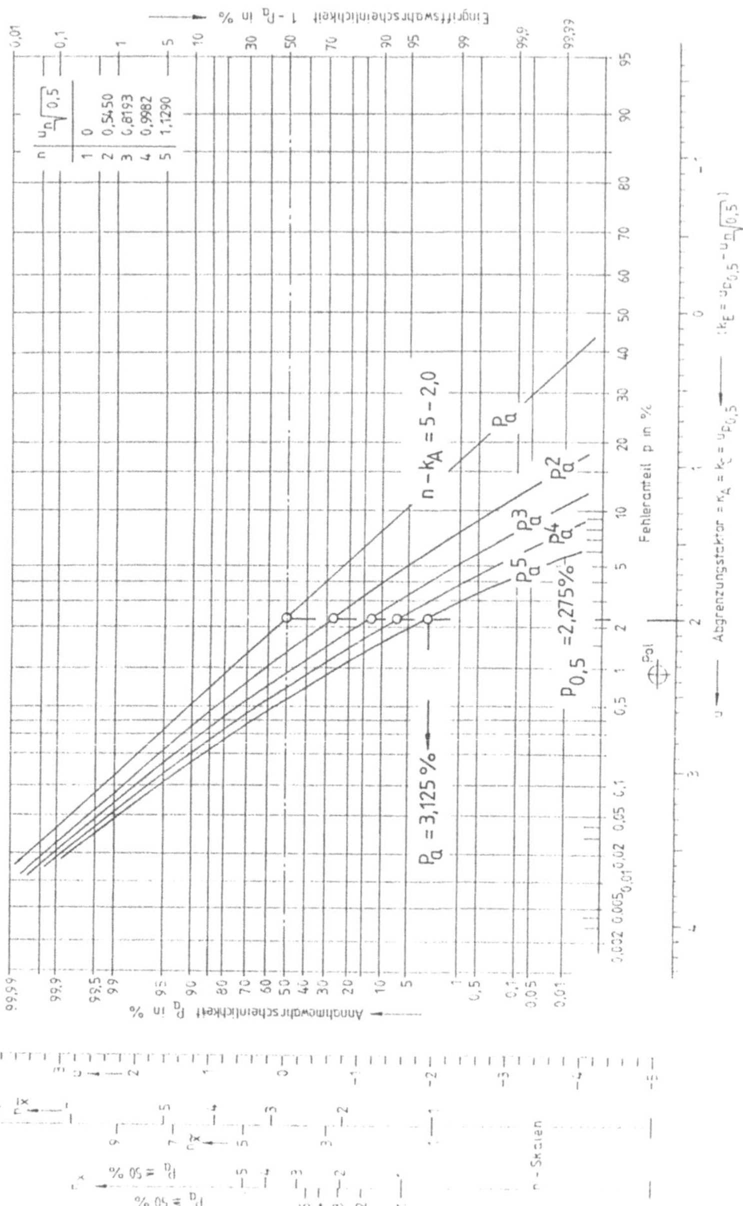
Eingriffswahrscheinlichkeit 1 - Pa in %
n | un√0,5
1 | 0
2 | 0,5450
3 | 0,8193
4 | 0,9982
5 | 1,1290
n - kA = 5 - 2,0
Pa
Pa2
Pa3
Pa4
Pa5
P0,5 = 2,275 %
Pa = 3,125 %
Pol
Fehleranteil p in %
Annahmewahrscheinlichkeit Pa in %
n - Skalen

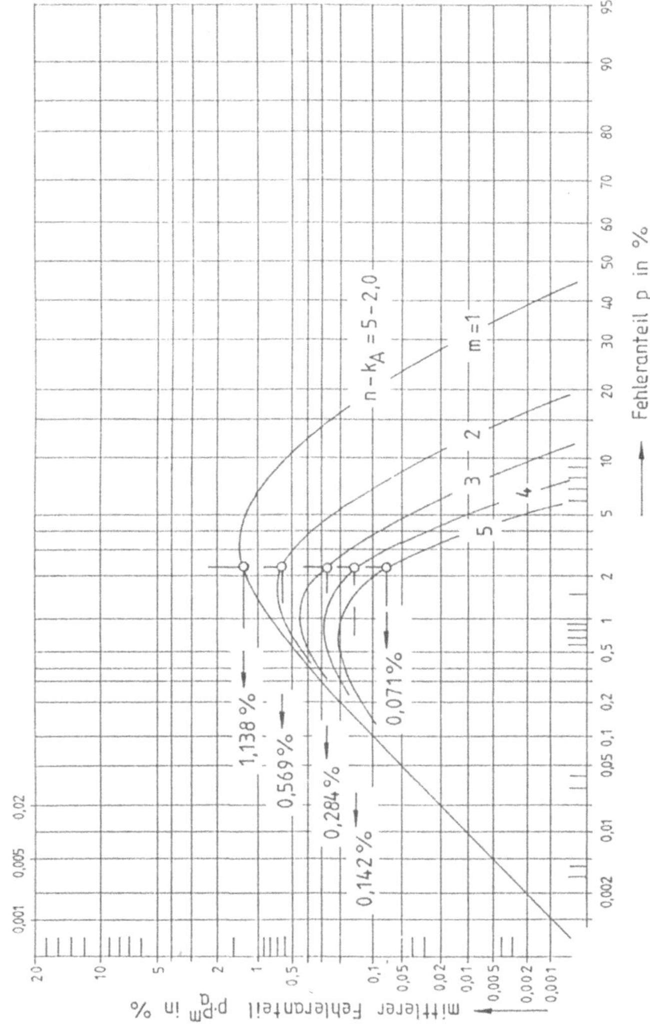

Abb. 4.28 OC für die Mittelwert-QRK mit $n - k_A = 5 - 2{,}0$ für die erste bis fünfte Stichprobe und zugeordnete Verläufe für die mittleren Fehleranteile; hervorgehoben sind die mittleren Fehleranteile in der Fertigungslage mit $p = p_{0,5}$ (Ergänzung von Abb. 4.20); zu Beispiel 4.8

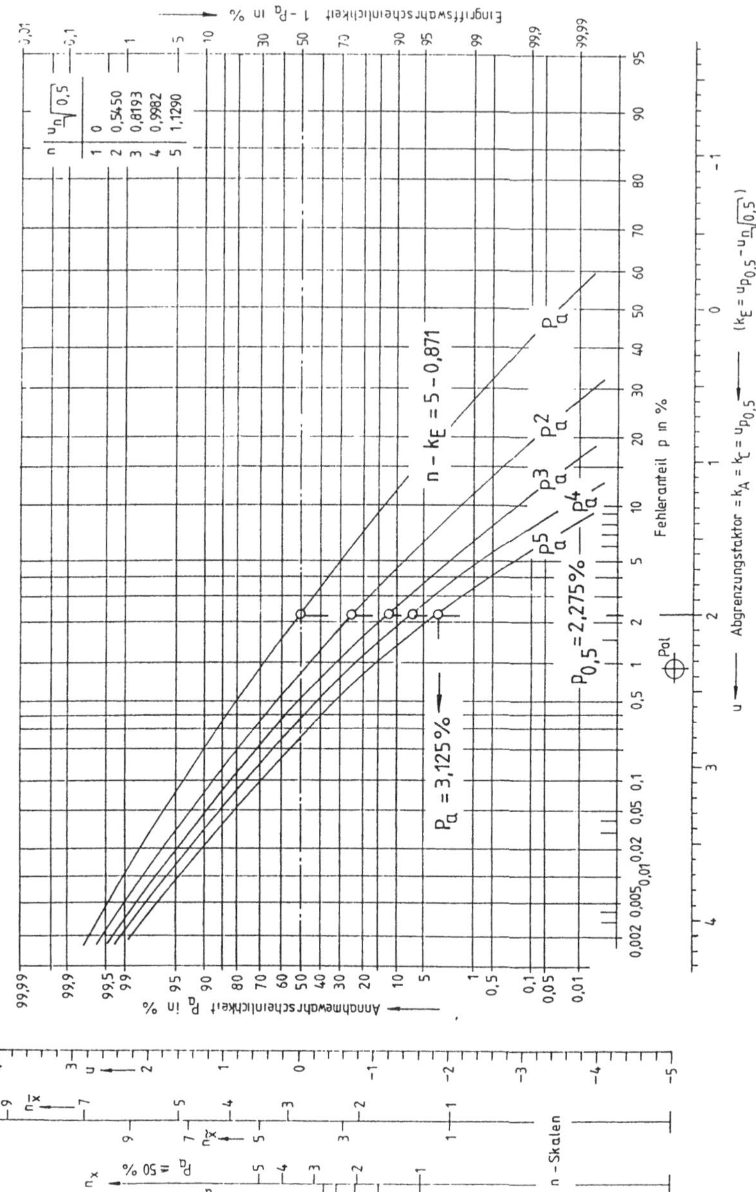
Eingriffswahrscheinlichkeit 1 - Pa in %
Annahmewahrscheinlichkeit Pa in %
Fehleranteil p in %
u ← Abgrenzungsfaktor = kA = kC = u_p0,5 (kE = u_p0,5 - u_n√0,5)
n | u_n√0,5
1 | 0
2 | 0,5450
3 | 0,8193
4 | 0,9982
5 | 1,1290
n - kE = 5 - 0,871
Pa = 3,125 %
p0,5 = 2,275 %
Pa
Pa2
Pa3
Pa4
Pa5
Pol
n - Skalen
Pa ≥ 50 %
Pa ≤ 50 %

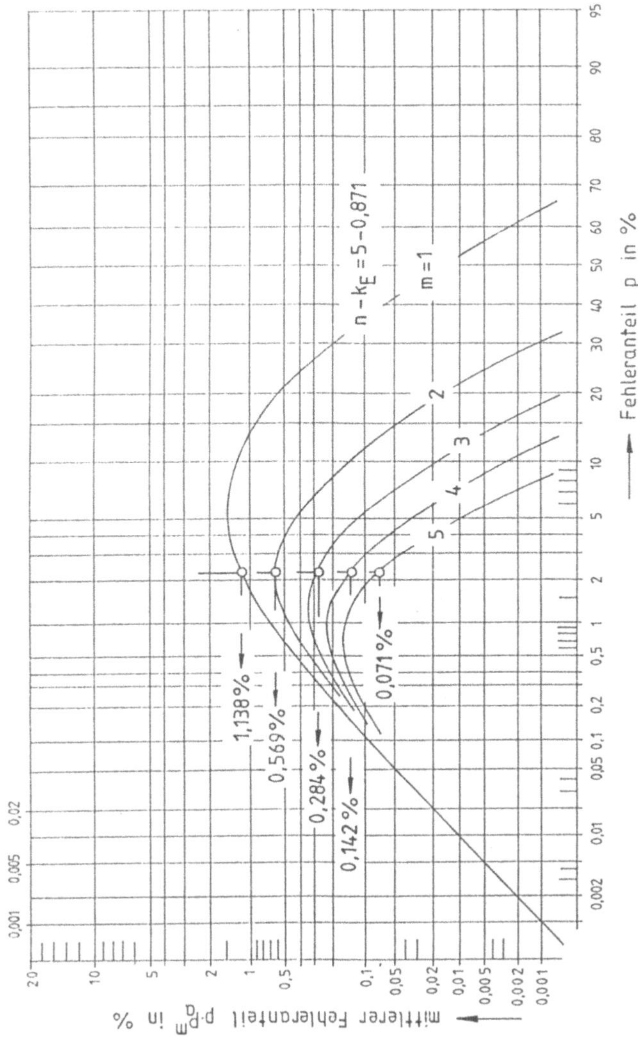

Abb. 4.29 OC für die Urwert-QRK mit $n - k_E = 5 - 0{,}871$ für die erste bis fünfte Stichprobe und zugeordnete Verläufe für die mittleren Fehleranteile; zu Beispiel 4.9

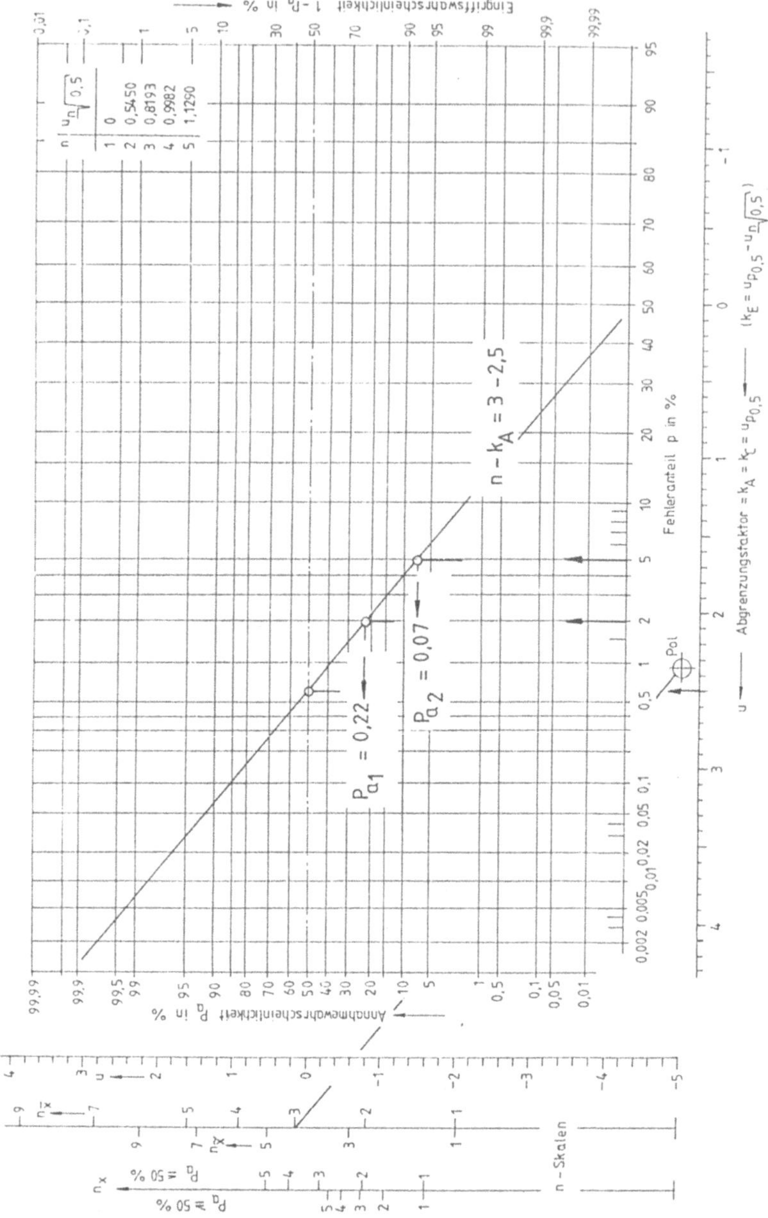

Abb. 4.30 OC für die Mittelwert-QRK mit $n - k_A = 3 - 2{,}5$ zur grafischen Ermittlung des Fehleranteils nach der zweiten Stichprobe $p * \Pi P_a = 5\% * 0{,}22 * 0{,}07 = 0{,}077\ \%$; zu Beispiel 4.10

Der in den vorstehenden Beispielen besprochene Einfluß der Stichprobenanzahl m auf den mittleren Fehleranteil betrifft sowohl die periodisch geführten QRK als auch die kontinuierlich geführten QRK. Jedoch ist der Einfluß von m bei den periodisch gerührten QRK in der Regel weniger wichtig, es sei denn, daß ein Prozeß über lange Zeiträume stabil bleibt und dabei keine Eingriffe wie Werkzeugwechsel erfolgen.

Anmerkung: Die in diesem Unterkapitel eingeführte und im nachfolgenden Text und in den nachfolgenden Abbildungen wiederholt verwendete Aussage, wonach die OC für eine QRK mit der Anzahl m der Stichproben auf P_a^m „sinkt", ist nicht ohne weiteres einsichtig. Dazu folgende Beispiele:

Beispiel 1 zur Anmerkung: Beim Roulette setzt ein Spieler auf die Farbe. Zunächst beobachtet er das Spiel und notiert sich die Ergebnisse. Nachdem die Kugel viermal hintereinander auf „schwarz" gelandet war, setzt der Spieler auf „rot" in der Erwartung, daß nunmehr die Wahrscheinlichkeit für „rot" größer ist als 50%; „rot" hat für ihn einen Nachholbedarf. Dies ist ein Irrtum. Unabhängig von den vorangegangenen Ergebnissen ist bei jedem neuen Spiel (und jedem neuen Einsatz) die Wahrscheinlichkeit für „rot" oder für „schwarz" mit jeweils exakt 50% gleich groß.

Beispiel 2 zur Anmerkung: Beim Gesellschaftsspiel „Mensch ägere Dich nicht" darf ein Spieler einen Stein erst dann in Startposition bringen, wenn er eine sechs gewürfelt hat. Dafür hat er zwei Würfe frei. Die Wahrscheinlichkeit dafür, mit dem ersten Wurf nicht ins Spiel zu kommen, ist $P_a = 5/6$. Die Wahrscheinlichkeit dafür, daß er auch mit dem zweiten Wurf nicht ins Spiel kommt, ist ebenfalls $P_a = 5/6$. Die Wahrscheinlichkeit dafür, daß er mit dem ersten und dem zweiten Wurf nicht ins Spiel kommt, ist $P_a^2 = (5/6)^2 = 25/36 = 0{,}833333^2 = 0{,}694444$. Das Komplement ist mit $1 - P_a^2 = 11/36 = 0{,}305556$ die Wahrscheinlichkeit dafür, daß er mit zwei Würfen ins Spiel kommt. Sie setzt sich zusammen aus 5/36 für „nichtsechs + sechs" plus 5/36 für „sechs + nichtsechs" plus 1/36 für „sechs + sechs", Abb. 4.31. Der Kehrwert der Eingriffswahrscheinlichkeit ist die mittlere Reaktionsdauer $ARL = 1/(1 - P_a^2) = 36/11 = 3{,}273$; zu Beginn des Spiels kommt jeder Spieler erst nach im Durchschnitt 3,3 Runden ins Spiel. Falls beim „Mensch ärgere Dich nicht" die Spielregel zur Anwendung kommt, wonach jeder Spieler bis zu drei Würfe frei hat, um mit einer „sechs" den ersten Stein ins Spiel zu bringen, dann ist die Wahrscheinlichkeit dafür $1 - P_a^3 = 1 - (5/6)^3 = 91/216$. Die mittlere Reaktionsdauer ist $ARL = 2{,}374$; im Durchschnitt kommt jeder Spieler nach 2,4 Runden ins Spiel, Abb. 4.32

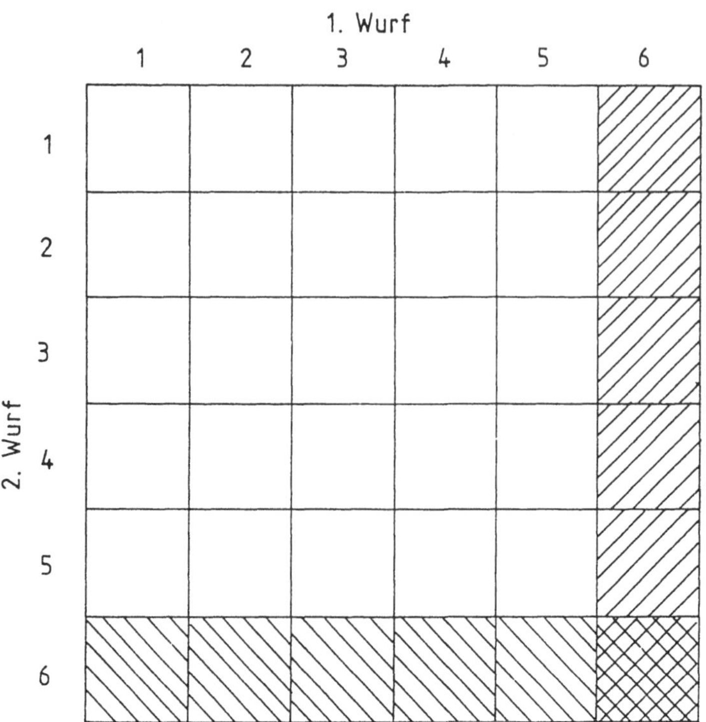

Abb. 4.31 Die 36 Möglichkeiten für das Ergebnis zweier Würfe mit einem Würfel

Beispiel 3 zur Anmerkung: Eine QRK hat bei einer bestimmten Prozeßlage die Annahmewahrscheinlichkeit (Nichteingriffswahrscheinlichkeit) von $P_a = 80\%$. Die Wahrscheinlichkeit dafür, daß der Prozeß nach m = 2 Stichproben ohne Eingriff weiterläuft, ist $P_a^2 = 0{,}8^2 = 0{,}64$; die Eingriffswahrscheinlichkeit ist $1 - P_a^2 = 0{,}36 = 0{,}8*0{,}2 + 0{,}2*0{,}8 + 0{,}2*0{,}2$. Wird mit der ersten Stichprobe auf Eingriff entschieden, wird der Vorgang abgebrochen.

Beispiel 4 zur Anmerkung: Mit dem statistischen Modell „Roulette" läßt sich die Wirkungsweise einer QRK für den OC-Punkt mit $P_a = 50\%$ simulieren. Wenn „schwarz" für Annahme steht (Stichprobenergebnis innerhalb der Eingriffsgrenzen) und „rot" für Eingriff, dann ist nach zwei Stichproben die Annahmewahrscheinlichkeit $P_a^2 = 0{,}5^2 = 0{,}25$ und die Eingriffswahrscheinlichkeit ist $1 - P_a^2 = 0{,}75 = 75\%$.

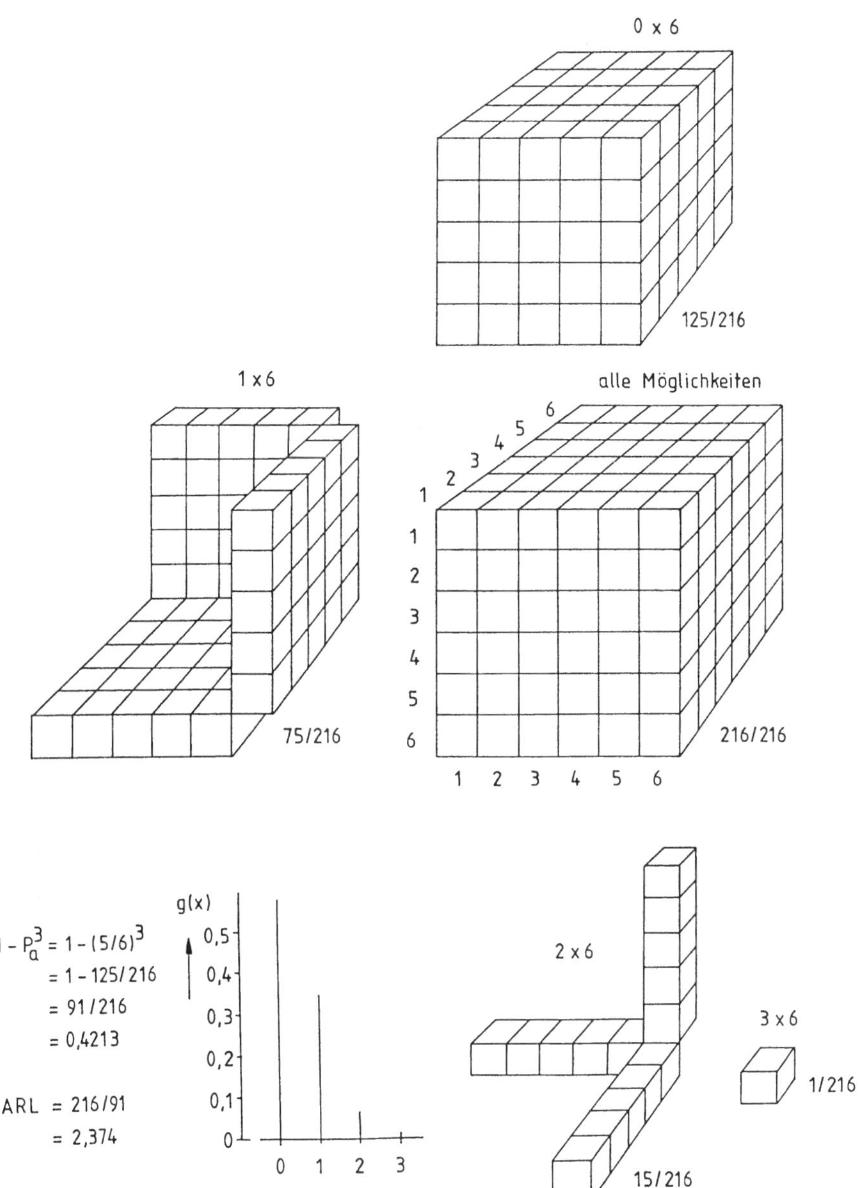

Abb. 4.32 Die 216 Möglichkeiten für das Ergebnis dreier Würfe mit einem Würfel

4.5.3 Der mittlere Fehleranteil bei Prozessen mit einem Trend

Vorbemerkung: Der in diesem Unterkapitel besprochene Einfluß eines Trends auf die Verringerung des mittleren Fehleranteils hat nur eine untergeordnete Bedeutung für die Praxis; dieses Unterkapitel kann auch überlesen werden.

In den letzten Beispielen war der mittlere Fehleranteil für den Fall bestimmt worden, daß sich die Fertigungsverteilung infolge einer Störung oder infolge einer Fehleinstellung unstetig, d.h. sprunghaft verändert.

Häufig haben Prozesse einen Trend zu größeren oder zu kleineren Werten, beispielsweise durch Werkzeugverschleiß bei Zerspanprozessen. Falls der Trend linear verläuft und die Stichproben periodisch jeweils nach Δt entnommen werden, erscheint der Trend als sprunghafte Veränderung mit jeweils gleichgroßen Sprüngen $\Delta\mu$.

In Abb. 4.33 ist dargestellt wie ein Trend mit $\Delta\mu = 0{,}25\ \sigma / \Delta t$ gegen den oberen Grenzwert läuft. Darunter sind für jeden Zeitpunkt der Stichprobenentnahme die Annahmewahrscheinlichkeiten P_a angegeben und deren Produkte $\Pi\ P_a$ für den Fall des Nichteingreifens in den Prozeß. Ferner sind berechnet die $p * P_a$ für den Fall einer sprunghaften Verlagerung des Prozesse auf den Fehleranteil p sowie die $p * \Pi P_a$ für den Fall des Trendprozesses bis zum Fehleranteil p. Die OC und die Verläufe für den mittleren Fehleranteil sind in Abb. 4.34 dargestellt.

■ **Beispiel 4.11**

gegeben: Mittelwert-QRK mit $n - k_A = 5 - 2{,}0$.

gesucht: Annahmewahrscheinlichkeit und mittlerer Fehleranteil für die Fertigungslage mit einem Fehleranteil von $p \approx 11\ \%$ für den Fall, daß diese Lage erreicht wird

a) sprunghaft

b) durch einen Trend mit $\Delta\mu = 0{,}25\ \sigma / \Delta t$

Lösung: mit den Abb. 4.33 und 4.34 (Werte gerundet):

a) bei $p \approx 11\ \%$ ist $P_a = 0{,}045$ und somit ist $p * P_a = 11\ \% * 0{,}045 = 0{,}5\ \%$

b) bei $p = 11\ \%$ ist $\Pi P_a = 0{,}0005$ und $p * \Pi P_a = 11\% * 0.0005 = 0{,}005\%$

Durch den Trend ist der mittlere Fehleranteil (rein rechnerisch) hundertmal kleiner.

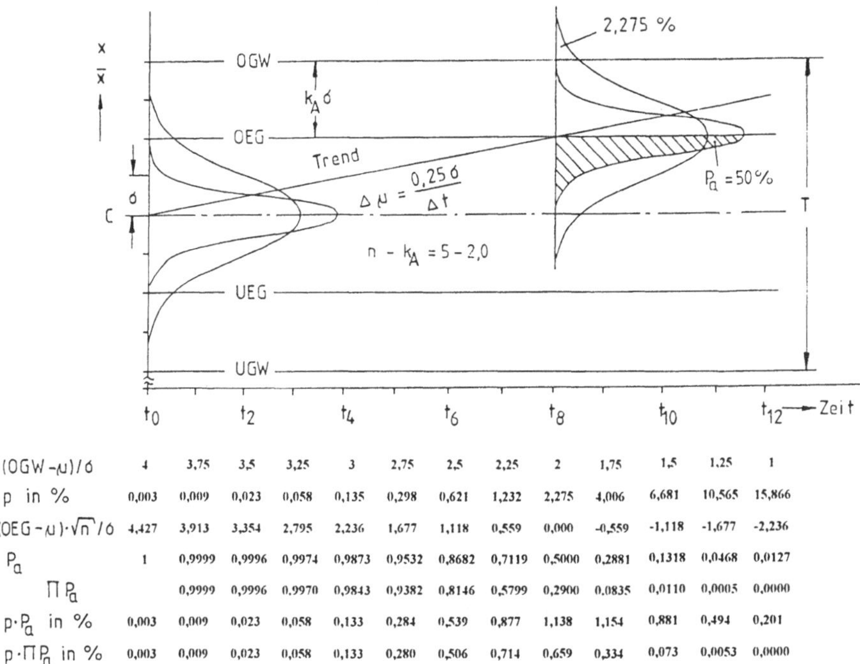

$(OGW-\mu)/\sigma$	4	3,75	3,5	3,25	3	2,75	2,5	2,25	2	1,75	1,5	1,25	1
p in %	0,003	0,009	0,023	0,058	0,135	0,298	0,621	1,232	2,275	4,006	6,681	10,565	15,866
$(OEG-\mu)\cdot\sqrt{n}/\sigma$	4,427	3,913	3,354	2,795	2,236	1,677	1,118	0,559	0,000	-0,559	-1,118	-1,677	-2,236
P_a	1	0,9999	0,9996	0,9974	0,9873	0,9532	0,8682	0,7119	0,5000	0,2881	0,1318	0,0468	0,0127
ΠP_a		0,9999	0,9996	0.9970	0,9843	0,9382	0,8146	0,5799	0,2900	0.0835	0,0110	0,0005	0,0000
$p\cdot P_a$ in %	0,003	0,009	0,023	0,058	0,133	0,284	0,539	0,877	1,138	1,154	0,881	0,494	0,201
$p\cdot\Pi P_a$ in %	0,003	0,009	0,023	0,058	0,133	0,280	0,506	0,714	0,659	0,334	0,073	0,0053	0,0000

Abb. 4.33 Mittelwert-QRK mit $n - k_A = 5 - 2{,}0$ und mit einem linearen Trend von $\Delta\mu = 0{,}25\sigma$ von Stichprobe zu Stichprobe. Darunter befindet sich die Berechnung der OC und des mittleren Fehleranteils

Der mittlere Fehleranteil bei Trendprozessen hängt auch ab von der Steilheit des Trends. Diese ist jedoch selten bekannt; außerdem verlaufen Trends häufig nicht linear wie im letzten Beispiel unterstellt wurde. Dennoch ist die qualitative Aussage berechtigt, daß der mittlere Fehleranteil bei Trendprozessen – bei Fehleranteilen von $p \geq p_{0,5}$ – kleiner ist als bei unstetigen, sprunghaften Veränderungen der Fertigungslage.

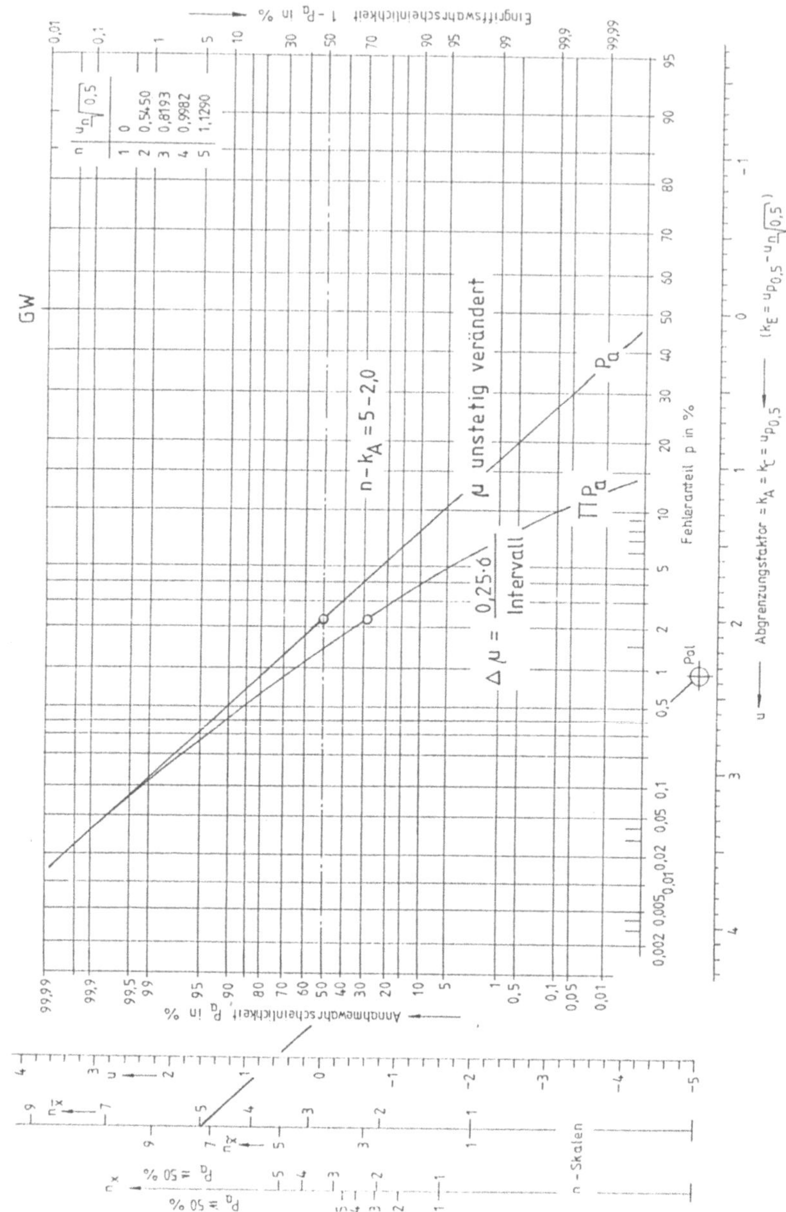
GW
Eingriffswahrscheinlichkeit 1 - Pa in %
n-kA = 5-2,0
μ unstetig verändert
Δμ = 0,25·6 / Intervall
Pa
ΠPa
Pol
Fehleranteil p in %
Annahmewahrscheinlichkeit Pa in %
u — Abgrenzungsfaktor = kA = kE = up0,5 — (kE = up0,5 - un√0,5)
n - Skalen
Pa = 50 %
n | un√0,5
1 | 0
2 | 0,5450
3 | 0,8193
4 | 0,9982
5 | 1,1290

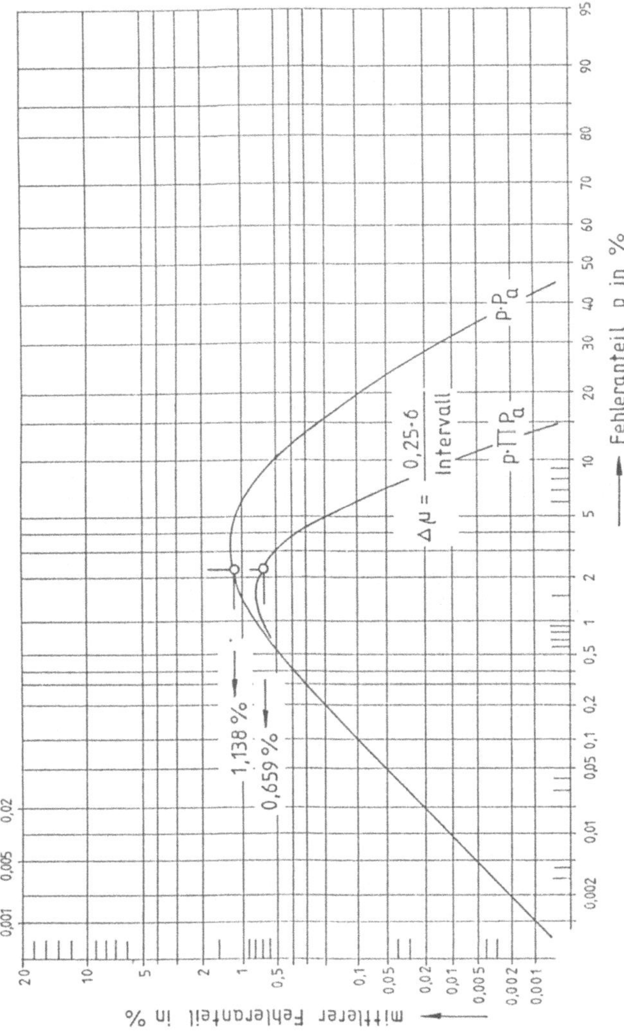

Abb. 4.34 OC der Mittelwert-QRK mit n – k_A = 5 – 2,0 bei sprunghafter (unstetiger) Lageveränderung und bei einem linearen Trend mit zugeordneten Verläufen für die mittleren Fehleranteile; zu Beispiel 4.11

4.6 Vergleich von Annahme-QRK

Die Annahme-QRK waren im bisherigen Text schon mehrmals miteinander verglichen worden. Insbesondere war gezeigt worden, daß sich die drei Annahme-QRK für Mittelwerte, für Mediane und für Urwerte hinsichtlich ihrer Verläufe für den mittleren Fehleranteil nur geringfügig unterscheiden, wenn sie auf der Basis eines gemeinsamen OC-Punktes für $p_{0,5}$ verglichen werden, Abb. 4.22. Bei diesem Vergleich laufen jedoch die Operationscharakteristiken oben links weit auseinander. Dadurch haben die QRK einen unterschiedlichen Platzbedarf und somit – bei gleicher Toleranz – einen unterschiedlichen Spielraum. Dieser ist bei der Median-QRK kleiner als bei der Mittelwert-QRK und bei der Urwert-QRK ist er noch kleiner.

Wesentlich sinnvoller ist es, QRK nicht auf der Basis eines gemeinsamen OC-Punktes für $p_{0,5}$ (gleiche Wirksamkeit) sondern auf der Basis eines gleichgroßen Platzbedarfes oder – was bei gleichgroßer Toleranz dasselbe ist – auf der Basis eines gleichgroßen Spielraums miteinander zu vergleichen mit dem dann gemeinsamen OC-Punkt für $p_{0,99}{}^{n}$. Dann zeigt sich nämlich die unterschiedliche Wirksamkeit der QRK.

Zunächst eine Definition: Die Wirksamkeit ist der Oberbegriff für die Erfüllung des Zwecks einer QRK, der Qualitätslenkung zu dienen und somit die Fertigung zu optimieren. Einflüsse auf die Wirksamkeit sind:

- die Prozeßfähigkeit, sofern Grenzwerte vorgegeben sind
- der Kennwert, mit dem die QRK geführt wird (Mittelwert, Median, Urwerte)
- der Platzbedarf der QRK
- der Stichprobenumfang n

Verschiedene QRK werden hinsichtlich ihrer Wirksamkeit am besten auf der Basis eines gleichgroßen Platzbedarfes oder eines gleichgroßen Spielraums miteinander verglichen.

Eine bestimmte QRK hat dann im Vergleich zu einer anderen QRK eine höhere Wirksamkeit, wenn

- die OC steiler ist und somit
- der Abgrenzungsfaktor k oder $u_{p\ 0,5}$ größer ist mit der Folge, daß
- der maximale, mittlere Fehleranteil $(p^*P_a)_{max}$ kleiner ist.

Ein Vergleich von Urwert-QRK und von Mittelwert-QRK auf der Basis eines gleichgroßen Platzbedarfes und eines gleichgroßen Prüfaufwandes erfolgt durch die Abb. 4.35 und 4.36.

In Abb. 4.35 oben haben die OC für die Urwert-QRK die gleiche Spielraumgrenze mit $P_a = 0{,}99^n$ bei $|GW - 4\sigma|$. Bei dieser Vergleichsbasis ist die OC für n = 3 nichts anderes als $(P_{a(n=1)})^3$ und die für n = 5 ist $(P_{a\,(n=1)})^5$. Urwert-QRK mit n > 1 sind genauso wirksam wie die Urwert-QRK mit n = 1 bei n-maliger Führung während eines gleichgroßen Zeitintervalls. Die Potenzierung der Annahmewahrscheinlichkeit ist auch die plausible Erklärung dafür, daß die OC für Urwert-QRK mit n > 1 im DWN eine Krümmung aufweist.

Auch in Abb. 4.36 oben haben die OC für die Mittelwert-QRK die gleiche Spielraumgrenze mit $P_a = 0{,}99^n$ bei $|GW - 4\sigma|$. Die Operationscharakteristiken für n > 1 verlaufen jedoch wesentlich steiler als bei den Urwert-QRK mit der Folge, daß die Verläufe für den mittleren Fehleranteil ein geringeres Maximum aufweisen und vor allem rechts vom Maximum steiler abfallen. Während sich die Maxima nur um den Faktor 4 bis 10 unterscheiden sind die Unterschiede bei hohen – und somit kritischen – Fehleranteilen wesentlich gravierender.

Für einige kritische Fertigungslagen sei dies in den folgenden Beispielen erläutert, undzwar durch Vergleich der Annahmewahrscheinlichkeiten und ihrer Reziprokwerte. Die Reziprokwerte sind die zu erwartenden Häufigkeiten für die Wiederholung der Annahme.

Beispiel 4.12

gegeben: Urwert-QRK und Mittelwert-QRK mit n = 3 und mit gleichem Platzbedarf von T – S = 8 σ pro Einheit nach Abb. 4.35 und 4.36

gesucht: Vergleich ihrer Wirksamkeiten bei einer Prozeßlage mit dem Fehleranteil von p = 20 %.

Lösung: Die Annahmewahrscheinlichkeit der Urwert-QRK ist $P_a = 0{,}8$ %; der Reziprokwert (der Dezimalzahl) ist $0{,}008^{-1} = 125$ = ARL. Falls der Prozeß wiederholt auf p = 20 % falsch eingestellt ist, läuft er jedes 125. Mal mit diesem Fehleranteil ohne Eingriff weiter.

Die Annahmewahrscheinlichkeit der Mittelwert-QRK ist $P_a = 0{,}02$ %; der Reziprokwert ist $0{,}0002^{-1} = 5000$ = ARL. Falls der Prozeß wiederholt auf p = 20 % falsch eingestellt ist, läuft er nur jedes 5000. Mal mit diesem Fehleranteil ohne Eingriff weiter.

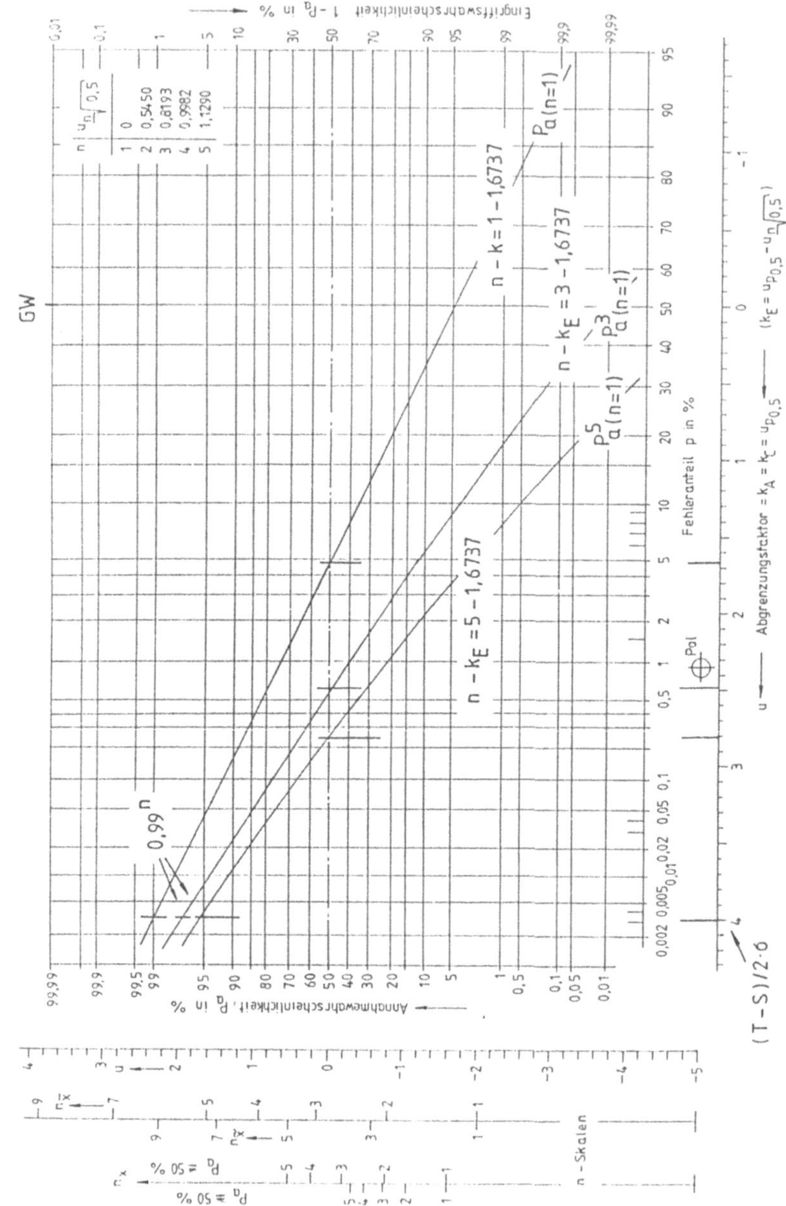
GW
n - k = 1 - 1,6737
n - k_E = 3 - 1,6737
n - k_E = 5 - 1,6737
0,99^n
P_a(n=1)
P^3_a(n=1)
P^5_a(n=1)
Pol
n
1 0
2 0,5450
3 0,8193
4 0,9982
5 1,1290
Eingriffswahrscheinlichkeit 1 - P_a in %
Annahmewahrscheinlichkeit, P_a in %
Fehleranteil p in %
Abgrenzungsfaktor = k_A = k_E = u_p0,5
(k_E = u_p0,5 - u_n√0,5)
(T - S)/2·σ
n - Skalen
P_a = 50 %

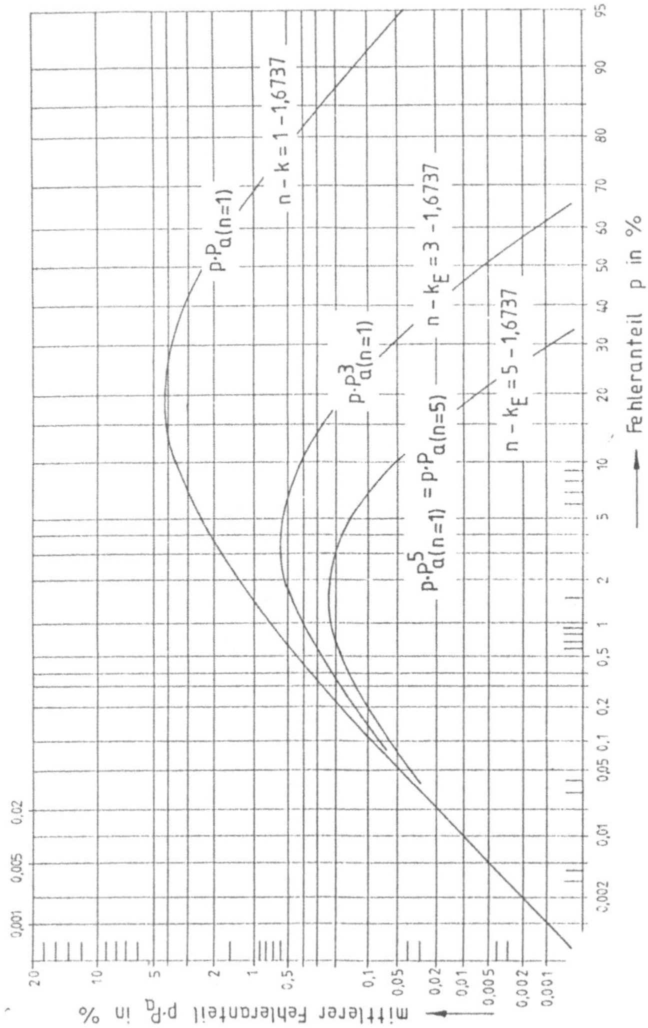

Abb. 4.35 OC und Verläufe für den mittleren Fehleranteil von Urwert-QRK mit einem Platzbedarf von T – S = 8σ pro Einheit; zu den Beispielen 4.12 und 4.13

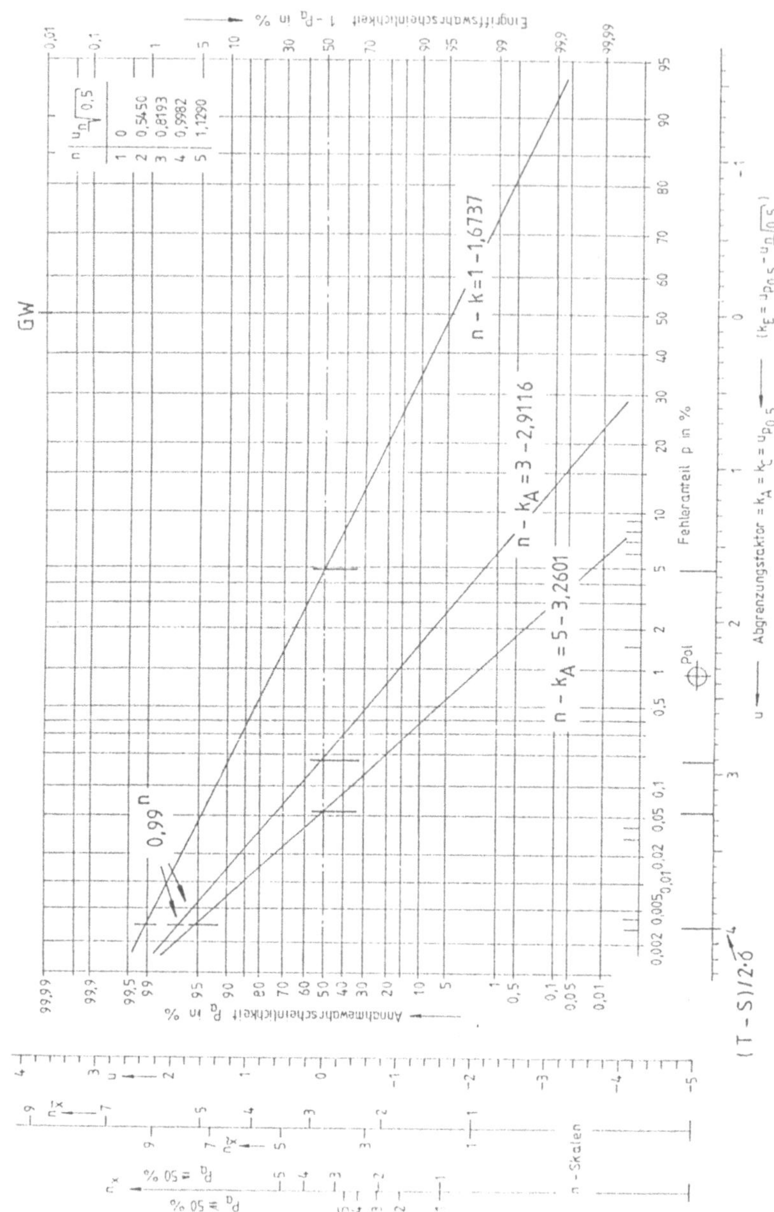

Eingriffswahrscheinlichkeit 1 - P_a in %
GW
n - k = 1 - 1,6737
n - k_A = 3 - 2,9116
n - k_A = 5 - 3,2601
0,99^n
Fehleranteil p in %
Pol
Abgrenzungsfaktor = k_A = k_E = u_p0,5
Annahmewahrscheinlichkeit P_a in %
(T - S)/2·σ
n - Skalen

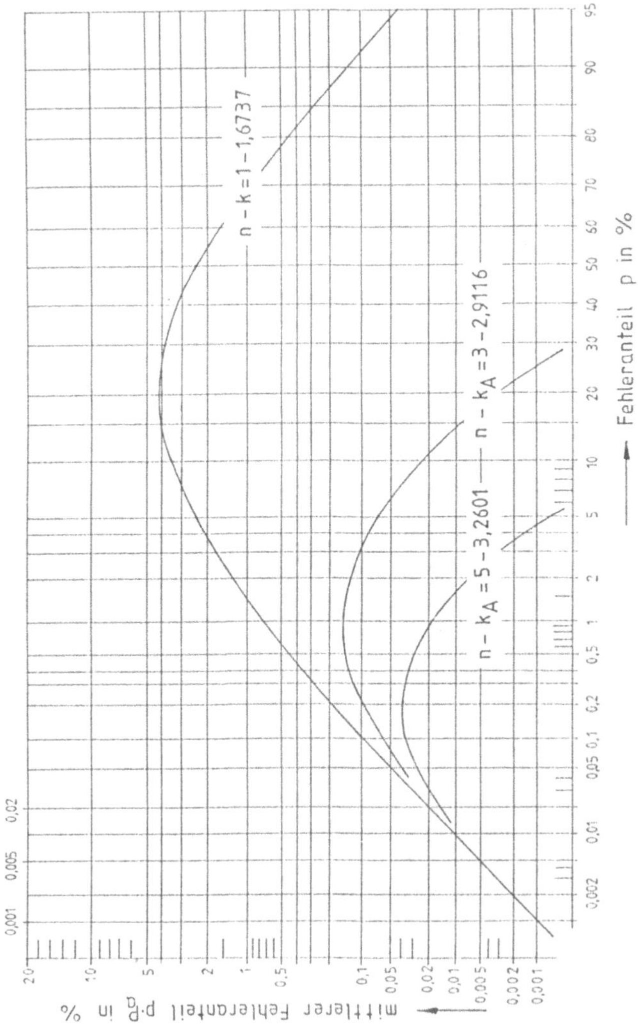

Abb. 4.36 OC und Verläufe für den mittleren Fehleranteil von Mittelwert-QRK mit einem Platzbedarf von $T - S = 8\sigma$ pro Einheit; zu den Beispielen 4.12 und 4.13

■ **Beispiel 4.13**

gegeben: Urwert-QRK und Mittelwert-QRK mit n = 5 und mit gleichem Platzbedarf von T – S = 8 σ pro Einheit nach Abb. 4.35 und 4.36

gesucht: Vergleich ihrer Wirksamkeit bei einer Prozeßlage mit p = 5 %

Lösung: Die Annahmewahrscheinlichkeit der Urwert-QRK ist P_a = 3 %; der Reziprokwert ist $0{,}03^{-1}$ = 33 = ARL. Falls der Prozeß wiederholt auf p = 5 % falsch eingestellt ist, läuft er jedes 33. Mal mit diesem Fehleranteil ohne Eingriff weiter.

Die Annahmewahrscheinlichkeit der Mittelwert-QRK ist P_a = 0,015 %; der Reziprokwert ist $0{,}00015^{-1}$ = 6667 = ARL. Falls der Prozeß wiederholt auf p = 5 % eingestellt ist, läuft er nur jedes 6667. Mal ohne Eingriff mit diesem Fehleranteil weiter.

Die beiden letzten Beispiele zeigen deutlich die Überlegenheit der Mittelwert-QRK gegenüber der Urwert-QRK. Die Median-QRK liegt in ihrer Wirksamkeit zwischen der Urwert- und der Mittelwert-QRK.

Bei einer Bewertung dieses Vergleichs darf nicht übersehen werden, daß die Urwert-QRK in Bezug auf die Einfachheit ihrer Handhabung der Mittelwert-QRK überlegen ist. Dies ist der Grund dafür, daß die Urwert-QRK bei manueller Führung in der Praxis nach wie vor bevorzugt zum Einsatz kommt.

4.7 Annahme-QRK bei kontinuierlicher Prüfung

Das Führen von QRK erfolgte früher ausschließlich manuell. Auch heute werden QRK überwiegend manuell geführt. Dabei werden n nacheinander gefertigte Einheiten der laufenden Fertigung entnommen, von Hand bezüglich des relevanten Merkmals geprüft, und dann werden die Urwerte oder die ermittelten statistischen Kennwerte von Hand in die QRK eingetragen.

Bei diesem Verfahren ist es schon aus Kostengründen üblich, die Stichproben periodisch zu entnehmen. Beispielsweise werden Stichproben zweimal pro Schicht, oder stündlich oder halbstündlich entnommen. Viele Firmen geben für die Häufigkeit der Stichprobenentnahme für verschiedene Merkmale unterschiedliche Prüfschärfen vor. Dabei ist beispielsweise

Prüfschärfe
= (Anzahl geprüfter Einheiten / Anzahl gefertigter Einheiten) * 100

und Prüfschärfe 5 beispielsweise bedeutet, daß 5 % der gefertigten Einheiten geprüft werden müssen; bei Prüfschärfe 10 werden 10% auf Stichprobenbasis geprüft.

Alle bisher gemachten Aussagen über QRK beziehen sich auf das periodische Führen von QRK.

Seit Mitte der achtziger Jahre kommen in zunehmendem Maße – insbesondere in der Großserienfertigung – Meßrechner und Meßsteuerungen zum Einsatz.

Meßrechner sind Automaten, die die gefertigten Einheiten in der Regel Stück für Stück auf in der Regel mehrere relevante Merkmale prüfen. Die erfaßten Meßwerte werden gespeichert und verarbeitet zu fortlaufend aktualisierten QRK, bevorzugt zweispurige $\bar{x}$-s-QRK. Diese können zu jeder Zeit auf einen Monitor abgerufen werden. Werden die Eingriffsgrenzen überschritten, erfolgt die Prozeßkorrektur von Hand.

Meßsteuerungen sind Meßrechner mit einem zusätzlichen Programm zur automatischen Prozeßkorrektur.

Der Vorteil der Meßrechner und der Meßsteuerungen ist die (fast) 100-prozentige Prüfung der Fertigunglose, so daß Qualitätseinbrüche infolge beispielsweise einer groben Störung sofort erkannt werden können.

Bei automatischem Eingriff können gelegentliche Korrekturen bei Prozeßlagen auf Toleranzfeldmitte oder in dessen Nähe in Kauf genommen werden, da die dadurch ausgelösten Fehlkorrekturen sofort wieder rückgängig gemacht werden. Ein Spielraum im Mittenbereich ist nicht erforderlich, d.h. Annahme-QRK sind für die kontinuierliche Prüfung ungeeignet. Wegen ihrer zunehmenden Bedeutung werden die QRK bei kontinuierlicher Prüfung in Kapitel 7 ausführlicher behandelt.

4.8 Annahme-QRK mit nach Faustregeln festgelegten Eingriffsgrenzen

Bei vielen Anwendern von Annahme-QRK besteht der Wunsch, die Eingriffsgrenzen festzulegen nach einem festen Schema ohne die oft zu theoretisch empfundene Abwägung der im Einzelfall unterschiedlichen Einflußgrößen wie

- Fehleranteil und zugeordnete
- Annahme- oder Eingriffswahrscheinlichkeit, sowie
- Spielraum und
- maximaler, mittlerer Fehleranteil

Oft ist es auch zeitlich oder personell nicht möglich, die Randbedingungen für jedes einzelne, zu steuernde Merkmal exakt zu ermitteln, insbesondere dann nicht, wenn einige hundert oder gar einige tausend SPC-Plätze zentral betreut werden müssen.

In diesen Fällen ist die Ermittlung der Eingriffsgrenzen nach Faustregeln durchaus möglich und praktikabel, sofern die Faustregeln angemessen sind.

Bewährt hat sich die in Abb. 4.37 dargestellte Faustregel, bei der Mittelwert- und bei der Median-QRK die Eingriffsgrenzen im Abstand 0,25 T von den Grenzwerten – oder was dasselbe ist – im Abstand 0,25 T von der Toleranzfeldmitte C festzulegen.

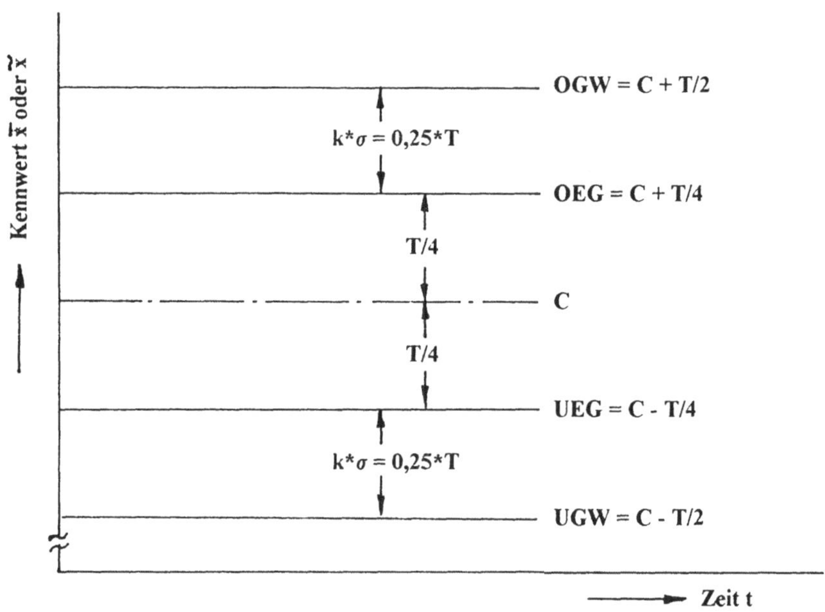

Abb. 4.37 Annahme-QRK für Mittelwerte und für Mediane mit Eingriffsgrenzen, die nach der Faustregel |GW – EG| = 0,25 T festgelegt wurden, schematisch

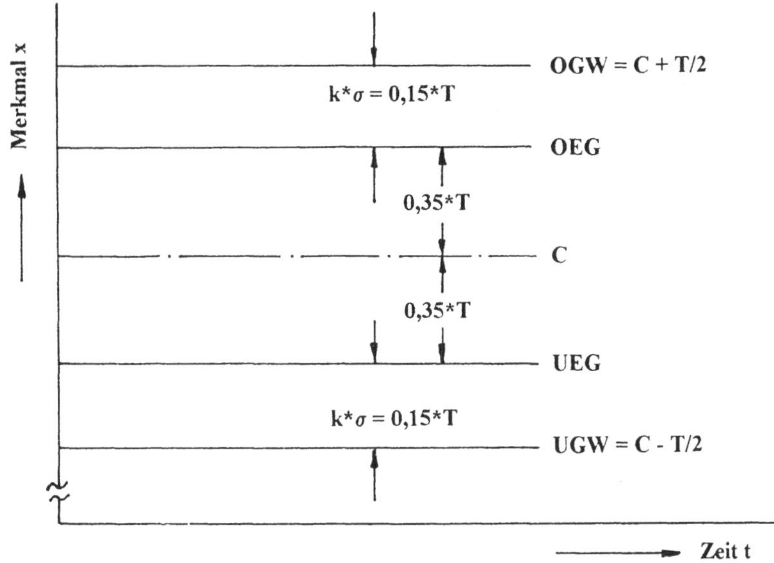

Abb. 4.38 Annahme-QRK für Urwerte mit Eingriffsgrenzen, die nach der Faustregel |GW – EG| = 0,15 T festgelegt wurden, schematisch

Zur Beurteilung dieser Faustregel sind die sich aus dieser Regel ergebenden k-Faktoren und Spielräume für die Mittelwert-QRK in Abb. 4.39 und für die Median-QRK in Abb. 4.40 dargestellt. Ist die Prozeßfähigkeit schlecht ($c_P \approx 1$) sind $k_A = k_C = 1{,}5$ erwartungsgemäß klein und die Spielräume gering. Bei guten bis sehr guten Prozeßfähigkeiten werden die k-Faktoren und die Spielräume gleichermaßen größer; die Anwendung der Faustregel $k * \sigma = 0{,}25$ T ist bei der Mittelwert-QRK und bei der Median-QRK zu empfehlen mit einer Einschränkung: es muß sichergestellt sein, daß die Prozeßfähigkeit ausreichend groß ist. Daher darf auf die Abschätzung der momentanen Streuung des Prozesses nicht verzichtet werden. Dabei kann eine grobe Abschätzung genügen, wenn diese ergibt, daß die Prozeßfähigkeit sehr gut oder noch besser ist.

Allerdings ist zu beachten, daß bei sehr guten bis ausgezeichneten Prozeßfähigkeiten die Anwendung der Faustregel $k * \sigma = 0{,}25$ T bei der Mittelwert-QRK und bei der Median-QRK zu unzweckmäßig großen Spielräumen führt, wodurch sich in Einzelfällen zumindest kurzzeitig die Gesamtstreuung unnötig vergrößern kann, s. Kap. 6.4.1. In diesen Fällen sollten die Abstände der Eingriffsgrenzen zu den Grenzwerten entsprechend vergrößert werden.

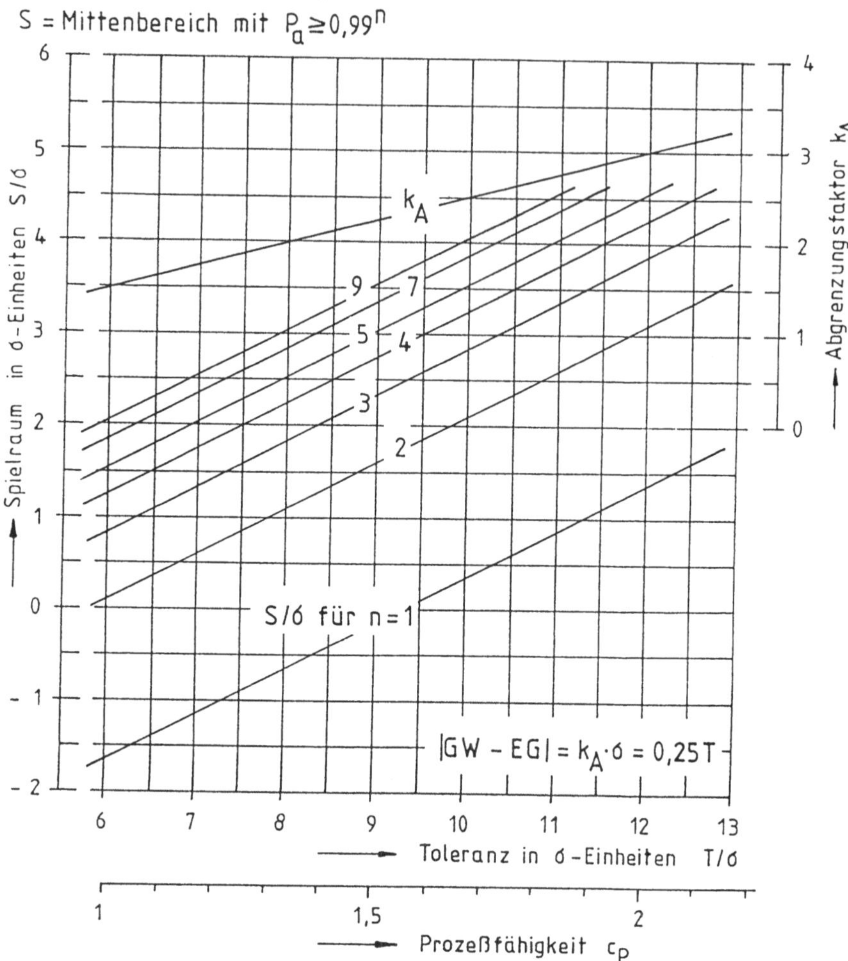

Abb. 4.39 Spielraum und Abgrenzungsfaktor in Abhängigkeit von der Prozeßfähigkeit für die Mittelwert-QRK, deren Eingriffsgrenzen nach der Faustformel |GW − EG| = 0,25 T festgelegt wurden

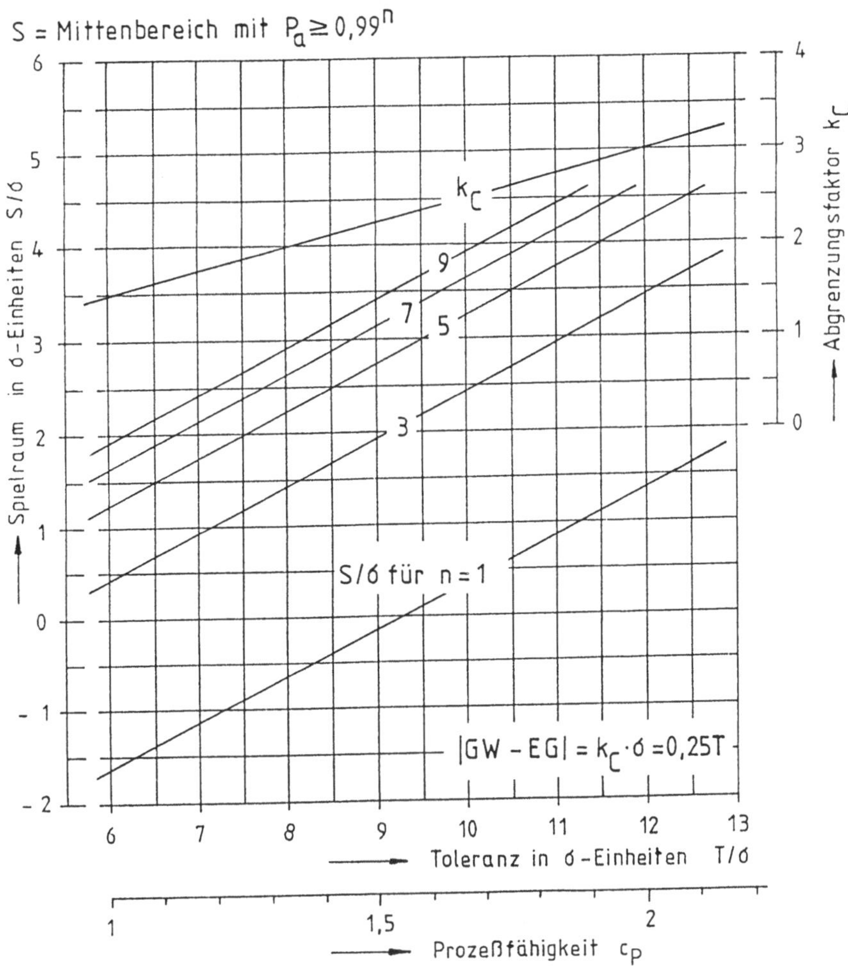

Abb. 4.40 Spielraum und Abgrenzungsfaktor in Abhängigkeit von der Prozeßfähigkeit für die Median-QRK, deren Eingriffsgrenzen nach der Faustregel |GW – EG| = 0,25 T festgelegt wurden

Da die k_E-Werte für die Urwert-QRK um ≈ 1 kleiner sind als die k-Werte vergleichbarer Mittelwert- oder Median-QRK liegt es nahe, für die Urwert-QRK die Faustregel $k_E * \sigma = 0{,}15$ T anzuwenden. Die entsprechende QRK ist schematisch in Abb. 4.38 dargestellt.

Zur Beurteilung dieser Faustregel sind in Abb. 4.41 die k_E-Werte und die Spielräume in Abhängigkeit von der Prozeßfähigkeit dargestellt. Die Anwendung der Faustregel ist zu empfehlen; allerdings ist auch bei der Urwert-QRK zu beachten, daß bei sehr guten bis ausgezeichneten Prozeßfähigkeiten der Spielraum unzweckmäßig groß wird; dies kann in diesen Fällen durch eine entsprechende Vergrößerung des Abstandes der Eingriffsgrenzen zu den Grenzwerten kompensiert werden.

Auch für die Urwert-QRK gilt die Einschränkung: Die Anwendung der Faustregel zur Ermittlung der Eingriffsgrenzen ist nur möglich, wenn die Prozeßfähigkeit genügend genau geschätzt ist; und diese Abschätzung ist nicht ohne die Abschätzung der momentanen Prozeßstreuung möglich.

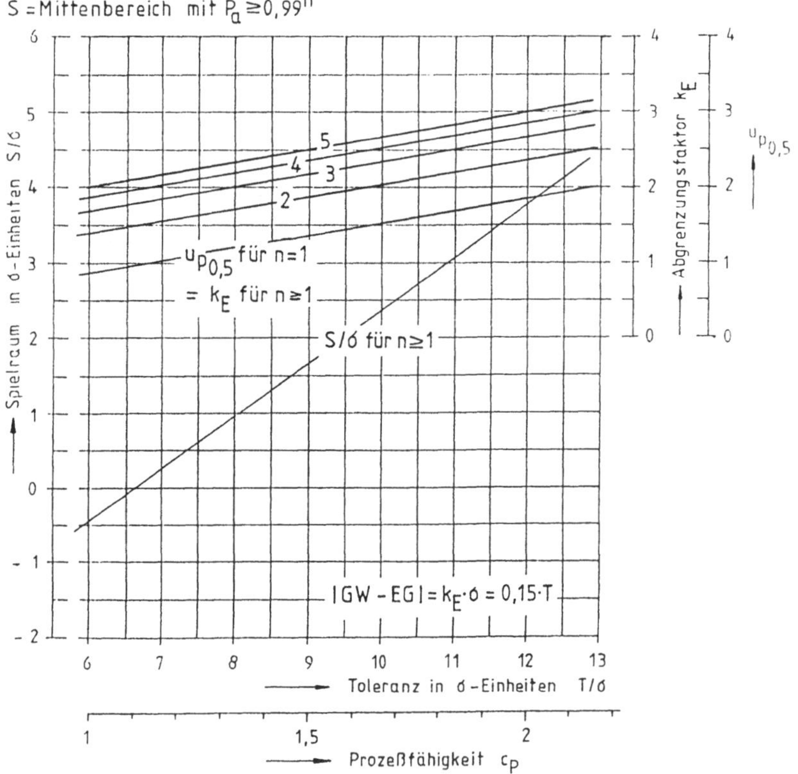

Abb. 4.41 Spielraum und Abgrenzungsfaktor in Abhängigkeit von der Prozeßfähigkeit für die Urwert-QRK, deren Eingriffsgrenzen nach der Faustformel |GW – EG| = 0,15 T festgelegt wurden

	1	2	3	4	5	6	7	8	9	10
	20,32	20,39	20,60	20,52	20,43	20,55	20,40	20,57	20,45	20,46
	20,70	20,51	20,53	20,41	20,51	20,52	20,45	20,44	20,40	20,47
	20,40	20,40	20,46	20,44	20,47	20,76	20,55	20,22	20,38	20,45
$\bar{x}$	20,4733	20,4333	20,5300	20,4567	20,4700	20,6100	20,4667	20,4100	20,4100	20,4600
s^2	0,040133	0,004433	0,004900	0,003233	0,001600	0,01710	0,005833	0,031300	0,001300	0,000100
	11	12	13	14	15	16	17	18	19	20
	20,54	20,42	20,36	20,39	20,48	20,46	20,62	20,50	20,69	20,44
	20,40	20,54	20,55	20,41	20,53	20,60	20,63	20,56	20,48	20,42
	20,55	20,34	20,44	20,63	20,64	20,37	20,59	20,57	20,46	20,40
$\bar{x}$	20,4967	20,4333	20,4500	20,4767	20,5500	20,4767	20,6133	20,5433	20,5433	20,4200
s^2	0,007033	0,010133	0,009100	0,017733	0,006700	0,013433	0,000433	0,001433	0,016233	0,000400
	21	22	23	24	25	26	27	28	29	30
	20,65	20,59	20,50	20,63	20,53	20,50	20,59	20,54	20,85	20,63
	20,49	20,58	20,75	20,58	20,79	20,72	20,67	20,69	20,77	20,90
	20,49	20,72	20,67	20,66	20,60	20,62	20,74	20,73	20,78	20,73
$\bar{x}$	20,5433	20,6300	20,6400	20,6233	20,6400	20,6133	20,6667	20,6533	20,8000	20,7533
s^2	0,008533	0,006100	0,016300	0,001633	0,018100	0,012133	0,005633	0,010033	0,001900	0,018633

Abb. 4.42 Vorlauf mit m = 30 Stichproben des Umfangs n = 3 zum Beispiel 4.14

Beispiel 4.14

gegeben: Nach Zeichnung ist das Längenmaß x = 20,5 ± 0,5 mm; die Grenzwerte liegen bei UGW = 20,0 mm und OGW = 21,0 mm; die relativ grobe Toleranz, die in der Regel keine QRK erfordert, wurde hier gewählt, um das Beispiel einfach zu gestalten. In einem Vorlauf wurden m = 30 Stichproben des Umfangs n = 3 entnommen und geprüft. Die Meßreihe ist in Abb. 4.42 zusammengestellt.

gesucht:

1) Auswertung der Meßreihe nach $\bar{\bar{x}}$, $\sigma = \sqrt{\overline{s^2}}$, c_P und nach $\hat{\sigma}_{ges}$
2) Berechnen und Anlegen einer Mittelwert-QRK und einer Urwert-QRK mit Hilfe der Faustregeln $k_A * \sigma = 0{,}25\ T$ bzw. $k_E * \sigma = 0{,}15\ T$; die QRK soll mit n = 3 geführt werden.
3) Führen der QRK mit den Vorlaufergebnissen
4) Beurteilung der QRK

Lösung:

1) $\bar{\bar{x}} = 20{,}5429$ mm; $\overline{s^2} = 0{,}0097187$; $\sigma = \sqrt{0{,}0097187} = 0{,}0986 \approx 0{,}1$ mm
   $c_P = 1{,}0 / 6 * 0{,}1 = 1{,}667$; $s_{ges} = 0{,}130352$ mm
2) und 3) Die QRK sind angelegt und geführt in Abb. 4.43 und 4.44

4) Beide QRK zeigen das typische Bild einer zunächst stabilen Fertigung; ab der 22. Stichprobe ist ein Trend zu größeren Werten deutlich erkennbar. Eine (grobe) Abschätzung des c_{PPk}-Wertes ergibt:
$c_{PPk} = (OGW - \bar{\bar{x}}) / 3 * s_{ges} = (21{,}0 - 20{,}5429) / 3 * 0{,}1304 =$ 1,1685

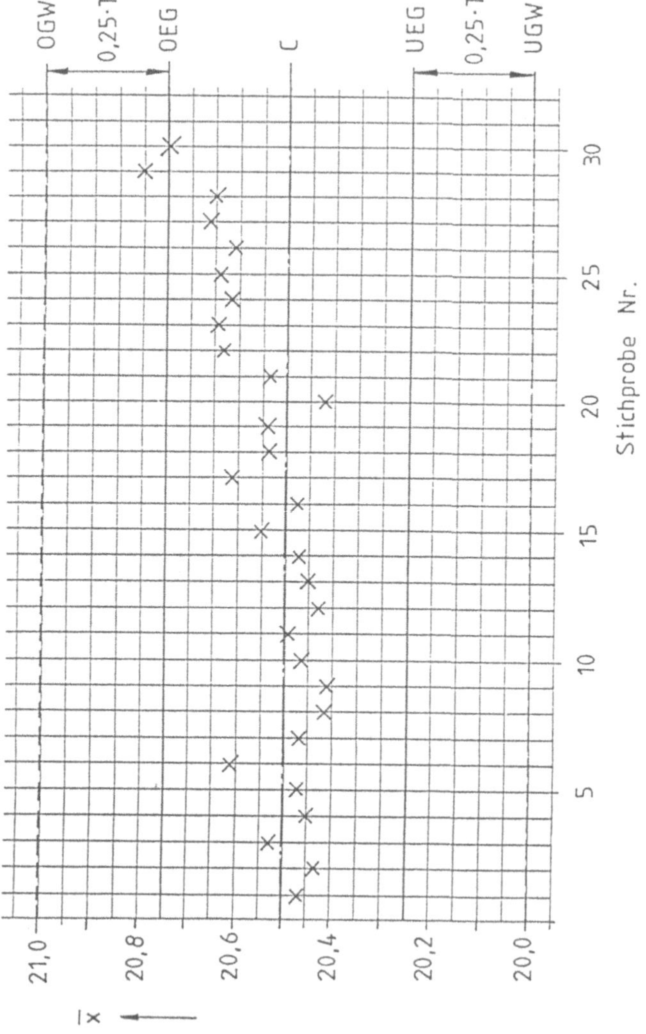

Abb. 4.43 Mittelwert-QRK zum Beispiel 4.14; eingetragen sind die Vorlaufergebnisse

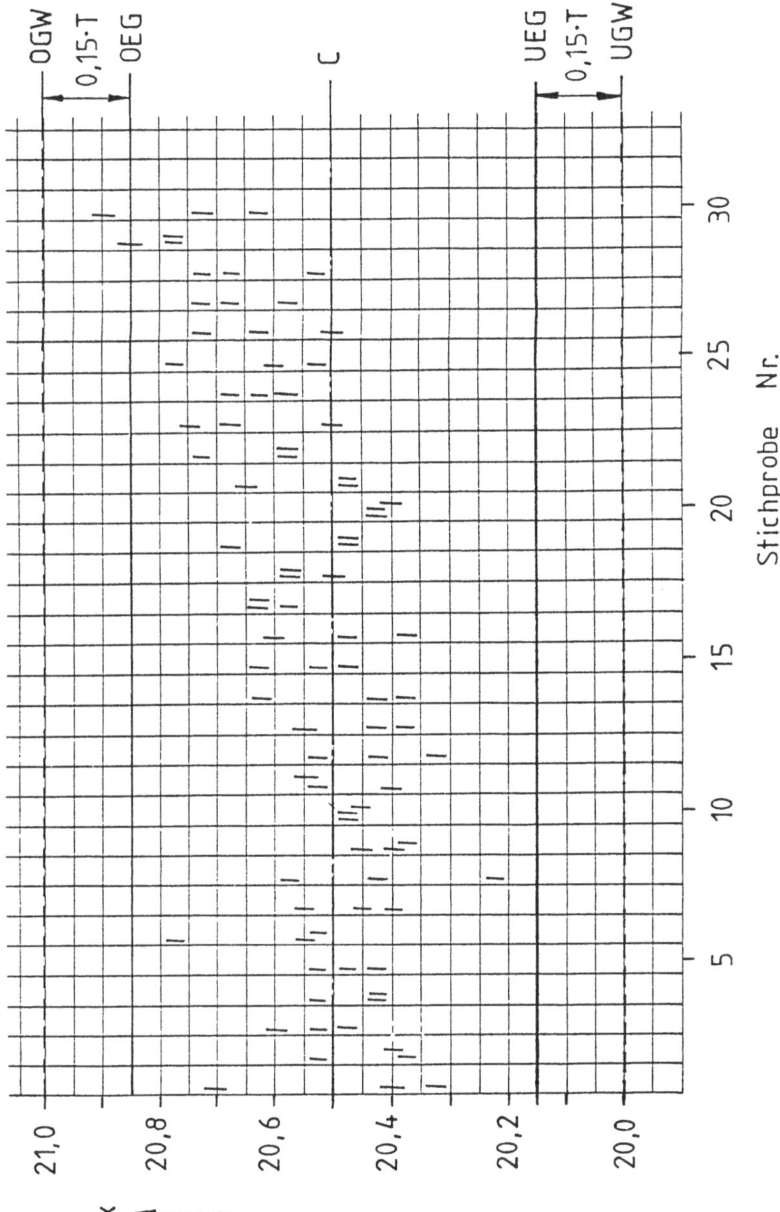

Abb. 4.44 Urwert-QRK zum Beispiel 4.14; eingetragen sind die Vorlaufergebnisse

■ Beispiel 4.15

gegeben: Für das Schleifen eines Wellendurchmessers ist vorgegeben das Maß d = 50 f7 (oberes Abmaß: –25 µm; unteres Abmaß: –50 µm); die Grenzmaße sind Mindestmaß = 49,950 mm und Höchstmaß = 49,975 mm. Aus langzeitiger Erfahrung ist die momentane Streuung mit $\sigma = 0{,}0026$ mm bekannt; damit ist $T / \sigma = 9{,}6$ oder $c_P = 1{,}60$

gesucht: Geeignete Annahme-QRK für die Lage mit einem Spielraum $S \approx 2 * \sigma$ nach Faustregel; die QRK soll manuell geführt werden

Lösung: Da die QRK manuell geführt werden soll, ist die Anwendbarkeit der Urwert-QRK bevorzugt zu prüfen. Nach Abb. 4.41 ist für $c_P = 1{,}60$ der Spielraum $S \approx 4 * \sigma$ allenfalls zu groß. Mit der Faustregel sind

$$OEG = 49{,}975 - 0{,}15 * 0{,}025 = 49{,}9712 \text{ mm}$$

$$UEG = 49{,}950 + 0{,}15 * 0{,}025 = 49{,}9538 \text{ mm}$$

■ Beispiel 4.16

gegeben: Gegebenheiten des Beispiels 4.15 mit dem Unterschied, daß die momentane Streuung $\sigma = 0{,}003$ mm ist; damit ist $c_P = 1{,}39$

gesucht: Geeignete Annahme-QRK für die Lage mit einem Spielraum $S \approx 2 * \sigma$ nach Faustregel; die QRK soll manuell geführt werden

Lösung: Da die QRK manuell geführt werden soll ist zunächst eine Urwert-QRK zu erwägen. Nach Bild 4.41 ist jedoch für $c_P = 1{,}39$ der Spielraum mit $S = 1{,}2 * \sigma$ etwas zu klein. Weiter wäre zu erwägen eine Mittelwert-QRK mit n = 3 oder eine Median-QRK mit n = 5. Die Entscheidung fällt zugunsten der Median -QRK, da sie – wie eine Urwert-QRK – durch Eintragen der Urwerte geführt wird. Zusätzlich ist nur noch der Median (dritter Urwert) zu markieren und mit den Eingriffsgrenzen zu vergleichen. Die Eingriffsgrenzen sind:

$$OEG = OGW - 0{,}25 * T = 49{,}975 - 0{,}25 * 0{,}025 = 49{,}9688 \text{ mm}$$

$$UEG = UGW + 0{,}25 * T = 49{,}950 + 0{,}25 * 0{,}025 = 49{,}9562 \text{ mm}$$

Hinweis: Die Angabe der Eingriffsgrenzen auf vier Nachkommastellen ist nicht übertrieben sondern äußerst sinnvoll. Wegen der engen Toleranz von T = 0,025 mm müssen die Wellendurchmesser mit einem Feintaster, der 0,001 mm anzeigt, gemessen werden. Beispielsweise wäre der Median $\tilde{x} = 49{,}968$ mm noch innerhalb und der Median $\tilde{x} = 49{,}969$ mm außerhalb der Eingriffsgrenzen.

Die in den letzten Beispielen angewendeten Faustregeln sind optimal. In der Praxis werden häufig und/oder in Unkenntnis über die Auswirkungen ganz andere Faustregeln angewendet, die in der Regel die „Fertigung begünstigen“, beispielsweise für die

Mittelwert-QRK: $|GW - EG| = 0{,}1 * T$ und für die

Urwert-QRK $|GW - EG| = 0 * T$

Die mit diesen Faustregeln ermittelten Eingriffsgrenzen liegen zu dicht bei den Grenzwerten, so daß eine fehlerarme Fertigung nicht realisiert werden kann.

Hinweis: zu der in der Praxis äußerst beliebten Urwert-QRK mit EG = GW oder mit $k_E = 0$ sei auf die Abb. 4.26 mit – je nach Stichprobenumfang n – $(p * P_{a})_{max}$ > 7%......25% verwiesen.

Zusammengefaßt können folgende Faustregeln zur Ermittlung der Eingriffsgrenzen von Annahme-QRK begründet empfohlen werden:

Für die Mittelwert-QRK bzw. für die Median-QRK:

$$|GW - EG| = k_A * \sigma = 0{,}25 * T$$

bzw. $$|GW - EG| = k_C * \sigma = 0{,}25 * T$$

und für die Urwert-QRK:

$$|GW - EG| = k_E * \sigma = 0{,}15 * T$$

Unter der Voraussetzung, daß die Prozeßfähigkeit ausreichend ($c_P \approx 1{,}33$) bis sehr gut ($c_P \approx 1{,}67$) ist, ist bei Anwendung dieser Faustregeln mit einem geringen mittleren Fehleranteil bei gleichzeitig ausreichendem Spielraum für die Fertigung zu rechnen. Bei ausgezeichneten Prozeßfähigkeiten ($c_P > 1{,}67$) wird jedoch der Spielraum unzweckmäßig groß.

4.9 Annahme-QRK mit Eingriffsgrenzen zu einem vorgegebenen Spielraum

Die Eingriffsgrenzen für Annahme-QRK werden üblicherweise – wie im bisherigen Text zu Kapitel 4 dargelegt – von den Grenzwerten ausgehend berechnet oder grafisch ermittelt. Dazu wird ein Punkt der OC festgelegt, beispielsweise $p_{0,9}$ oder $p_{0,5}$ oder $p_{0,1}$ oder es wird ein der Erfahrung nach notwendiger oder ausreichender Abgrenzungsfaktor k vorgegeben oder die Eingriffsgrenzen werden von den Grenzwerten ausgehend nach Faustregeln festgelegt. Erst danach wird überprüft, ob der sich ergebende Spielraum in der Mitte des Toleranzfeldes ausreichend ist oder möglicherweise zu groß ist.

Unüblich aber durchaus sinnvoll und praktikabel ist die Möglichkeit, die Eingriffsgrenzen ausgehend von einem kleinen, vorgegebenen Spielraum zu ermitteln. Zu diesem Zweck wurden die in den Abb. 4.45, 4.46 und 4.47 dargestellten Nomogramme berechnet für Abgrenzungsfaktoren in Abhängigkeit von der Prozeßfähigkeit bei Spielräumen von $S = 2{,}5\sigma$ und $S = 1{,}5\sigma$; für einen vorgegebenen Spielraum von $S = 2\sigma$ brauchen die abgelesenen k-Faktoren nur gemittelt zu werden.

■ **Beispiel 4.17**

gegeben: Für ein Merkmal ist die Prozeßfähigkeit mit $c_P = 1{,}5$ ($T = 9\sigma$) gut bis sehr gut; es soll eine Mittelwert-QRK zum Einsatz kommen mit $n = 5$, bei der der Spielraum $S \approx 2{,}5\sigma$ ist.

gesucht:
1) Ermittlung von k_A und Darstellung der OC im DWN sowie Überprüfung des Spielraums mit dem DWN
2) Verlauf des mittleren Fehleranteils nach der ersten Stichprobe
3) Beurteilung der so ermittelten QRK

Lösung:
1) Nach Abb. 4.45 ist für $n = 5$ und $c_P = 1{,}5$ der Abgrenzungsfaktor $k_A = 2{,}5$. Die Parallele zum Polstrahl auf $n_{\bar{x}} = 5$ durch die Koordinate für $k_A = 2{,}5$ und für $P_a = 50\ \%$ in Abb. 4.48 ist die OC für die Prüfanweisung $n - k_A = 5 - 2{,}5$. Diese OC schneidet die Annahmewahrscheinlichkeit von $P_a = 0{,}99^5 = 0{,}951$ im Abstand $S/2 = 1{,}25\sigma$ vom Mittenwert $C = OGW - 4{,}5\sigma$. Der in der Aufgabenstellung vorgegebene Spielraum ist vorhanden.

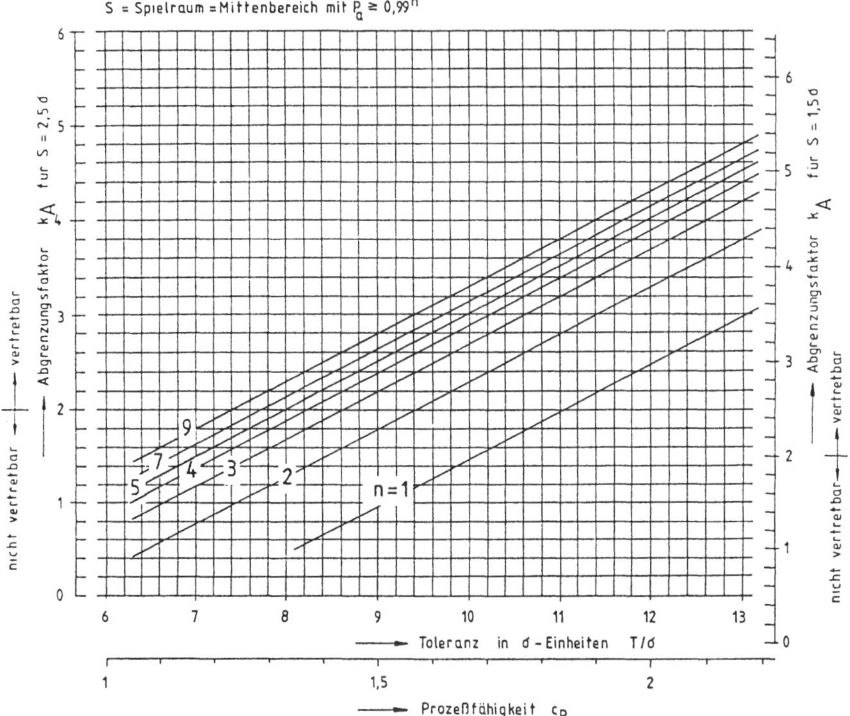

Abb. 4.45 Abgrenzungsfaktoren k_A für die Mittelwert-QRK und für verschiedene n bei Spielräumen von S = 2,5σ und S = 1,5σ. Hinweis: Für S = 2σ werden die k_A-Werte gemittelt.

2) Im unteren Teil der Abb. 4.48 ist der Verlauf für den mittleren Fehleranteil p * P_a nach der jeweils ersten Stichprobe in % dargestellt. Der Wert für 0.5 * $p_{0,5}$ liegt bei 0,31 % und das Maximum geringfügig darüber, beides in Übereinstimmung mit Abb. 4.23.

3) Bei ausreichendem und zugleich nicht zu großem Spielraum ist beim Führen dieser QRK mit einem fehlerarmen Fertigungslos zu rechnen.

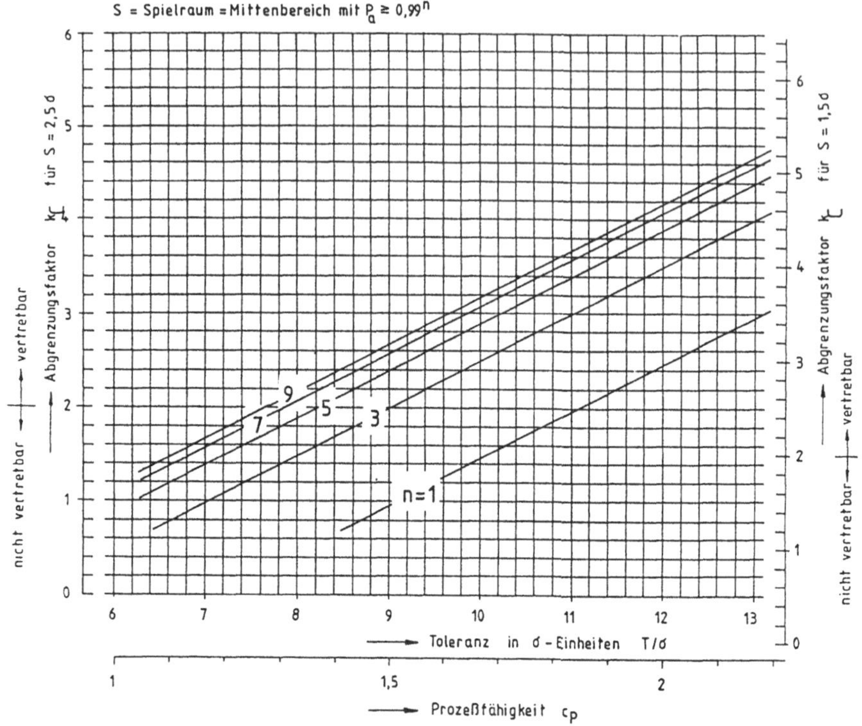

Abb. 4.46 Abgrenzungsfaktoren k_C für Median-QRK und für verschiedene n bei Spielräumen von S = 2,5σ und S = 1,5σ. Hinweis: Für S = 2 σ werden die k_C-Werte gemittelt.

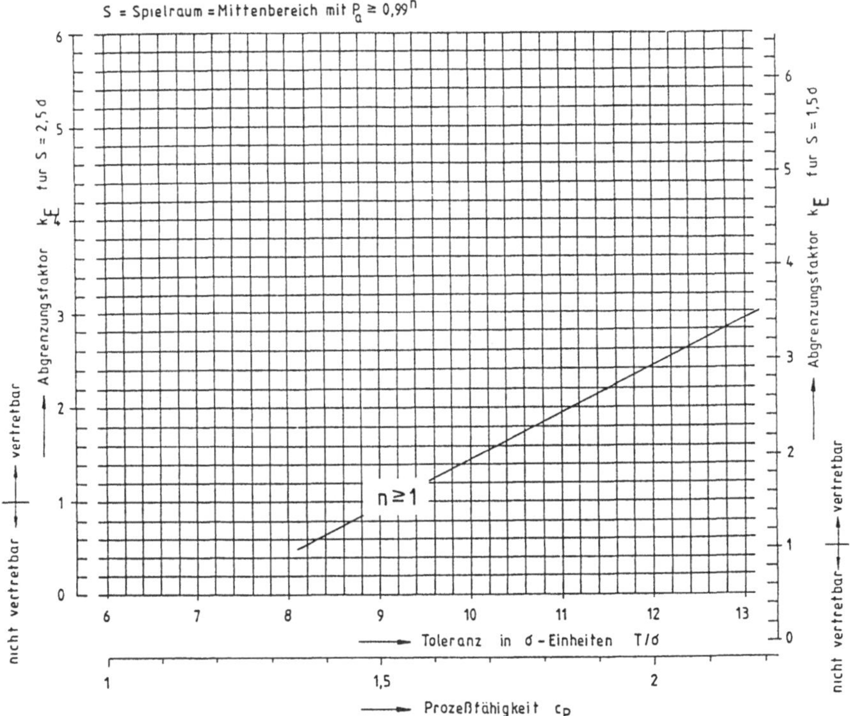

Abb. 4.47 Abgrenzungsfaktoren k_E für Urwert-QRK und für verschiedene n bei Spielräumen von S = 2,5σ und S = 1,5σ. Hinweis: Für S = 2 σ werden die k_E-Werte gemittelt.

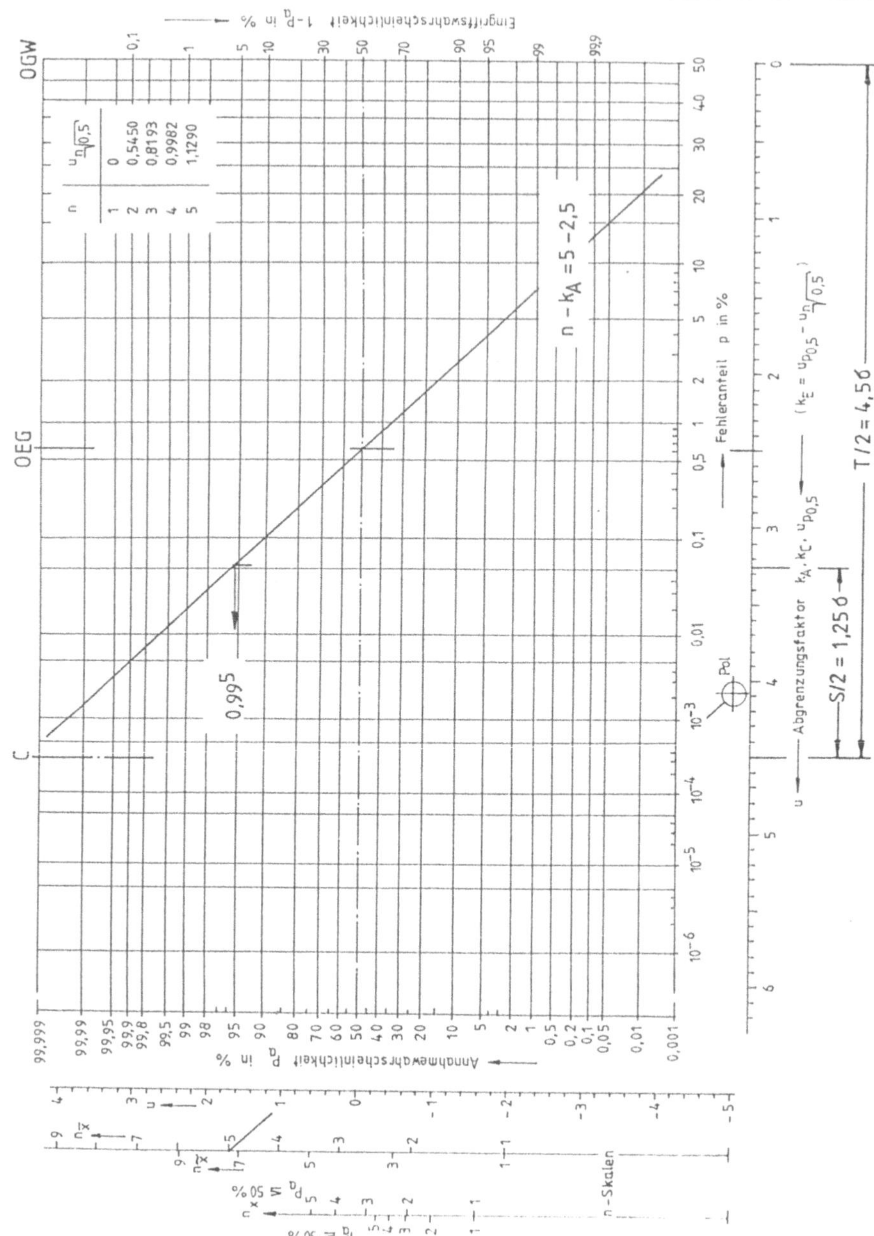
OGW
OEG
C
Eingriffswahrscheinlichkeit 1-P_a in %
Annahmewahrscheinlichkeit P_a in %
Fehleranteil p in %
n - k_A = 5 - 2,5
0,995
Pol
Abgrenzungsfaktor k_A, k_C, u_p0,5
T/2 = 4,5σ
S/2 = 1,25σ
n-Skalen

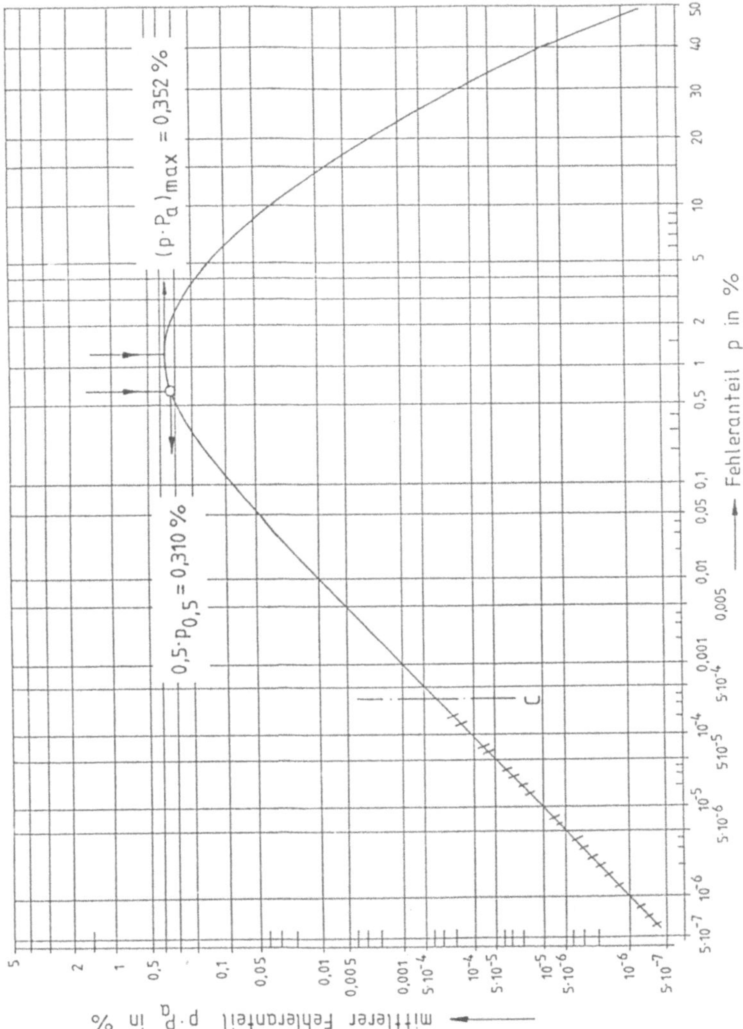

Abb. 4.48 OC der Mittelwert-QRK mit der Prüfanweisung $n - k_A = 5 - 2{,}5$ mit Verlauf des mittleren Fehleranteils $p * P_a$ nach der jeweils ersten Stichprobe; zu Beispiel 4.17

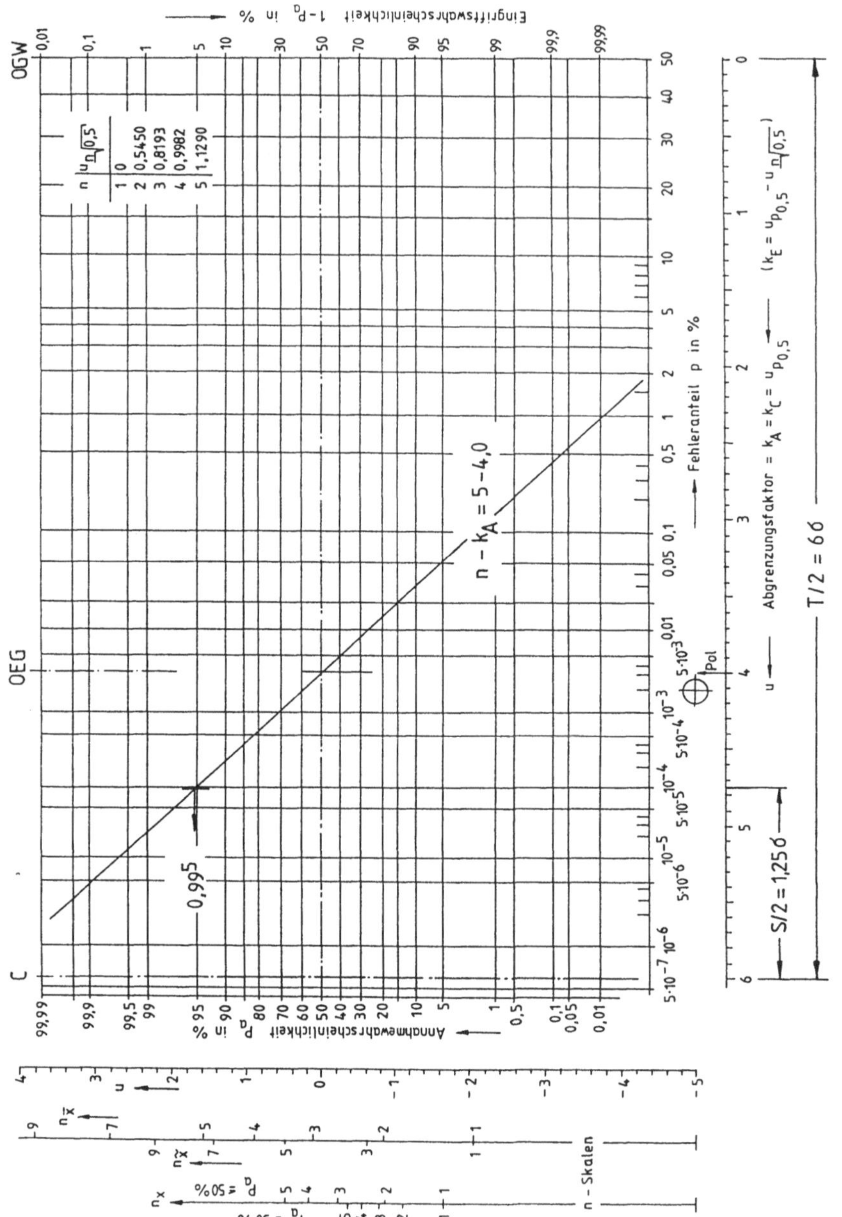
OGW
OEG
C
Eingriffswahrscheinlichkeit 1 - p_a in %
Annahmewahrscheinlichkeit p_a in %
Fehleranteil p in %
n | u_n√0,5
1 | 0
2 | 0,5450
3 | 0,8193
4 | 0,9982
5 | 1,1290
n - k_A = 5 - 4,0
0,995
Pol
u ← Abgrenzungsfaktor = k_A = k_C = u_p0,5 (k_E = u_p0,5 - u_n√0,5)
T/2 = 6σ
S/2 = 1,25σ
n - Skalen
p_a ≈ 50 %

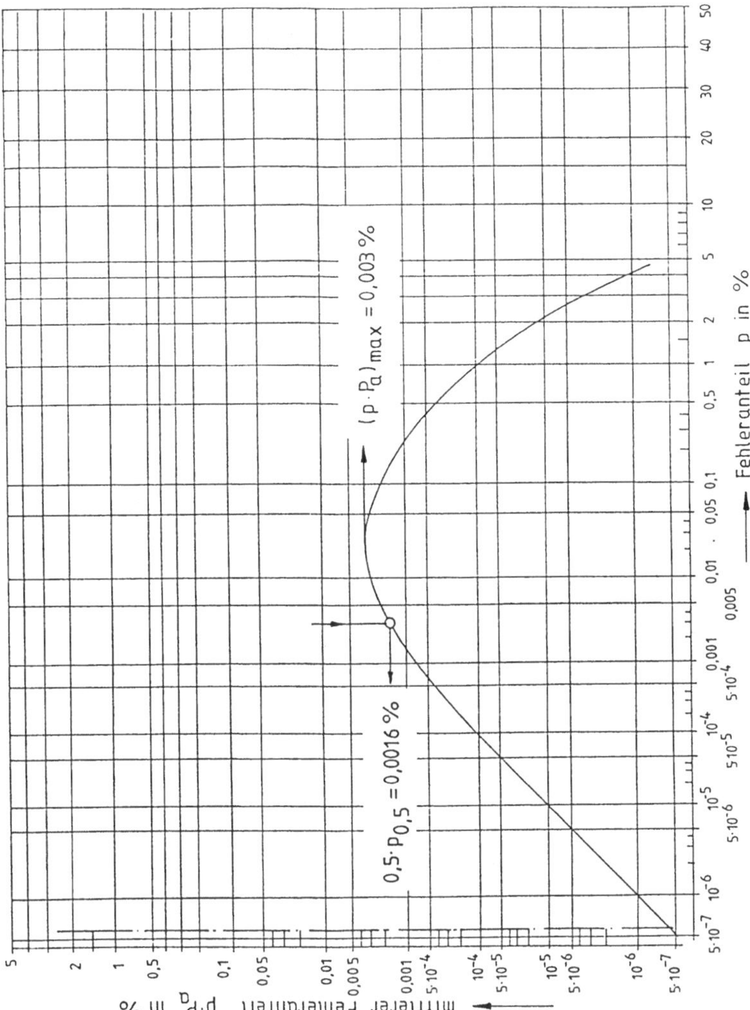

Abb. 4.49 OC für die Mittelwert-QRK mit der Prüfanweisung n – k_A = 5 – 4,0 mit Verlauf des mittleren Fehleranteils p * P_a nach der jeweils ersten Stichprobe; zu Beispiel 4.18

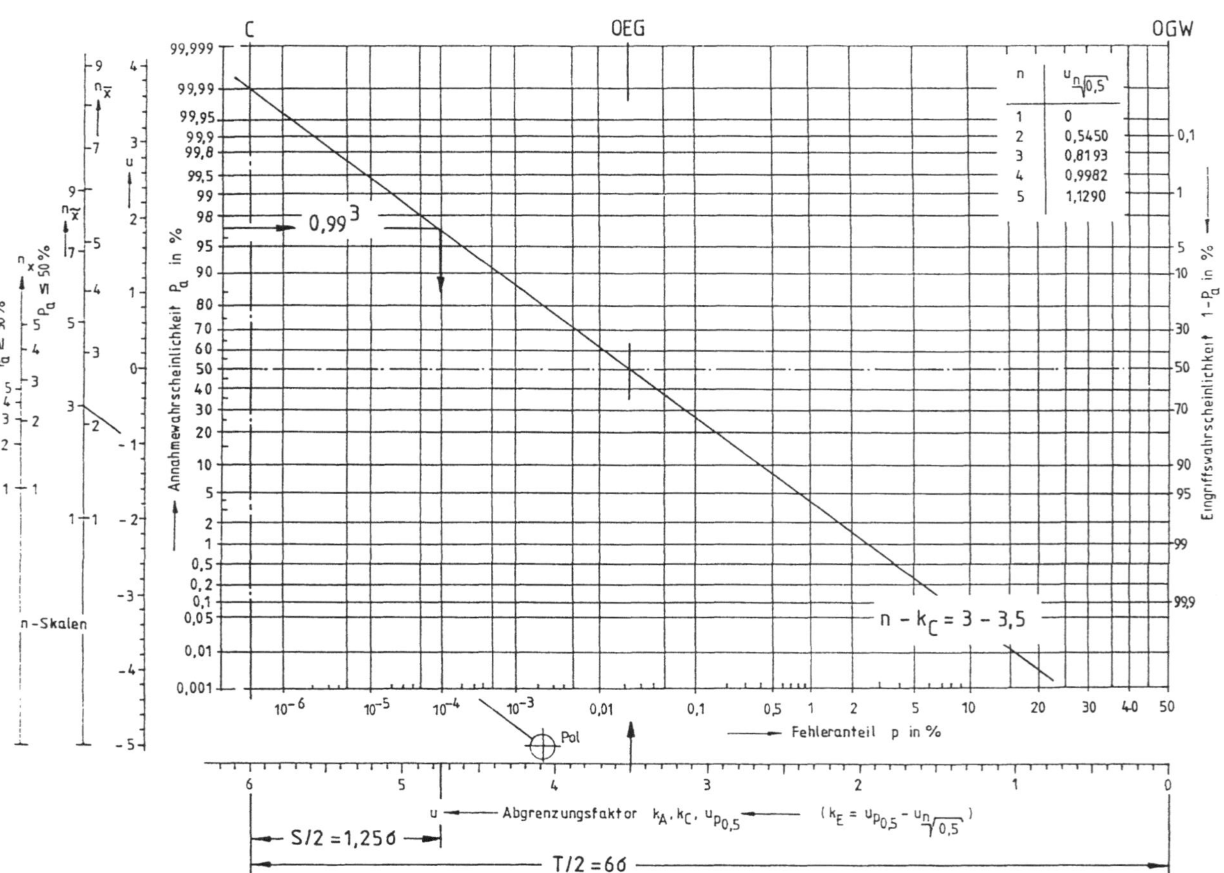
C
OEG
OGW
n
u_n√0,5
1 0
2 0,5450
3 0,8193
4 0,9982
5 1,1290
0,99^3
Annahmewahrscheinlichkeit P_a in %
Eingriffswahrscheinlichkeit 1 - P_a in %
n - k_C = 3 - 3,5
Fehleranteil p in %
Pol
u — Abgrenzungsfaktor k_A, k_C, u_p0,5 (k_E = u_p0,5 - u_n√0,5)
S/2 = 1,25σ
T/2 = 6σ
n-Skalen
P_a ≥ 50%
P_a ≤ 50%

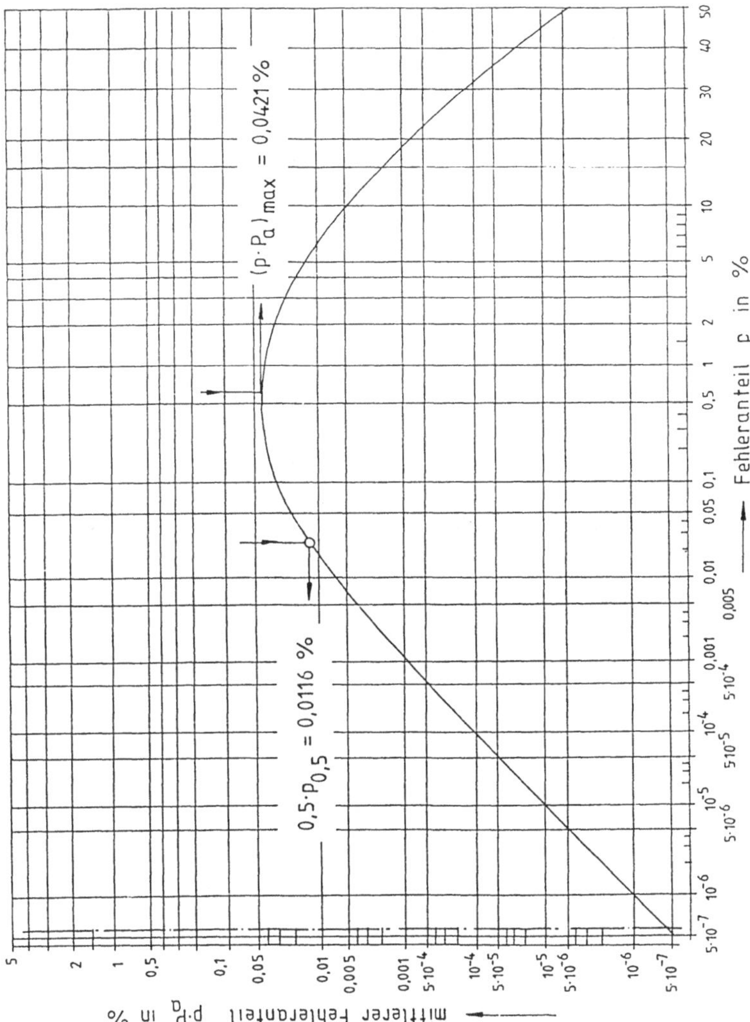

Abb. 4.50 OC für die Median-QRK mit der Prüfanweisung n – k_C = 3 – 3,5 mit Verlauf des mittleren Fehleranteils p * P_a nach der jeweils ersten Stichprobe; zu Beispiel 4.19

■ Beispiel 4.18

gegeben: Für ein Merkmal ist die Prozeßfähigkeit mit $c_P = 2{,}0$ ($T = 12\sigma$) ausgezeichnet; es soll eine Mittelwert-QRK mit n = 5 zum Einsatz kommen, bei der der Spielraum $S \approx 2{,}5\sigma$ ist.

gesucht:
1) Ermittlung von k_A und Darstellung der OC im DWN sowie Überprüfung des Spielraums im DWN
2) Verlauf des mittleren Fehleranteils nach der jeweils ersten Stichprobe
3) Beurteilung der QRK

Lösung:
1) Nach Abb. 4.45 ist für n = 5 und $c_P = 2{,}0$ der Abgrenzungsfaktor $k_A = 4{,}0$. Die Parallele zum Polstrahl auf $n_{\bar{x}} = 5$ durch die Koordinate mit $k_A = 4{,}0$ und $P_a = 50\%$ in Abb. 4.49 ist die OC für die Prüfanweisung $n - k_A = 5 - 4{,}0$.

   Diese OC schneidet die Annahmewahrscheinlichkeit von $P_a = 0{,}99^5 = 0{,}951$ im Abstand $S / 2 = 1{,}25\sigma$ vom Mittenwert C; der in der Aufgabe vorgegebene Spielraum ist vorhanden.
2) Im unteren Teil der Abb. 4.49 ist der Verlauf für den mittleren Fehleranteil nach der jeweils ersten Stichprobe dargestellt. Das Maximum liegt (rein rechnerisch theoretisch) bei 0,003 %. Die Erfüllung der Nullfehler-Forderung ist kaum noch zu überbieten.
3) Bei einer derart ausgezeichneten Prozeßfähigkeit von $c_P = 2{,}0$ ist der Stichprobenumfang mit n = 5 viel zu groß; für die Mittelwert-QRK wäre n = 3 völlig ausreichend. Auch eine Median-QRK mit n = 3 müßte ihren Zweck erfüllten; dazu das nächstfolgende Beispiel.

■ Beispiel 4.19

gegeben: Gegebenheiten des Beispiels 4.18; es soll eine Median-QRK mit n = 3 geführt werden.

gesucht:
1) k_C sowie OC im DWN und Überprüfung des geforderten Spielraums
2) Verlauf des mittleren Fehleranteils
3) Beurteilung der QRK

Lösung:
1) Nach Abb. 4.46 ist $k_C = 3{,}5$; die OC ist dargestellt in Abb. 4.50 mit $S / 2 = 1{,}25$ bei $P_a = 0{,}99^3 = 0{,}970$

2) Der Verlauf des mittleren Fehleranteils nach der jeweils ersten Stichprobe ist im unteren Teil der Abb. 4.50 dargestellt mit dem Maximum bei 0,0421 %
3) Die gefundene Median-QRK erfüllt ihren Zweck in ausgezeichneter Weise.

Die in dem bisherigen Kapitel 4 beschriebenen Möglichkeiten der Ermittlung der Eingriffsgrenzen von Annahme-QRK sind in Abb. 4.51 zusammenfassend aufgelistet und erläutert.

Vorgabe von	Ermittlung von	Erläuterung
n und einem Punkt der OC beispielsweise $p_{0,9}$ oder $p_{0,5}$ oder $p_{0,1}$	k rechnerisch k_A der $\bar{x}$-QRK: Abb. 4.1 k_C der $\tilde{x}$-QRK: Abb. 4.2 k_E der x-QRK: Abb. 4.3 k grafisch über die OC im doppelten Wahrscheinlichkeitsnetz (DWN)	Platzbedarf $(T-S)/\sigma$ nach Abb. 4.14 Abb. 4.15 Abb. 4.16 Spielraum S aus T/σ und Platzbedarf $S/\sigma = T/\sigma - (T - S)/\sigma$
$k_A \geq 2$ oder $k_C \geq 2$ oder $k_E \geq 1$	OC mit Hilfe des DWN	max. mittlerer Fehleranteil $(p{*}P_a)_{max}$ für $\bar{x}$-QRK: Abb. 4.23 $\tilde{x}$-QRK: Abb. 4.24 x-QRK: Abb. 4.25
Faustregeln $\bar{x}$-QRK: $\lvert GW - EG \rvert = 0{,}25T$ $\tilde{x}$-QRK: $\lvert GW - EG \rvert = 0{,}25T$ x-QRK: $\lvert GW - EG \rvert = 0{,}15T$	k und S/σ für $\bar{x}$-QRK: Abb. 4.39 $\tilde{x}$-QRK: Abb. 4.40 x-QRK: Abb. 4.41	
n und c_P sowie $S = 1{,}5\sigma$ oder $S = 2{,}5\sigma$	k grafisch für $\bar{x}$-QRK: Abb. 4.45 $\tilde{x}$-QRK: Abb. 4.46 x-QRK: Abb. 4.47	

Abb. 4.51 Zusammenstellung der Möglichkeiten zur Ermittlung der Eingriffsgrenzen von Annahme-QRK für die periodische Prüfung

4.10 Weitere Beispiele für Annahme-QRK

Vorbemerkungen: Die Vorläufe in den nachfolgenden Beispielen werden mit m = 20 Stichproben des Umfang n = 5 oder n_{ges} = 100 Einzelwerten durchgeführt. In der Praxis sollten zur Abschätzung der momentanen Standardabweichung mindestens n_{ges} = 200 Einzelwerte, besser $n_{ges} \geq 400$ Einzelwerte herangezogen werden.

Beispiel 4.20

gegeben: Nach Zeichnung ist das Längenmaß L = 9,5 ± 0,4 mm; die große Toleranz von T = 0,8 mm wurde gewählt, um das Beispiel einfach und übersichtlich zu gestalten. Es soll eine Mittelwert-QRK mit n = 5 geführt werden.

gesucht:
1) Schätzwert für die momentane Streuung und Prozeßfähigkeitsindex
2) Abgrenzungsfaktor k_A, damit ein Spielraum von S = 2,5σ bleibt.
3) Maximaler, mittlerer Fehleranteil $(p^*P_a)_{max}$
4) Anlegen der QRK; Führen der QRK mit den Werten des Vorlaufs.
5) Beurteilung des Ergebnisses.

Lösung:
1) Die Abb. 4.52 enthält einen Vorlauf. Es wurden in gleichgroßen Abständen Fünferstichproben entnommen und nach deren Kennwerten Mittelwert, Median, Standardabweichung und Varianz ausgewertet. Die Schätzung der momentanen Standardabweichung aus der mittleren Varianz ergibt σ = 0,0956 mm; damit ist c_P = 1,395
2) Für S = 2,5σ und n = 5 ergibt sich nach Abb. 4.45 der Abgrenzungsfaktor k_A = 2,2. Es ergeben sich folgende Eingriffsgrenzen:

   OEG = OGW – 2,2 * 0,0956 = 9,690 mm

   UEG = UGW + 2,2 * 0,0956 = 9,310 mm
3) Nach Abb. 4.23 ist für den ermittelten k_A-Wert $(p^*P_a)_{max}$ = 0,8 %.
4) Die QRK ist in Abb. 4.53 angelegt und geführt mit den Mittelwerten des Vorlaufs.
4) Wäre die QRK schon während des Vorlaufs geführt worden, wäre schon nach der 17. Stichprobe ein Eingriff erfolgt mit Korrektur und ggf. mit Werkzeugwechsel. In Abb. 4.52 ist zusätzlich angegeben der (grob abgeschätzte) Index für die Prozeßpräzision. Er ist mit c_{PPk} = 0,787 zu klein, weil die Mittelwerte der letzten vier Stichproben oberhalb der OEG liegen und daher die Gesamtstreuung stark vergrößern.

Stichpr.-Nr.	1	2	3	4	5	6	7	8	9	10
x	9,32	9,40	9,41	9,55	9,55	9,40	9,54	9,34	9,41	9,46
	9,70	9,60	9,44	9,52	9,57	9,38	9,40	9,36	9,63	9,60
	9,40	9,53	9,43	9,76	9,44	9,46	9,55	9,55	9,48	9,37
	9,39	9,46	9,51	9,40	9,22	9,47	9,42	9,44	9,53	9,62
	9,51	9,52	9,47	9,45	9,45	9,45	9,54	9,39	9,64	9,63
$\bar{x}$	9,464	9,502	9,452	9,536	9,446	9,432	9,490	9,416	9,538	9,536
$\tilde{x}$	9,40	9,52	9,44	9,52	9,45	9,45	9,54	9,39	9,53	9,60
s	0,1484	0,0756	0,0390	0,1383	0,1390	0.0396	0,0735	0,0838	0,0983	0,1155
s^2	0,022030	0,005720	0,001520	0,019130	0,019330	0,001570	0,005400	0,007030	0,009670	0,013330

Stichpr.-Nr.	11	12	13	14	15	16	17	18	19	20
x	9,59	9,48	9,65	9,72	9,58	9,50	9,74	9,77	9,73	9,64
	9,50	9,46	9,49	9,50	9,66	9,72	9,54	9,78	9,80	9,72
	9,56	9,44	9,49	9,75	9,53	9,62	9,69	9,63	9,72	9,94
	9,57	9,42	9,59	9,67	9,79	9,59	9,73	9,90	9,60	9,82
	9,69	9,40	9,58	9,63	9,60	9,67	9,85	9,73	9,77	9,83
$\bar{x}$	9,582	9,440	9,560	9,654	9,632	9,620	9,710	9,762	9,724	9,790
$\tilde{x}$	9,57	9,44	9,58	9,67	9,60	9,62	9,73	9,77	9,73	9,82
s	0,0691	0,0316	0,0693	0,0976	0,0999	0,0834	0,1120	0,0973	0,0764	0,1145
s^2	0,004770	0,001000	0,004800	0,009530	0,009970	0,006950	0,012550	0,009470	0,005830	0,013100

$\overline{s^2} = \Sigma s^2 / m = 0{,}1872 / 20$

$\overline{s^2} = 0{,}009135$

$\hat{\sigma} = \sqrt{\overline{s^2}}$

$\hat{\sigma} = 0{,}0956$

$T/\sigma = 0{,}8/0{,}0956 = 8{,}370 \quad c_P = T/6\sigma = 1{,}395$

Auswertung insgesamt: $\bar{\bar{x}} = 9{,}5643$

$s_{\bar{x}} = 0{,}116106$

$\sqrt{5}\, s_{\bar{x}} = 0{,}259620$

x	x_j		n_j
9,20........9,24	9,22	/	1
9,25........9,29	9,27		
9,30........9,34	9,32	//	2
9,35........9,39	9,37	###	5
9,40........9,44	9,42	### ### ###	15
9,45........9,49	9,47	### ### ///	13
9,50........9,54	9,52	### ### ///	13
9,55........9,59	9,57	### ### //	12
9,60........9,64	9,62	### ### //	12
9,65........9,69	9,67	### /	6
9,70........9,74	9,72	### ////	9
9,75........9,79	9,77	### /	6
9,80........9,84	9,82	///	3
9,85........9,89	9,87	/	1
9,90........9,94	9,92	//	2

$n_{ges} = 100$

$\bar{x}_{ges} = 9{,}5645$

$s_{ges} = 0{,}142115$

$c_{PPk} = (OGW - \bar{x})/3 * s_{ges}$

$= (9{,}9 - 9{,}5645)/3 * 0{,}1421$

$= 0{,}787$

Abb. 4.52 m * n = 20 * 5 = n_{ges} = 100 Urwerte aus dem Prozeß für das Merkmal L = 9,5 ± 0,4 mm mit Auswertung; zu Beispiel 4.20

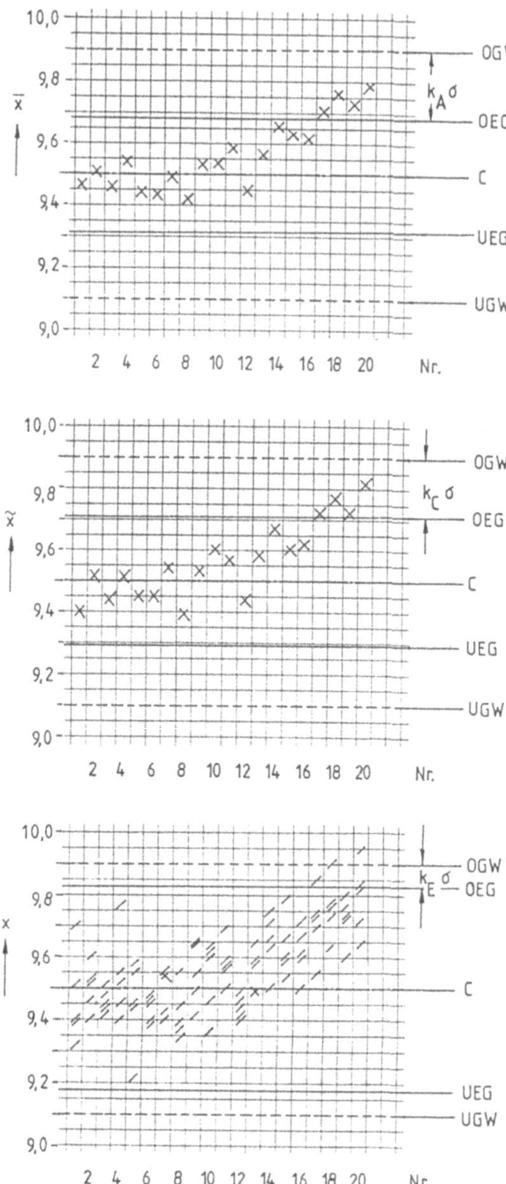

Abb. 4.53 Annahme-QRK für Mittelwerte, für Mediane und für Urwerte für das Merkmal L = 9,5 ± 0,4 mm und die momentane Standardabweichung σ nach Analyse in Abb. 4.52; zu den Beispielen 4.20, 4.21 und 4.22

■ Beispiel 4.21

gegeben: Gegebenheiten des Beispiels 4.20; es soll eine Median-QRK mit n = 5 geführt werden.

gesucht:
1) Abgrenzungsfaktor k_C, damit ein Spielraum von S = 2,5σ bleibt.
2) Maximaler mittlerer Fehleranteil $(p * P_a)_{max}$
3) Anlegen der QRK; Führen der QRK mit den Medianen des Vorlaufs
4) Beurteilung

Lösung:
1) Für S = 2,5σ und n = 5 ist nach Abb. 4.46 der Abgrenzungsfaktor k_C = 2,05; somit ergeben sich folgende Eingriffsgrenzen:
   OEG = OGW – 2,05 * 0,0956 = 9,704 mm
   UEG = UGW + 2,05 * 0,0956 = 9,296 mm
2) Nach Abb. 4.24 ist $(p*P_a)_{max}$ = 1,2%.
3) Die QRK ist in Abb. 5.53 angelegt und geführt mit den Werten des Vorlaufs.
4) Wäre die QRK schon während des Vorlaufs geführt worden, dann wäre schon nach der 17. Stichprobe eingegriffen worden.

■ Beispiel 4.22

gegeben: Gegebenheiten des Beispiels 4.20; es soll eine Urwert-QRK mit n = 5 geführt werden.

gesucht:
1) Abgrenzungsfaktor k_E, damit ein Spielraum von S = 2,5σ bleibt.
2) Maximaler mittlerer Fehleranteil $(p*P_a)_{max}$, mit dem schlimmstenfalls kurzzeitig zu rechnen ist.
3) Anlagen der QRK; Führen der QRK mit den Urwerten des Vorlaufs.
4) Beurteilung

Lösung:
1) Für S = 2,5σ und n = 5 sowie c_P = 1,395 ergibt sich nach Abb. 4.47 der Abgrenzungsfaktor k_E = 0,60; somit sind die Eingriffsgrenzen:
   OEG = OGW – 0,60 * 0,0956 = 9,843 mm
   UEG = UGW + 0,60 * 0,0956 = 9,157 mm
2) Nach Abb. 4.25 ist $(p * P_a)_{max}$ = 2,2 %.
3) In Abb. 5.53 ist die QRK angelegt und geführt mit allen Urwerten des Vorlaufs.
4) Wäre die QRK schon während des Vorlaufs geführt worden, wäre nach der 17. Stichprobe ein Eingriff erfolgt.

■ **Beispiel 4.23**

gegeben: Für den Lagerzapfen einer Welle ist nach Zeichnung der Durchmesser mit d = 80 f 7 vermaßt. Dies bedeutet:

Nennmaß	N = 80 mm
oberes Abmaß	$A_o = -30\ \mu m$
unteres Abmaß	$A_u = -60\ \mu m$
Höchstmaß	OGW = 79,970 mm
Mindestmaß	UGW = 79,940 mm
Mittenmaß	C = 79,955 mm

In einem Vorlauf mit Feinstbearbeitung auf Fertigmaß wurden alle Einheiten in den m = 20 Fünferstichproben in einem Prisma mit einem Feintaster gemessen, der zuvor mit einem Meisterstück mit dem Durchmesser d = C = 79,955 mm auf null eingestellt worden war. Für die gefertigten Lagerzapfen wurden die Abweichungen vom Mittenmaß in der Einheit µm notiert. Es ergab sich die in Abb. 4.54 aufgelistete und ausgewertete Meßreihe.

gesucht:

1) Annahme-QRK für Mittelwerte aus n = 5 derart berechnet, daß $(p * P_a)_{max} \leq 0{,}5\ \%$.
2) Berechnen, Anlegen und Führen der QRK mit den Werten des Vorlaufs.
3) Beurteilung

Lösung:

1) Nach Abb. 4.23 ist für $(p * P_a)_{max} \leq 0{,}5\%$ ein Abgrenzungsfaktor von $k_A = 2{,}4$ erforderlich. Damit und mit dem Schätzwert für die momentane Standardabweichung σ nach Abb. 4.54 sind die Eingriffsgrenzen:

$$OEG = OGW - 2{,}4 * 3{,}727 = 6{,}055\ \mu m\ (79{,}961\ mm)$$
$$UEG = UGW + 2{,}4 * 3{,}727 = -6{,}055\ \mu m\ (79{,}949\ mm)$$

2) Die Mittelwert-QRK ist angelegt in Abb. 4.55 und geführt mit den Werten des Vorlaufs.
3) Der Prozeß ist wegen der Feinstbearbeitung auf Fertigmaß äußerst stabil; daher wird der verbleibende Spielraum von $S = 1{,}8\sigma$ nach Abb. 4.14 (für n = 5 und $k_A = 2{,}4$) als ausreichend beurteilt. Die Gesamtstreuung ist in diesem Beispiel mit $s_{ges} = 3{,}5771$ (zufällig) etwas kleiner als der Schätzwert für die momentane (innere) Streuung mit $\sigma = 3{,}7270$. Daher ist die Prozeßpräzision etwa so groß wie die Prozeßfähigkeit.

Stichpr.-Nr.	1	2	3	4	5	6	7	8	9	10
x	4	0	-4	3	-1	1	-3	3	4	-7
	1	-1	0	-6	6	7	9	-3	2	5
	0	4	-2	2	-4	5	-3	1	3	-2
	-1	3	2	-3	5	-2	7	1	-5	3
	5	1	-5	3	-4	8	-2	0	2	-2
$\bar{x}$	1,8	1,4	-1,8	-0,2	0,4	3,8	1,6	0,4	1,2	-0,6
s^2	6,7	4,3	8,2	16,7	23,3	17,7	34,8	4,8	12,7	22,3
Stichpr.-Nr	**11**	**12**	**13**	**14**	**15**	**16**	**17**	**18**	**19**	**20**
x	2	2	-3	-1	3	8	1	5	2	-2
	-2	-3	2	1	7	-2	-4	0	3	2
	3	2	3	6	-3	-1	0	-7	1	4
	4	4	-2	-4	1	2	6	0	-1	6
	-1	1	-1	4	-6	0	3	-5	4	1
$\bar{x}$	1,2	1,2	-0,2	1,2	0,4	1,4	1,2	-1,4	1,8	2,2
s^2	6,7	6,7	6,7	15,7	25,8	15,8	13,7	22,3	3,7	9,2

x	n_j
9	/
8	//
7	///
6	////
5	𝍸
4	𝍸 ///
3	𝍸 𝍸 /
2	𝍸 𝍸 /
1	𝍸 𝍸 /
0	𝍸 ///
-1	𝍸 ///
-2	𝍸 ////
-3	𝍸 //
-4	𝍸
-5	///
-6	//
-7	//

$\bar{x}_{ges} = 0{,}85$

$s_{ges} = 3{,}577073$

$\overline{s^2} = \Sigma s^2 / m = 13.89$

Auswertung insgesamt: $\bar{\bar{x}} = 0{,}85\ \mu m$

$\sigma = \sqrt{\overline{s^2}}$

$s_{\bar{x}} = 1{,}279597$

$\sigma = 3{,}726929 \approx 3{,}727\ \mu m$

$\sqrt{5}\, s_{\bar{x}} = 2{,}861266$

$T/\sigma = 30/3{,}727 = 8{,}05$

$c_P = T/6\sigma = 1{,}34$

Abb. 4.54 m * n = 100 Urwerte aus dem Prozeß für die Durchmesser von Lagerzapfen; Abweichungen in µm vom Mittenmaß C = 79,955 mm mit Auswertung; zu Beispiel 4.23

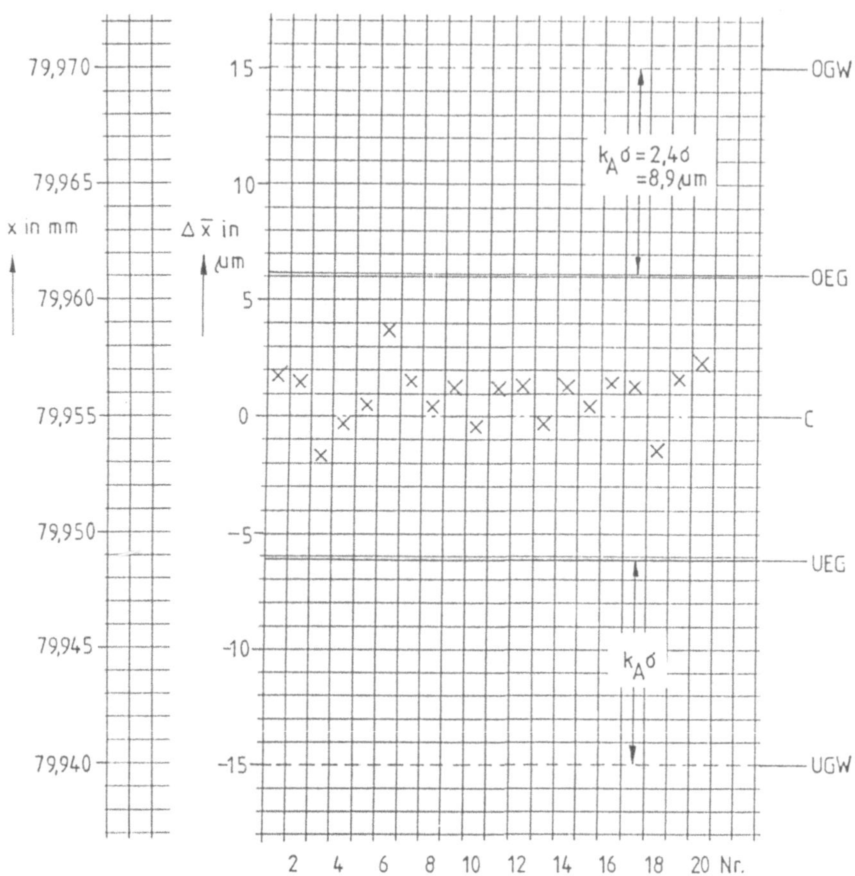

Abb. 4.55 Annahme-QRK für Mittelwerte für das Merkmal Lagerzapfen und für die momentane Standardabweichung σ nach Abb. 4.54; zu Beispiel 4.23

Beispiel 4.24

gegeben: Die Bohrung in einem Gußgehäuse hat das Maß d = 50 H 11. Dies bedeutet:

Nennmaß	N = 50 mm
oberes Abmaß	A_o = 160 μm
unteres Abmaß	A_u = 0
Höchstmaß	OGW = 50,160 mm
Mindestmaß	UGW = 50,000 mm
Mittenmaß	C = 50,080 mm

In einem Vorlauf wurden m = 20 Fünferstichproben entnommen und gemessen; notiert wurden die 0,01 mm über dem UGW = N. Es entstand die in Abb. 4.56 angegebene und ausgewertete Meßreihe.

gesucht:
1) Mittelwert-QRK für n = 5 bei einem Spielraum von S = 1,5σ.
2) Maximaler mittlerer Fehleranteil $(p * P_a)_{max}$
3) Anlegen der QRK und Führen mit den Mittelwerten des Vorlaufs
4) Beurteilung

Lösung:
1) Nach Abb. 4.56 ist die Prozeßfähigkeit mit $c_P = 1{,}035$ sehr schlecht. Alle Versuche dies zu ändern waren bisher erfolglos; die schlechte Prozeßfähigkeit muß bis auf weiteres akzeptiert werden. Nach Abb. 4.45 ergibt sich bei einem Spielraum von S = 1,5σ ein Abgrenzungsfaktor von $k_A = 1{,}5$. Damit sind die Eingriffsgrenzen

   OEG = OGW – 1,5 * 0,02576 = 50,1214 mm

   UEG = UGW + 1,5 * 0,02576 = 50,0386 mm

2) Nach Abb. 4.23 ist $(p{*}P_a)_{max} \approx 3{,}5\%$.
3) Die QRK ist angelegt und geführt mit den Werten des Vorlaufs in Abb. 5.57.
4) Trotz der schlechten Prozeßfähigkeit sieht das „Bild“ der QRK recht gut aus. Die Eingriffsgrenzen liegen fast so eng wie bei einer in das Toleranzfeld implantierten Shewhart-QRK (bei dieser wären OEG = 50,110 und UEG = 5,050). Der relativ hohe maximale mittlere Fehleranteil von ungefähr 3,5 % ist unerfreulich aber nicht zu ändern. Zu bedenken ist, daß dieser max. mittlere Fehleranteil nur kurzfristig auftreten kann und auch nur dann, wenn die Eingriffswahrscheinlichkeit $1 - P_a \approx 50\%$ ist. In allen anderen Fällen ist er geringer. Bezogen auf das gesamte Fertigungslos ist er wesentlich geringer. Die grob abgeschätzten Indices für die Prozeßpräzision, angegeben in Abb. 4.56, sind gerade noch akzeptabel.

Stichpr.-Nr.	1	2	3	4	5	6	7	8	9	10
x	11	4	9	6	9	10	9	8	7	6
	7	8	7	4	6	10	6	10	11	6
	6	7	8	14	8	11	6	10	8	8
	6	5	2	7	10	6	1	8	12	9
	10	9	9	12	8	13	13	7	4	9
$\bar{x}$	8,0	6,6	7,0	8,6	8,2	10,0	7,0	8,6	8,4	7,6
s^2	5,5	4,3	8,5	17,8	2,2	6,5	19,5	1,8	10,3	2,3
Stichpr.-Nr.	**11**	**12**	**13**	**14**	**15**	**16**	**17**	**18**	**19**	**20**
x	8	4	11	8	7	3	8	9	9	5
	5	10	11	5	8	9	6	7	5	7
	7	7	6	11	11	9	7	9	6	6
	7	9	10	7	9	7	4	8	10	7
	10	8	6	8	9	12	8	3	3	10
$\bar{x}$	7,4	7,6	8,8	7,8	8,8	8,0	6,6	7,2	6,6	7,0
s^2	3,3	5,3	6,7	4,7	2,2	11,0	2,8	6,2	8,3	3,5

$\overline{s^2} = \Sigma s^2 / m = 6{,}653$

$\hat{\sigma} = \sqrt{\overline{s^2}}$

$\hat{\sigma} = 2{,}575849 \approx 2{,}576 = 0{,}02576$ mm

$T/\hat{\sigma} = 6{,}212$

$c_P = T/6\hat{\sigma} = 1{,}035$

Auswertung insgesamt: $\bar{\bar{x}} = 7{,}79$

$s_{\bar{x}} = 0{,}904899$

$\sqrt{5}\, s_{\bar{x}} = 2{,}023416$

Strichliste:

x_j		n_j
1	/	1
2	/	1
3	///	3
4	###	5
5	###	5
6	### ### ////	14
7	### ### ### /	16
8	### ### ### /	16
9	### ### ###	15
10	### ### /	11
11	### //	7
12	///	3
13	//	2
14	/	1

$n_{ges} = 100$

$\bar{x}_{ges} = 7{,}79$

$s_{ges} = 2{,}479390$

$= 0{,}0248$ mm

$c_{PP} = T/6 \cdot s_{ges} = 0{,}16/6 \cdot 0{,}0248 = 1{,}075$

$c_{PPk} = (\bar{x} - UGW)/3 \cdot s_{ges} = 0{,}0779/3 \cdot 0{,}0248 = 1{,}047$

Abb. 4.56 m * n = 100 Urwerte aus dem Prozeß für das Merkmal d = 50,08 ± 0,08 mm (d = 50 H 11) mit Auswertung; die Urwerte sind die Abweichungen in 0,01 mm vom Nennmaß; zu Beispiel 4.24

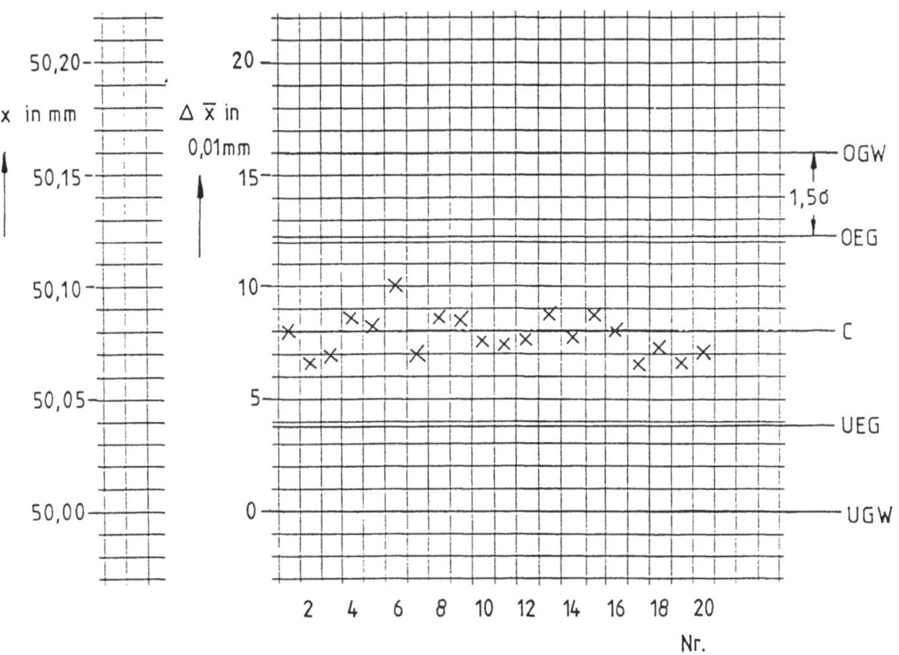

Abb. 4.57 Annahme-QRK für Mittelwerte für das Merkmal d = 50,08 ± 0,08 mm; eingetragen sind die Werte des Vorlaufs; zu Beispiel 4.24

5 Qualitätsregelkarten nach Shewhart

5.1 Allgemeines

Die „klassischen" QRK für quantitative Merkmale nach Shewhart basieren vornehmlich auf dem Istzustand der Fertigung.

Für diesen Istzustand werden die Parameter für die

Lage μ und für

die Streuung σ

sorgfältig abgeschätzt. Aufgrund dieser Schätzwerte werden Zufallsstreubereiche für künftige Stichprobenergebnisse für die Lage oder für die Streuung berechnet und als Warngrenzen sowie als Eingriffsgrenzen in die QRK eingetragen.

Dabei ist es üblich die Warngrenzen als $1 - \alpha = 0{,}95$-Grenzen und die Eingriffsgrenzen als $1 - \alpha = 0{,}99$-Grenzen anzugeben.

Für die Streuung gibt es nahezu ausnahmslos keine Vorgaben, außer der, daß die Streuung möglichst klein sein soll. Diese Forderung ist ein meistens ungeschriebener Auftrag, der in keiner Fertigungsanweisung explizit formuliert ist. In gleicher Weise ist das Zugeständnis, sich mit einer gegebenen Prozeßstreuung abfinden zu müssen, in der Regel in keiner Fertigungsanweisung formuliert. Allenfalls ist gelegentlich oder indirekt vorgegeben, alle Möglichkeiten auszuschöpfen, um zu erreichen, daß die Streuung möglichst klein ist.

Da die Streuung „null" der Idealfall ist und die Streuung „größer null" der ausschließlich vorkommende Realfall, bleibt in jedem Fall die Notwendigkeit, sich mit der letztendlich noch vorhandenen Streuung abfinden zu müssen, allerdings unter einer Bedingung: die Streuung darf nur im Rahmen des Zufalls streuen.

Werden

- überzufällige Vergrößerungen der Streuung aufgedeckt, dann sind die Ursachen dafür zu suchen, zu finden und abzustellen

  oder werden

- überzufällige Verkleinerungen der Streuung aufgedeckt, dann sind die Ursachen dafür zu suchen, zu finden und – sofern auf Dauer möglich – beizubehalten.

Von daher sind die Streuungs-QRK die einzigen QRK für kontinuierliche Merkmale, die in der

> „klassischen" Weise: Istzustand ermitteln und genau diesen künftig – im Rahmen des Zufalls – zu fixieren

auch heute noch eingesetzt werden.

Anders ist das mit der Fertigungslage, für die in aller Regel ein Sollwert als Zielgröße vorgegeben ist. Dann ist es notwendig und sinnvoll für die Lage-QRK nach Shewhart die Zufallstreugrenzen (Warn- und Eingriffsgrenzen) auf diesen Sollwert M zu beziehen und nicht auf den mehr oder weniger vom Sollwert abweichenden Mittelwert des Vorlaufs. Schließlich machen die Lage-QRK nur einen Sinn, wenn sie bei Prozessen eingesetzt werden, die hinsichtlich ihrer Lage jederzeit korrigiert werden können.

Nur in Ausnahmefällen sind keine Sollwerte vorgegeben, so daß die Streugrenzen auf den durch den Vorlauf abgeschätzten Parameter μ zu beziehen sind.

Die Lage-QRK nach Shewhart werden heute hauptsächlich dann eingesetzt, wenn nur ein Sollwert M vorgegeben ist und keine Grenzwerte. Dann lautet die Fertigungsanweisung, daß die Istwerte so wenig wie möglich von den Sollwerten abweichen sollen. Typische Beispiele dafür gibt es in der Verfahrenstechnik, beispielsweise bei den Füllmengen für Getränke, Lebensmittel und Medikamente.

In anderen Branchen wie beispielsweise im Maschinenbau sind in der Regel Sollwerte mit Grenzwerten vorgegeben oder es sind Nennwerte mit Abmaßen festgelegt, aus denen sich die Grenzwerte ergeben. Der Sollwert ist dann indirekt das arithmetische Mittel der Grenzwerte, der Mittenwert C. Für diesen Fall gibt es die in Kap. 4 ausführlich behandelten Annahme-QRK.

Gelegentlich wird vorgeschlagen, die Lage-QRK nach Shewhart auch dann einzusetzen, wenn Grenzwerte vorgegeben sind. Darauf wird in Kap. 5.4 näher eingegangen.

5.2 Berechnung der Eingriffs- und der Warngrenzen

Wenn durch einen Vorlauf oder durch eine über einen längeren Zeitraum durchgeführte Fertigungsanalyse die momentane Standardabweichung als

$\sigma = \sqrt{s^2}$ oder nach einer anderen Schätzmöglichkeit nach Abb. 2.25

genügend genau abgeschätzt wurde, dann können die Warn- und die Eingriffsgrenzen – und ggf. auch die Mittellinien – der Shewhart-QRK berechnet werden nach den in Abb. 5.1 und 5.2 angegebenen Formeln. In den Abb. 5.3 bis 5.7 werden diese Formeln – soweit sie die Eingriffsgrenzen betreffen – bildlich erläutert.

QRK für die Standardabweichung

$OEG = \sqrt{(X^2_{f;0,995} / f)} * \sigma = B_{OEG} * \sigma$

$OWG = \sqrt{(X^2_{f;0,975} / f)} * \sigma = B_{OWG} * \sigma$ — **f = n - 1 = Zahl der Freiheitsgrade**

$M = a_n * \sigma$ — **a_n nach Tabelle 7**

$UWG = \sqrt{(X^2_{f;0,025} / f)} * \sigma = B_{UWG} * \sigma$ — **B - Faktoren in Tabelle 4**

$UEG = \sqrt{(X^2_{f;0,005} / f)} * \sigma = B_{UEG} * \sigma$

QRK für die Spannweite

$OEG = w_{0,995} * \sigma = D_{OEG} * \sigma$

$OWG = w_{0,975} * \sigma = D_{OWG} * \sigma$

$M = d_n * \sigma$ — **d_n nach Tabelle 7**

$UWG = w_{0,025} * \sigma = D_{UWG} * \sigma$ — **D - Faktoren in Tabelle 4**

$UEG = w_{0,005} * \sigma = D_{UEG} * \sigma$

Abb. 5.1 Formeln für die Mittellinien sowie für die Eingriffs- und die Warngrenzen der Streuungs-QRK

QRK für Mittelwerte

$$OEG = M + u_{0,995} * \sigma / \sqrt{n} = M + A_E * \sigma$$

$$OWG = M + u_{0,975} * \sigma / \sqrt{n} = M + A_W * \sigma$$

$$M = \text{Sollwert oder } \mu$$

$$UWG = M + u_{0,025} * \sigma / \sqrt{n} = M - A_W * \sigma$$

$$UEG = M + u_{0,005} * \sigma / \sqrt{n} = M - A_E * \sigma$$

A - Faktoren in Tabelle 5

QRK für Mediane

$$OEG = M + u_{0,995} * c_n * \sigma / \sqrt{n} = M + C_E * \sigma$$

$$OWG = M + u_{0,975} * c_n * \sigma / \sqrt{n} = M + C_W * \sigma$$

$$M = \text{Sollwert oder } \mu$$

$$UWG = M + u_{0,025} * c_n * \sigma / \sqrt{n} = M - C_W * \sigma$$

$$UEG = M + u_{0,005} * c_n * \sigma / \sqrt{n} = M - C_E * \sigma$$

C - Faktoren in Tabelle 5

QRK für Urwerte

$$OEG = M + u_{(1 + \sqrt[n]{0,99})/2} * \sigma = M + E_E * \sigma$$

$$OWG = M + u_{(1 + \sqrt[n]{0,95})/2} * \sigma = M + E_W * \sigma$$

$$M = \text{Sollwert oder } \mu$$

$$UWG = M - u_{(1 + \sqrt[n]{0,95})/2} * \sigma = M - E_W * \sigma$$

$$UEG = M - u_{(1 + \sqrt[n]{0,99})/2} * \sigma = M - E_E * \sigma$$

E - Faktoren in Tabelle 5

Abb. 5.2 Formeln für die Mittellinien sowie für die Eingriffs- und die Warngrenzen der Lage-QRK nach Shewhart

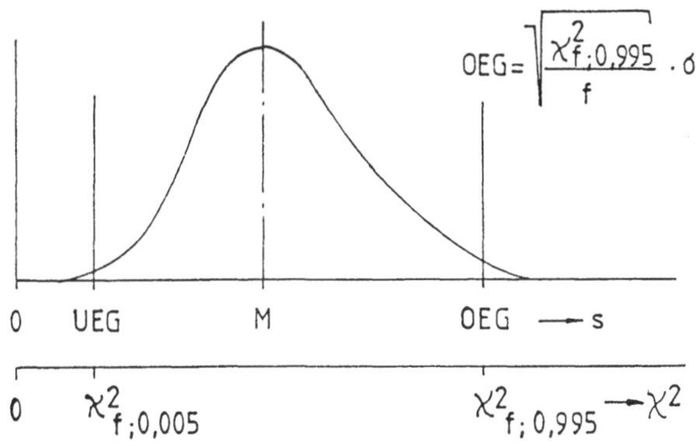

Abb. 5.3 Erläuterung der Formeln für die Eingriffsgrenzen der QRK für die Standardabweichung

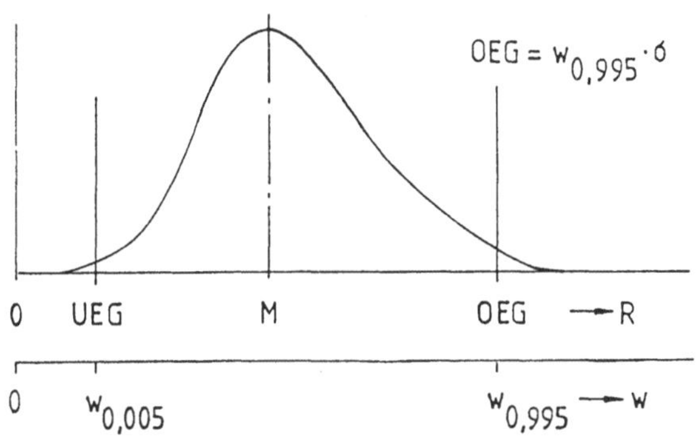

Abb. 5.4 Erläuterung der Formeln für die Eingriffsgrenzen der QRK für die Spannweite

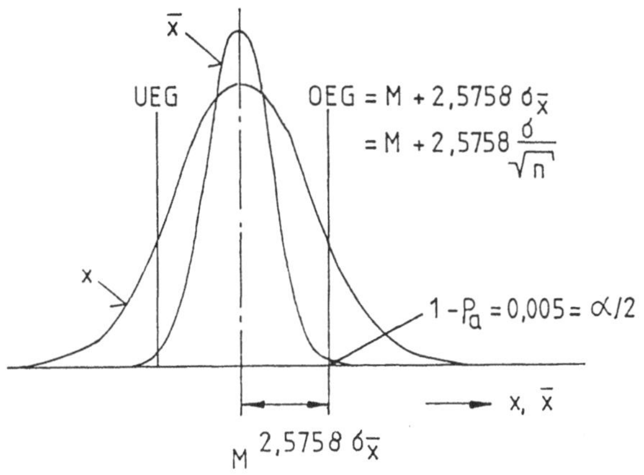

Abb. 5.5 Erläuterung der Formeln für die Eingriffsgrenzen der Shewhart-QRK für Mittelwerte

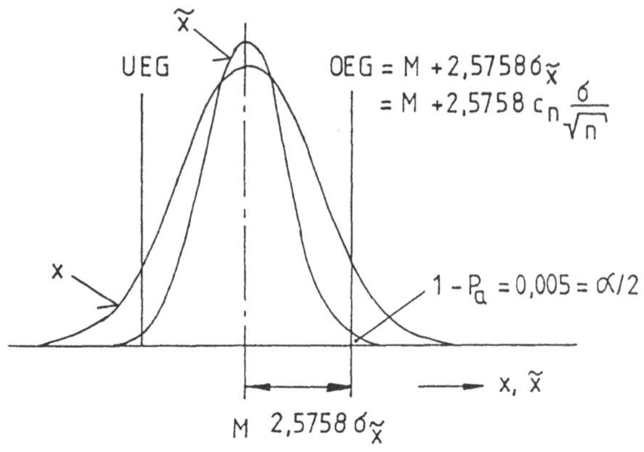

Abb. 5.6 Erläuterung der Formeln für die Eingriffsgrenzen der Shewhart-QRK für Mediane

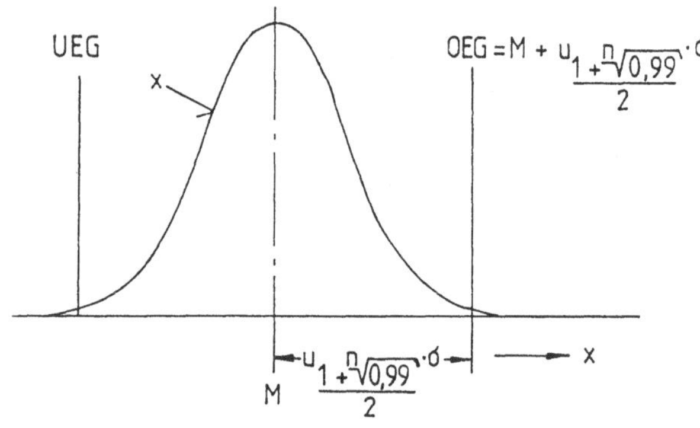

Abb. 5.7 Erläuterung der Formeln für die Eingriffsgrenzen der Shewhart-QRK für Urwerte

■ **Beispiel 5.1**

gegeben: Das Abfüllgewicht einer pharmazeutischen Substanz soll M = 5 g betragen. Der Abfüllvorgang soll künftig durch eine QRK überwacht werden. Stündlich wurden m = 10 mal n = 5 Füllungen entnommen mit dem Ergebnis in Abb. 5.8.

Hinweis:

In der Praxis sind zur Abschätzung des Parameters σ mindestens $m * n = 200$ Einzelwerte erforderlich.

gesucht: Berechnen und Anlegen einer zweispurigen $\overline{x}$-s-QRK für n = 5; Führen der Karte mit den Werten des Vorlaufs.

Nr.	1	2	3	4	5	6	7	8	9	10
	5,01	5,00	4,97	4,97	4,99	5,00	5,03	4,99	5,02	4,96
	5,00	4,99	5,03	4,97	4,98	5,01	4,99	4,98	5,00	4,98
	4,97	4,96	5,00	5,04	5,00	5,00	4,99	4,99	4,99	5,01
	5,01	5,02	5,00	5,02	5,00	4,96	5,01	5,00	5,02	5,01
	4,97	5,01	4,98	5,01	4,99	4,95	4,98	5,02	4,98	4,97
$\bar{x}$	4,992	4,996	4,996	5,002	4,992	4,984	5,000	4,996	5,002	4,986
$s^2 * 10^4$	4,2	5,3	5,3	9,7	0,7	7,3	4,0	2,3	3,2	5,3
s	0,0205	0,0230	0,0230	0,0311	0,0084	0,0270	0,0200	0,0152	0,0179	0,0230
R	0,04	0,06	0,06	0,07	0,02	0,06	0,05	0,04	0,04	0,05

$\bar{\bar{x}} = 4{,}9946$ g $\qquad \overline{s^2} = 4{,}73 * 10^{-4}$

$$\sigma = \sqrt{\overline{s^2}} = 2{,}174856 * 10^{-2}$$

$$= 0{,}021749 \text{ g}$$

Abb. 5.8 Vorlauf (Meßreihe) von zehn Fünferstichproben mit Auswertung zur Lösung der Beispiele 5.1 bis 5.3

Lösung: $\bar{x}$-QRK:

OEG = 5,00 + 1,1519 ∗ 0,02175 = 5,0251
OWG = 5,00 + 0,8765 ∗ 0,02175 = 5,0191
M = 5,00
UWG = 5,00 – 0,8765 ∗ 0,02175 = 4,9809
UEG = 5,00 – 1,1519 ∗ 0,02175 = 4,9749

s-QRK:

OEG = 1,9274 ∗ 0,02175 = 0,0419
OWG = 1,6691 ∗ 0,02175 = 0,0363
M = 0,9400 ∗ 0,02175 = 0,0204
UWG = 0,3480 ∗ 0,02175 = 0,0076
UEG = 0,2275 ∗ 0,02175 = 0,0049

Die QRK sind angelegt und geführt mit den Vorlaufergebnissen in Abb. 5.9

Hinweis:
Da der Prozeß während des Vorlaufs etwas zu niedrig lag, häufen sich die Mittelwerte unter der Mittellinie, ohne daß es zu einem Eingriff kommt.

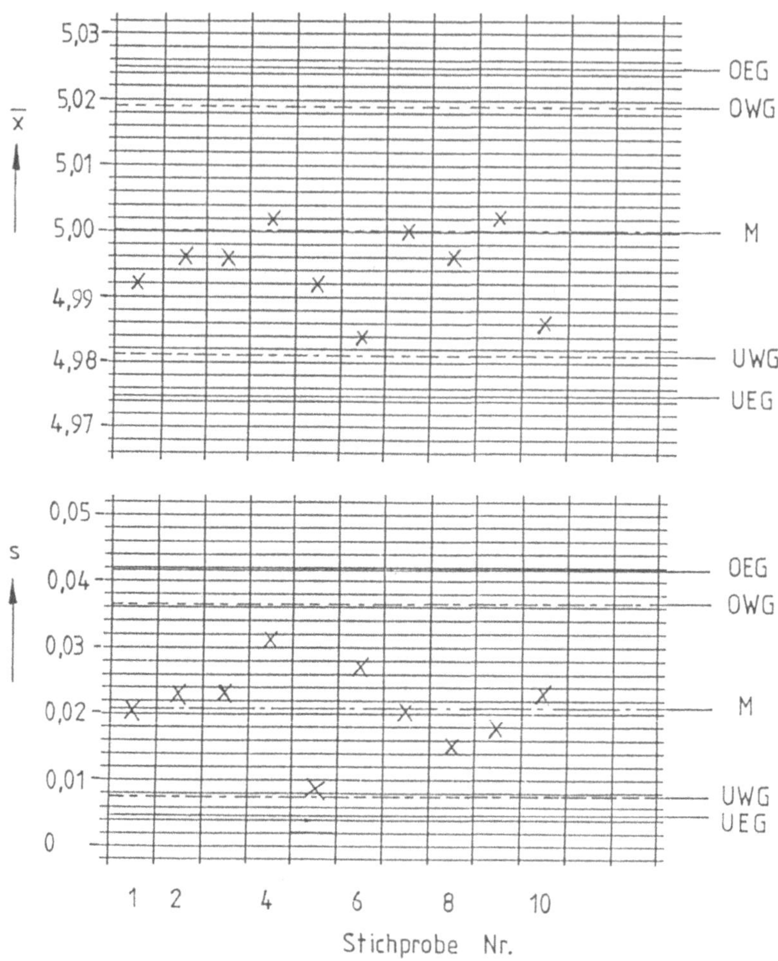

Abb. 5.9 Zweispurige $\bar{x}$-s-QRK zum Beispiel 5.1, geführt mit den Werten des Vorlaufs

Beispiel 5.2

gegeben: Gegebenheiten des Beispiels 5.1

gesucht: Berechnen und Anlegen einer zweispurigen $\tilde{x}$-R-QRK für n = 5; Führen der QRK mit den Werten des Vorlaufs

Lösung: $\tilde{x}$-QRK:

$$\begin{aligned} OEG &= 5{,}00 + 1{,}3800 * 0{,}02175 = 5{,}030 \\ OWG &= 5{,}00 + 1{,}0501 * 0{,}02175 = 5{,}023 \\ M &= 5{,}00 \\ UWG &= 5{,}00 - 1{,}0501 * 0{,}02175 = 4{,}977 \\ UEG &= 5{,}00 - 1{,}3800 * 0{,}02175 = 4{,}970 \end{aligned}$$

R-QRK:

$$\begin{aligned} OEG &= 4{,}886 * 0{,}02175 = 0{,}106 \\ OWG &= 4{,}197 * 0{,}02175 = 0{,}091 \\ M &= 2{,}326 * 0{,}02175 = 0{,}051 \\ UWG &= 0{,}850 * 0{,}02175 = 0{,}018 \\ UEG &= 0{,}555 * 0{,}02175 = 0{,}012 \end{aligned}$$

Die QRK sind angelegt und geführt mit den Vorlaufergebnissen in Abb. 5.10; die $\tilde{x}$-QRK wurde wie eine Urwert-QRK geführt; nach Eintragung der 5 Urwerte einer Stichprobe wurde der zentrale Wert (der Median) markiert.

Beispiel 5.3

gegeben: Gegebenheiten des Beispiels 5.1

gesucht: Berechnen und Anlegen einer zweispurigen x-R-QRK für n = 5; Führen der QRK mit den Werten des Vorlaufs

Lösung: x-QRK:

$$\begin{aligned} OEG &= 5{,}00 + 3{,}0890 * 0{,}02175 = 5{,}067 \\ OWG &= 5{,}00 + 2{,}5688 * 0{,}02175 = 5{,}056 \\ M &= 5{,}00 \\ UWG &= 5{,}00 - 2{,}5688 * 0{,}02175 = 4{,}944 \\ UEG &= 5{,}00 - 3{,}0890 * 0{,}02175 = 4{,}933 \end{aligned}$$

R-QRK wie im Beispiel 5.2

Die QRK ist angelegt und mit den Urwerten des Vorlaufs geführt in Abb. 5.11

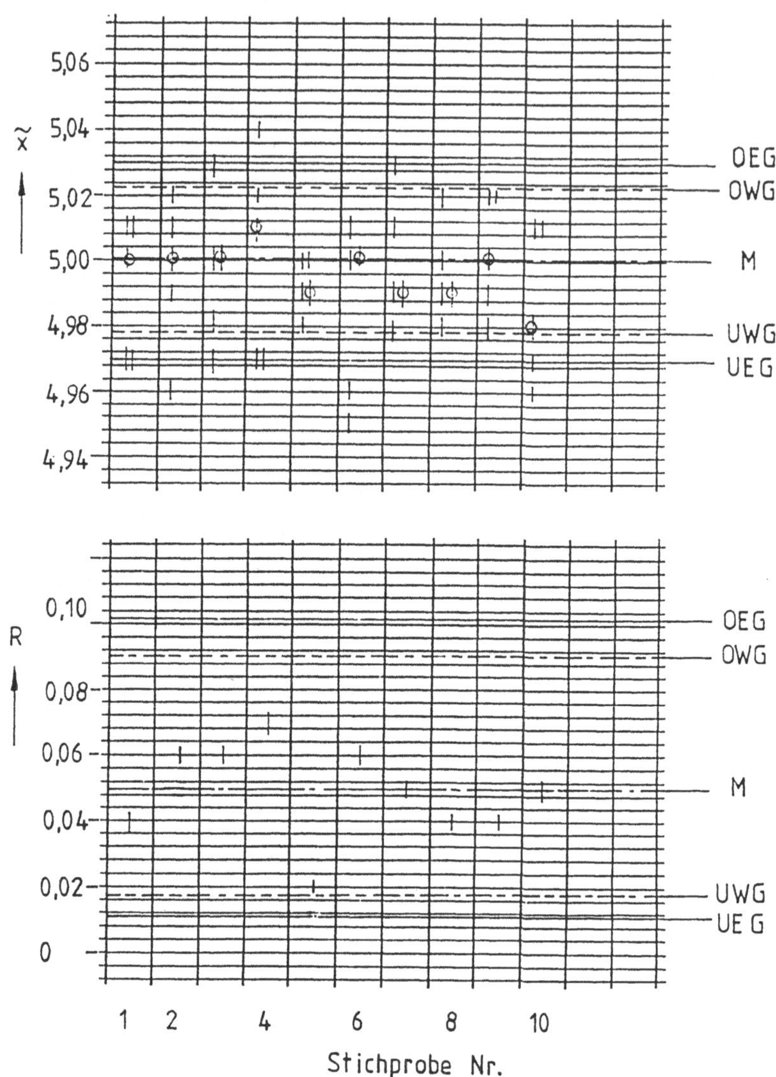

Abb. 5.10 Zweispurige $\tilde{x}-R-$QRK zum Beispiel 5.2, geführt mit den Werten des Vorlaufs

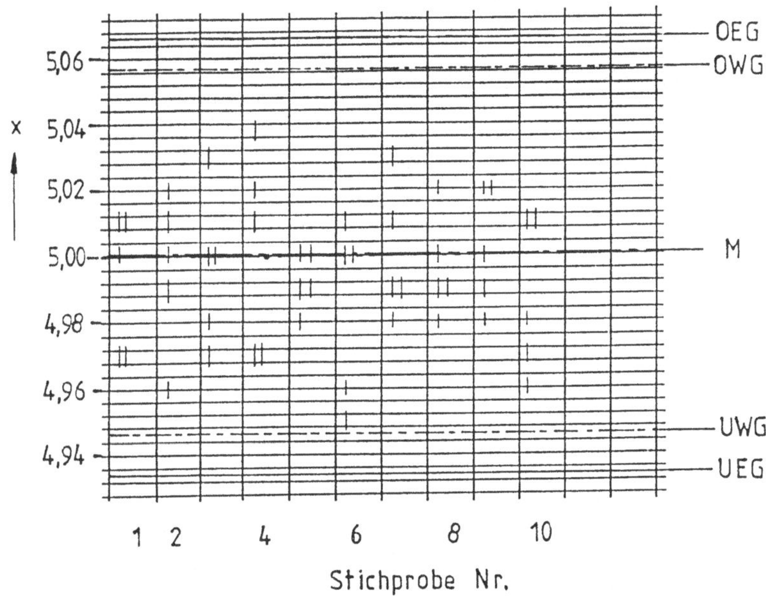

Abb. 5.11 Zweispurige x-R-QRK zum Beispiel 5.3, geführt mit den Werten des Vorlaufs; R-Spur wie in Abb. 5.10

5.3 Operationscharakteristiken der QRK nach Shewhart

Für die QRK nach Shewhart können die Operationscharakteristiken nur für eine Veränderung der Parameter angegeben werden.

Dazu werden die OC für die Streuungs-QRK in Abhängigkeit von einer Streuungszunahme $\Delta\sigma/\sigma$ berechnet und angegeben, Abb. 5.12 und 5.13. Die OC lassen erkennen, daß die Streuungs-QRK recht unempfindlich sind gegenüber einer Vergrößerung der Streuung.

Verdoppelt sich die Streuung bei beispielsweise n = 5, so wird dies von der s-QRK nur mit $1 - P_a = 45$ % aufgezeigt; die R-QRK reagiert mit $1 - P_a = 40$ %.

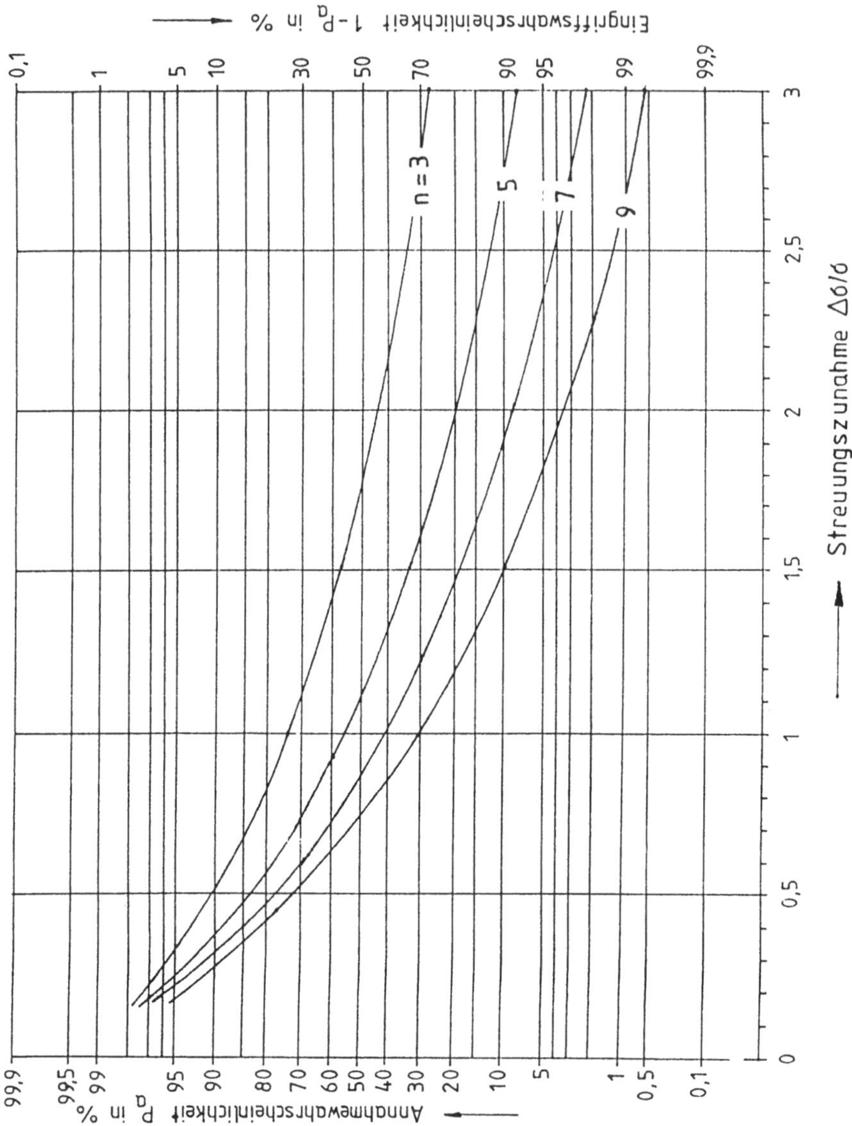

Abb. 5.12 Operationscharakteristiken für die Standardabweichungs-QRK für verschiedene n

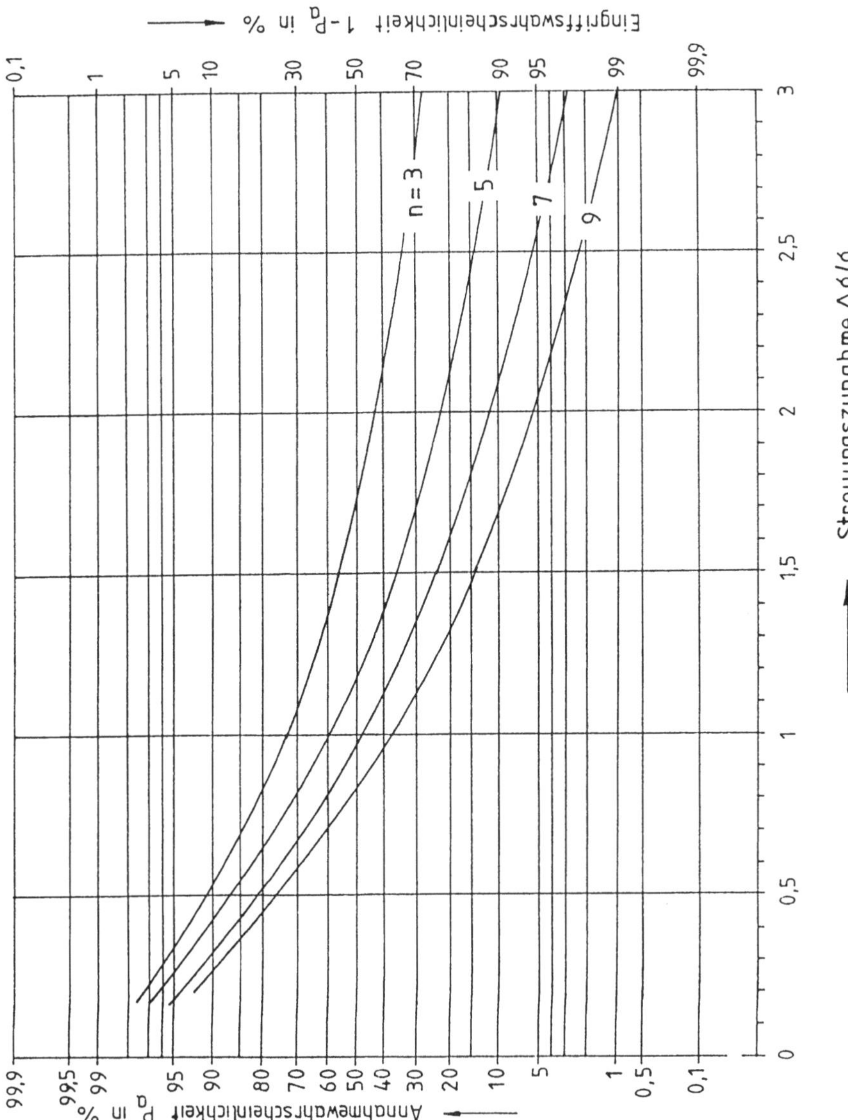

Abb. 5.13 Operationscharakteristiken für die Spannweiten-QRK für verschiedne n

Für die Lage-QRK nach Shewhart werden die OC in Abhängigkeit von einer Mittenabweichung nach oben oder nach unten angegeben, Abb. 5.14 bis 5.16.

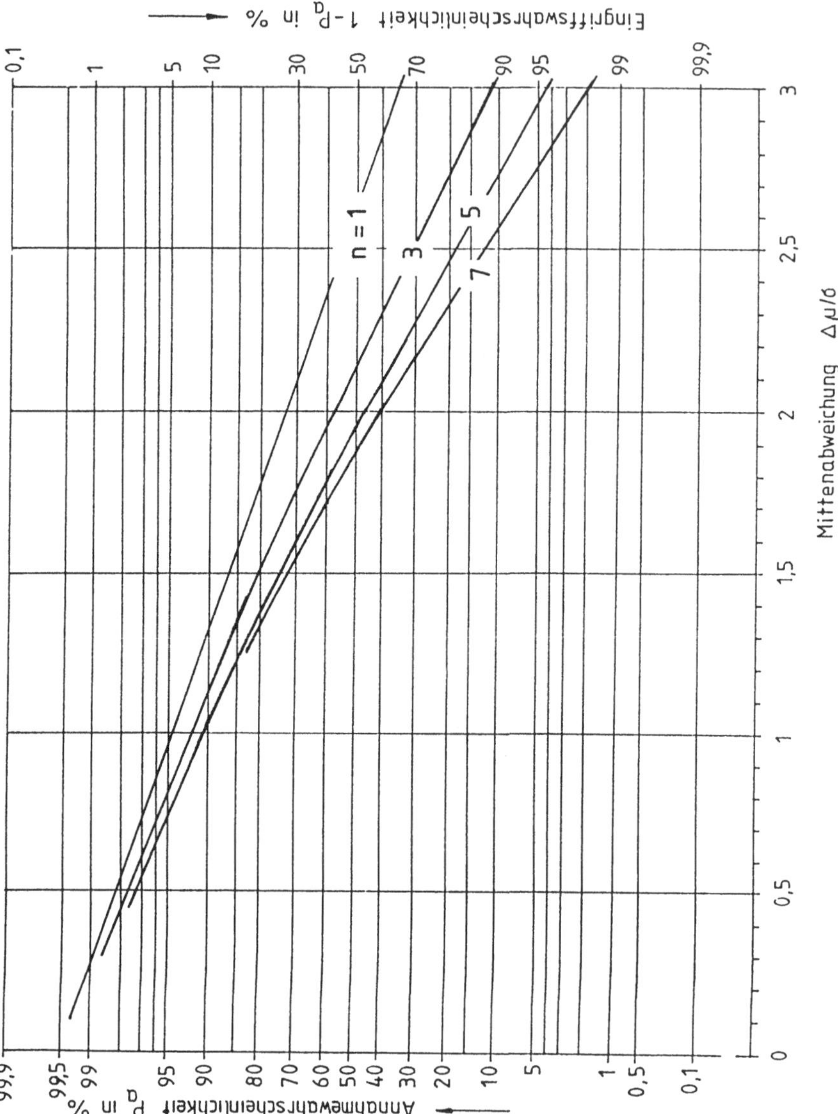

Abb. 5.14 Operationscharakteristiken für die Urwert-QRK nach Shewhart für verschiedene n; σ bleibt konstant

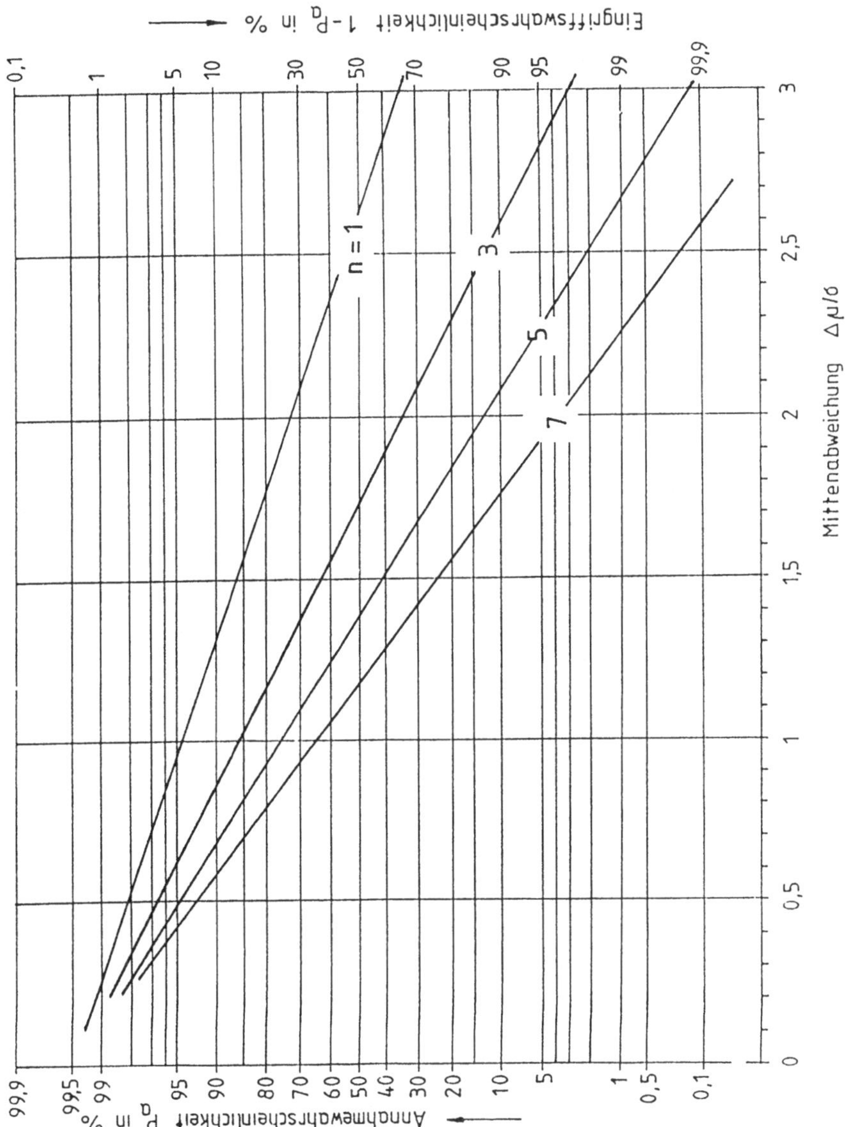

Abb. 5.15 Operationscharakteristiken für die Median -QRK nach Shewhart für verschiedene n; σ bleibt konstant

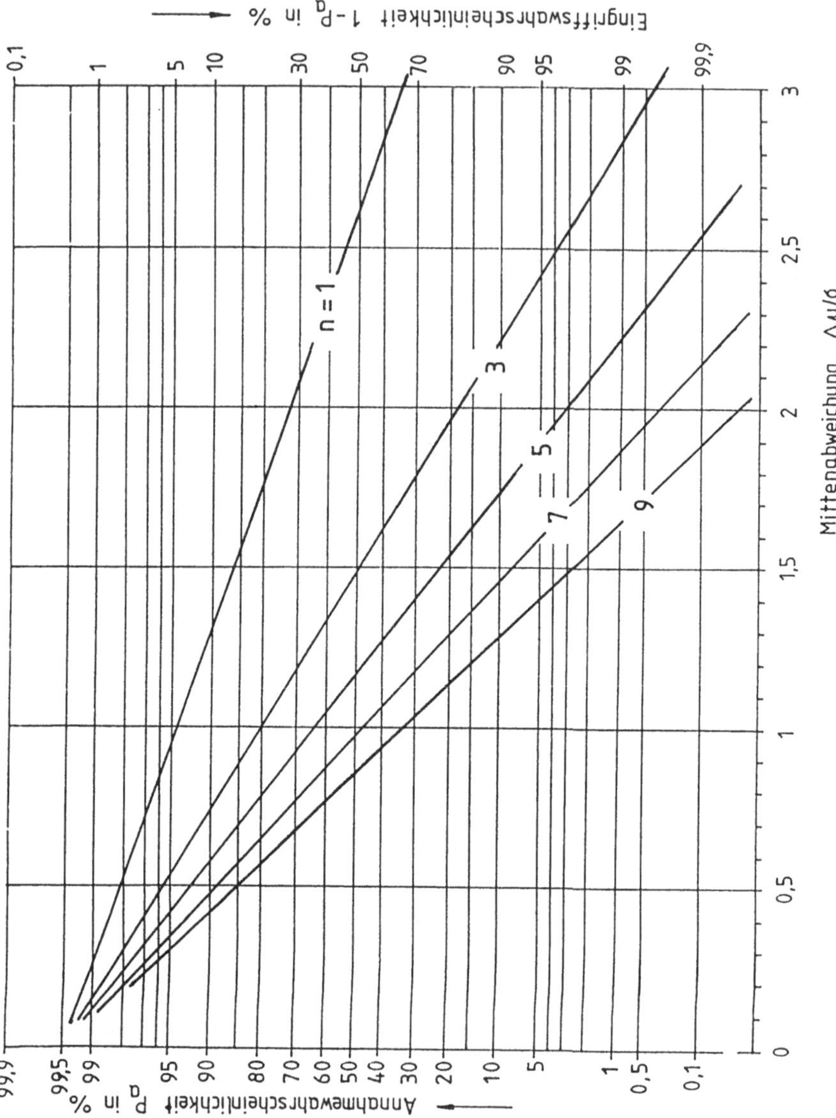

Abb. 5.16 Operationscharakteristiken für die Mittelwert-QRK nach Shewhart für verschiedene n; σ bleibt konstant

Ein Vergleich der OC der drei Lage-QRK erfolgt in Abb. 5.17 für n = 3. Qualitativ ist die Mittelwert-QRK empfindlicher als die Median-QRK. Am schlechtesten ist die Urwert-QRK; dafür hat sie den Vorteil der einfachsten Handhabung.

■ **Beispiel 5.4**

gegeben: Abb. 5.17

gesucht: Eingriffswahrscheinlichkeit und mittlere Reaktionsdauer ARL (Average Run Length) nach einer Mittenabweichung um $\Delta\mu = 1\,\sigma$ bei n = 3

Lösung: nach Abb. 5.17:

QRK für	$1 - P_a$	$ARL = 1 / (1 - P_a)$
x	0,08	12,50
$\tilde{x}$	0,14	7,14
$\bar{x}$	0,20	5,00

in Worten: Die Mittenabweichung von $\Delta\mu = 1\sigma$ wird von der Urwert-QRK im Mittel jedes 12,5. mal alarmiert, von der Median-QRK jedes 7,14. mal und von der Mittelwert-QRK jedes 5. mal.

Alle drei Lage-QRK nach Shewhart reagieren auch auf eine Vergrößerung der Streuung. Wenn die Mittenabweichung $\Delta\mu = 0$ ist, werden bei einer Vergrößerung der Standardabweichung beide Eingriffsgrenzen um zusammen mehr als α = 1 % überschritten. Die Mittelwert-QRK und die Median-QRK sind jedoch – unabhängig vom Stichprobenumfang – sehr unempfindlich gegen eine derartige Veränderung der Grundgesamtheit, Abb. 5.18. Falls zu erwarten ist, daß Streuung nicht stabil bleiben wird, ist bei diesen QRK eine zweite Spur für die Streuung zweckmäßiger.

Anders ist das mit der Urwert-QRK, Abb. 5.18, die bei einer Vergrößerung der Streuung die gleiche Eingriffswahrscheinlichkeit aufweist wie die vergleichbare Standardabweichungs-QRK, Abb. 5.12.

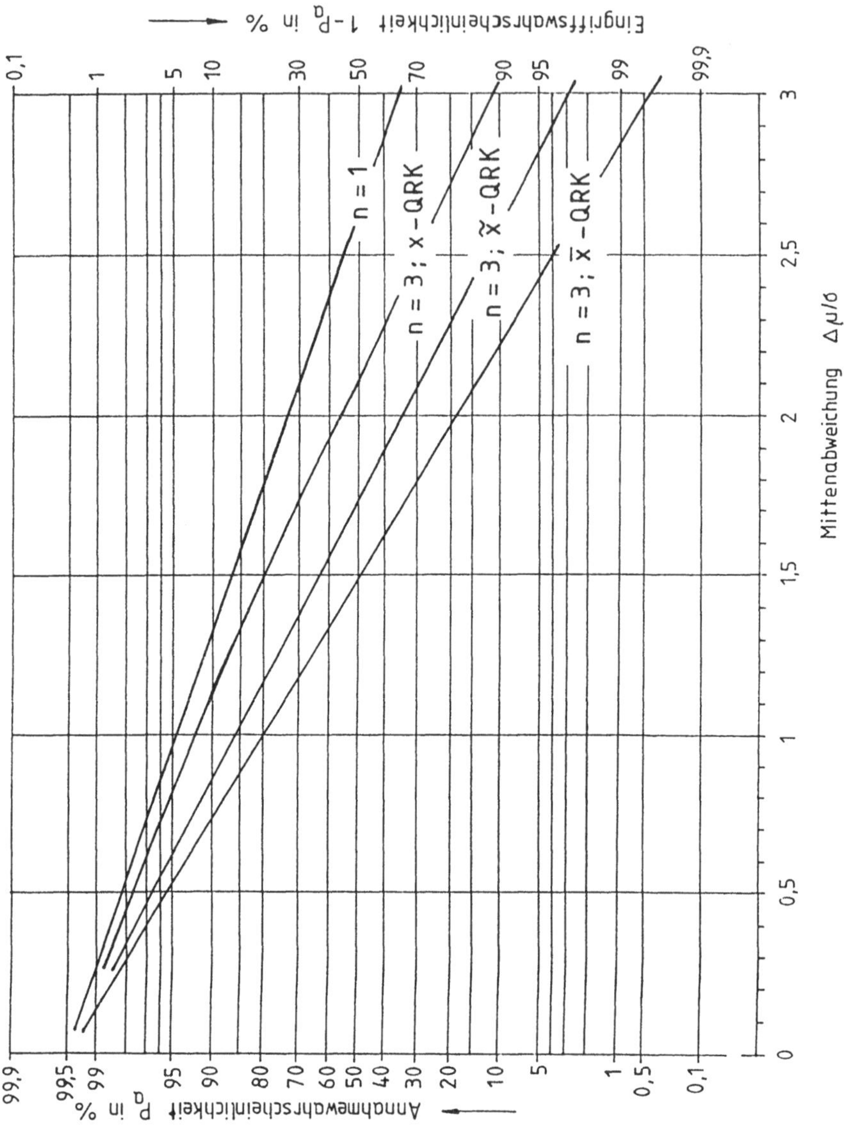

Abb. 5.17 Vergleichende Darstellung der OC für n = 1 und für n = 3 der Shewhart-QRK für Urwerte, für Mediane und für Mittelwerte; σ bleibt konstant

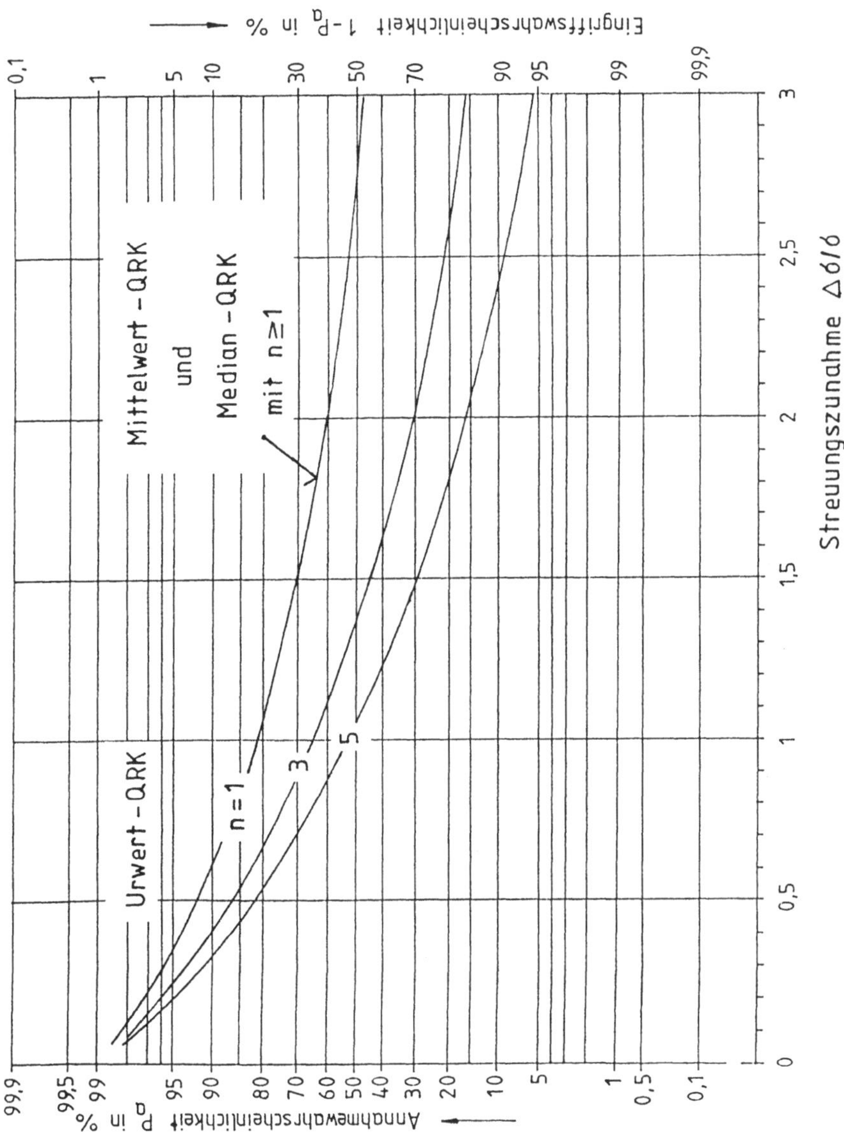

Abb. 5.18 Operationscharakteristiken für die drei Lage-QRK nach Shewhart in Abhängigkeit von einer Vergrößerung der Streuung; Mittenabweichung $\Delta\mu = 0$

Dennoch ist es nicht ratsam, die Urwert-QRK auch zum Zwecke der Aufdeckung einer Streuungsvergrößerung zu führen. Vergrößert sich beispielsweise bei einer Urwert-QRK mit n = 3 bei gleichzeitig optimaler Lageeinstellung mit $\Delta\mu = 0$ die Streuung um $\Delta\sigma/\sigma = 1$, d.h. auf den doppelten Wert, dann ist nach Abb. 5.18 die Eingriffswahrscheinlichkeit $1 - P_a = 36\%$.

Das bedeutet, daß die Eingriffsgrenzen auf beiden Seiten mit einer Wahrscheinlichkeit von jeweils 18% überschritten werden. Die Wahrscheinlichkeit für die gleichzeitige Überschreitung beider Eingriffsgrenzen ist jedoch nur $P = 0{,}18^2 = 0{,}0324 = 3{,}24\%$, bezogen auf die Eingriffswahrscheinlichkeit ist der Anteil für die gleichzeitige Überschreitung beider Eingriffsgrenzen 0,0324/0,36 = 0,09 oder ca. jedes 11. mal. In 10 von 11 Fällen wird die Eingriffsgrenze nur auf einer Seite überschritten mit der Folge, daß der Güteprüfer die Streuungszunahme als Ursache nicht erkennen kann.

Er muß annehmen, daß die einseitige Überschreitung einer Eingriffsgrenze auf eine Lageabweichung zurückzuführen ist. Folglich wird er die Einstellage verändern und somit die optimale Lageeinstellung zu einer Fehleinstellung korrigieren.

Auch bei einer Urwert-QRK nach Shewhart muß eine zweite Spur für die Streuung – am einfachsten eine R-QRK – geführt werden, wenn zu erwarten ist, daß die Streuung nicht stabil bleibt.

5.4 Lage-QRK nach Shewhart bei vorgegebenen Grenzwerten

Häufig wird in der Praxis gefordert, die Lage-QRK nach Shewhart auch dann einzusetzen, wenn Grenzwerte vorgegeben sind. Dabei wird die QRK in die Mitte des Toleranzfeldes gelegt in der Absicht

- die vorgegebene Toleranz nicht (schamlos) auszuschöpfen und
- den geringst möglichen Fehleranteil zu realisieren und gleichzeitig
- auf höchste Gleichmäßigkeit zu fertigen und somit
- die bestmögliche Qualität zu produzieren.

Dann ist die Shewhart-QRK der Grenzfall einer periodisch geführten Annahme-QRK mit den engstmöglichen Eingriffsgrenzen. In Abb. 5.19 ist dieser Fall maßstäblich dargestellt am Beispiel einer Mittelwert-QRK mit n = 5 bei einer Prozeßfähigkeit von $c_p = 1{,}67$ ($T = 10\sigma$).

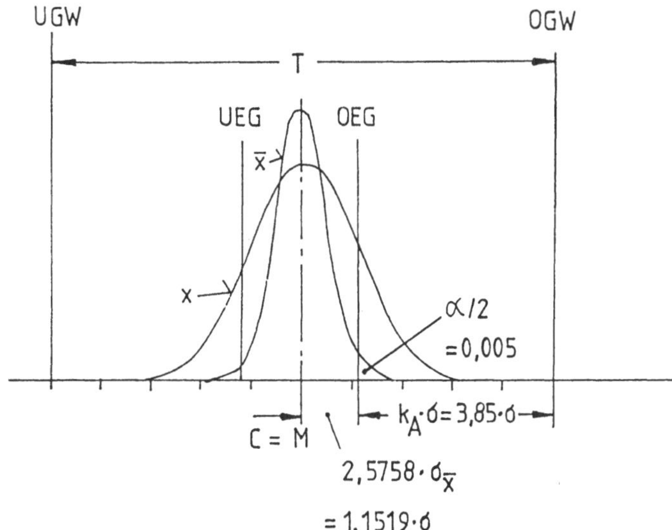

Abb. 5.19 Toleranzfeld mit implantierter Mittelwert-QRK nach Shewhart mit n = 5; der Prozeßfähigkeitsindex ist $c_P = 1{,}67$ (T = 10 σ)

Für diese QRK ergibt sich ein Abgrenzungsfaktor von $k_A = 3{,}85$. Der zugeordnete Fehleranteil ist – rein rechnerisch – $p_{0,5} = 0{,}006$ % und das Maximum des zu erwartenden mittleren Fehleranteils ist $(p * P_a)_{max} \approx 0{,}5 * 0{,}006\ \% = 0{,}003\ \%$.

Dies ist vom Standpunkt des Nullfehler-Denkens ein ausgezeichnetes Ergebnis. In Kapitel 6 (Prozeßkorrektur) wird nachgewiesen, daß es auch dann, wenn kein steiler Trend vorliegt, zweckmäßig ist, einen Spielraum von $S \approx 2\sigma$ vorzugeben (Shewhart-QRK mit erweiterten Eingriffsgrenzen). Dann wird nach einer zweckentsprechenden Prozeßkorrektur äußerst selten erneut eingegriffen und das Nullfehler-Ziel wird dennoch oder erst recht – zumindest bei hinreichend guten Prozeßfähigkeiten – in guter Näherung erreicht.

6 Prozeßkorrektur

6.1 Allgemeines

Wird beim Führen von QRK für kontinuierliche Merkmale eine Eingriffsgrenze überschritten, dann muß in den Prozeß eingegriffen werden, indem die Streuung oder die Einstellage verbessert werden.

Bei den Streuungs-QRK ist dies nur möglich, wenn die Ursache für die Veränderung (Vergrößerung) der Streuung bekannt ist. Dies kann der Fall sein, wenn beispielsweise beim Spritzgießen von Kunststoffen eine Veränderung der Temperatur oder eine Veränderung des Druckes eine Vergrößerung der Streuung verursacht haben. Beim Zerspanen ist beispielsweise die Bildung einer Aufbauschneide am Werkzeug oder eine Verminderung der Kühlschmierung ursächlich für eine Veränderung der Streuung. Alle Maßnahmen zur Verminderung der Streuung sind jedoch in der Regel nicht quantifizierbar, außer daß die Ursache für eine Vergrößerung der Streuung restlos beseitigt wird, so daß die mittlere Streuung exakt die gleiche ist wie während des Zeitraums vor dem Eintreten der Störung.

Anders ist das bezüglich der Prozeßlage. Hier kann in der Regel die Lage des Prozesses korrigiert werden. Ausnahmen bilden Prozesse mit festen Werkzeugen; allerdings ist die bei diesen Prozessen geführte QRK eher eine Q-Beobachtungskarte, um beispielsweise das Ende der Standzeit des Werkzeugs rechtzeitig registrieren zu können. Von diesen Ausnahmen abgesehen besteht bei allen Prozessen, für die Lage-QRK geführt werden, die Möglichkeit, die Einstellage des Prozesses zu verändern, undzwar stufenlos oder stetig; anderenfalls wäre das Führen von Lage-QRK nicht sinnvoll.

Das Problem dabei ist, den erforderlichen oder zweckmäßigen Betrag der Prozeßkorrektur zu finden. Der ideale Korrekturbetrag ist die Abweichung des Mittelwertes μ der momentanen Fertigungsverteilung vom Mittenwert C bei der Annahme-QRK oder vom Sollwert M bei der Lage-QRK nach Shewhart. Da der Mittelwert μ nie exakt bekannt wird und daher nur geschätzt werden kann, muß die reale Prozeßkorrektur in den meisten Fällen zufallsbedingt von der idealen Korrektur abweichen.

Für alle nachfolgenden Simulationen der Prozeßlagen und der Prozeßkorrekturen werde – sofern nichts anderes gesagt wird – das Vorliegen eines stabilen Prozesses unterstellt. Ferner wird bei den Simulationen der Prozeßführung und der Prozeßkorrektur zugleich auch die Frage nach dem notwendigen oder zumindest zweckmäßigen Spielraum für die Fertigung erörtert und beantwortet.

6.2 Prozeßkorrektur beim Führen von Annahme-QRK

6.2.1 Prozeßkorrektur beim Führen von Mittelwert-QRK

Werden Mittelwert-QRK geführt, ist der Mittelwert $\bar{x}$, mit dem die Eingriffsgrenzen überschritten werden, die bestmögliche Schätzung für den Mittelwert μ der momentanen Fertigungsverteilung. Als Korrekturbetrag ergibt sich damit die Differenz zwischen diesem Mittelwert und dem Mittenwert $|\bar{x} - C|$. Nach der Korrektur um diesen Betrag liegt die Fertigungsverteilung mit hoher Wahrscheinlichkeit in einem engen Bereich um den Mittenwert C.

Zur Simulation der Prozeßkorrektur um $|\bar{x} - C|$ wird das NV-Modell nach Abb. 6.1 verwendet. Dieses NV-Modell besteht aus 13 Klassen mit den in Abb. 6.1 angegebenen Einzelwahrscheinlichkeiten (Klassenanteilen) g(x) und den Wahrscheinlichkeitssummen G(x). Werden alle x-Werte dieser (optimal angenäherten) Normalverteilung multipliziert mit den Einzelwahrscheinlichkeiten in die Statistik-Automatik eines Taschenrechners eingegeben und werden danach $\bar{x}$ und σ_n (nicht σ_{n-1}) abgerufen, dann sind dies die Parameter $\mu = 50$ und $\sigma = 2{,}3108$ dieser normalverteilten Modell-Grundgesamtheit. Mit diesem Modell lassen sich in einfacher und zugleich anschaulicher Weise Prozeßabweichungen $|\mu - C|$ und zugeordnete Prozeßkorrekturen $|\bar{x} - C|$ simulieren.

Kl.-Nr.	x	Stabdiagramm	g(x)	G(x)
13	56		0.005	1,000
12	55		0,02	0,995
11	54		0,04	0,975
10	53		0,08	0,935
9	52		0,12	0,855
8	51		0,15	0,735
7	50		0,17	0,585
6	49		0,15	0,415
5	48		0,12	0,265
4	47		0,08	0,145
3	46		0,04	0,065
2	45		0,02	0,025
1	44		0,005	0,005

Parameter:

Mittelwert μ = 50

Standardabweichung σ = 2,310 844 ≈ 2,311

Varianz σ^2 = 5,34

Abb. 6.1
Modell-NV mit 13 Klassen zur Simulation von Prozeßlagen und von Prozeßkorrekturen bei Mittelwert-, Median- und Urwert-QRK

■ **Beispiel 6.1**

gegeben: Für ein vorgegebenes Merkmal ist die Toleranz T = 10σ (c_P = 1,67).

Es wird eine Mittelwert-QRK für n = 3 angelegt, bei der die Eingriffsgrenzen nach der Faustregel |GW – EG| = 0,25 T ermittelt wurden.

gesucht:

1) Prozeßkorrektur für den Fall, daß die Fertigungsverteilung auf der oberen Eingriffsgrenze liegt.
2) Prozeßkorrektur für den Fall, daß die Fertigungsverteilung so liegt, daß die Verteilung der Stichprobenmittelwerte vollständig außerhalb des Annahmebereiches liegt.
3) Beurteilung der Ergebnisse.

Lösung:

1) In Abb. 6.2 ist die $\overline{x}$-QRK angelegt. Liegt die Verteilung der Einzelwerte x auf Toleranzfeldmitte C dann liegt auch die Verteilung der Mittelwerte $\overline{x}$ dort; punktierte Glockenkurven neben der Merkmalsachse links.

   Falls die Fertigungsverteilung auf der oberen Eingriffsgrenze liegt, dann gilt dies auch für die Mittelwerte $\overline{x}$. Da die Eingriffsgrenze zum Annahmebereich zählt, ist die Annahmewahrscheinlichkeit P_a = 0,585, Abb. 6.2 oben links. Wenn aus den 6 Klassen, die oberhalb der OEG liegen, um den Korrekturbetrag $|\overline{x} - C|$ korrigiert wird, dann ergeben sich die sechs Korrekturpositionen unterhalb des Mittenwertes C in Abb. 6.2 oben. Die Korrekturwahrscheinlichkeiten P_k sind identisch mit den Einzelwahrscheinlichkeiten für die Klassen, die oberhalb der OEG liegen.

2) Im unteren Teil der Abb. 6.2 ist der Fall simuliert, daß die Verteilung der Mittelwerte vollständig oberhalb der OEG oder unterhalb der UEG liegt. In beiden Fällen wird aus den jeweils 13 Klassen in die insgesamt 13 Korrekturpositionen korrigiert. Liegt der Mittelwert $\overline{x}$ beim Mittelwert μ wird exakt auf Toleranzfeldmitte C korrigiert mit der Korrekturwahrscheinlichkeit P_k = 0,17. Um das Bild besser lesen zu können, wurden die Verteilungen oberhalb C nur durch ihre punktierten Hüllkurven dargestellt. Die Verteilungen unterhalb C sind auch als Stabdiagramme gezeichnet, um die Eingriffswahrscheinlichkeiten 1 – P_a nach der Korrektur sichtbar zu machen.

3) Zur Beurteilung der Prozeßkorrektur ist darauf hinzuweisen, daß die Eingriffsgrenzen weit genug voneinander entfernt sind, so daß nach der Korrektur die mittlere Eingriffswahrscheinlichkeit 1 – P_a nahezu null ist.

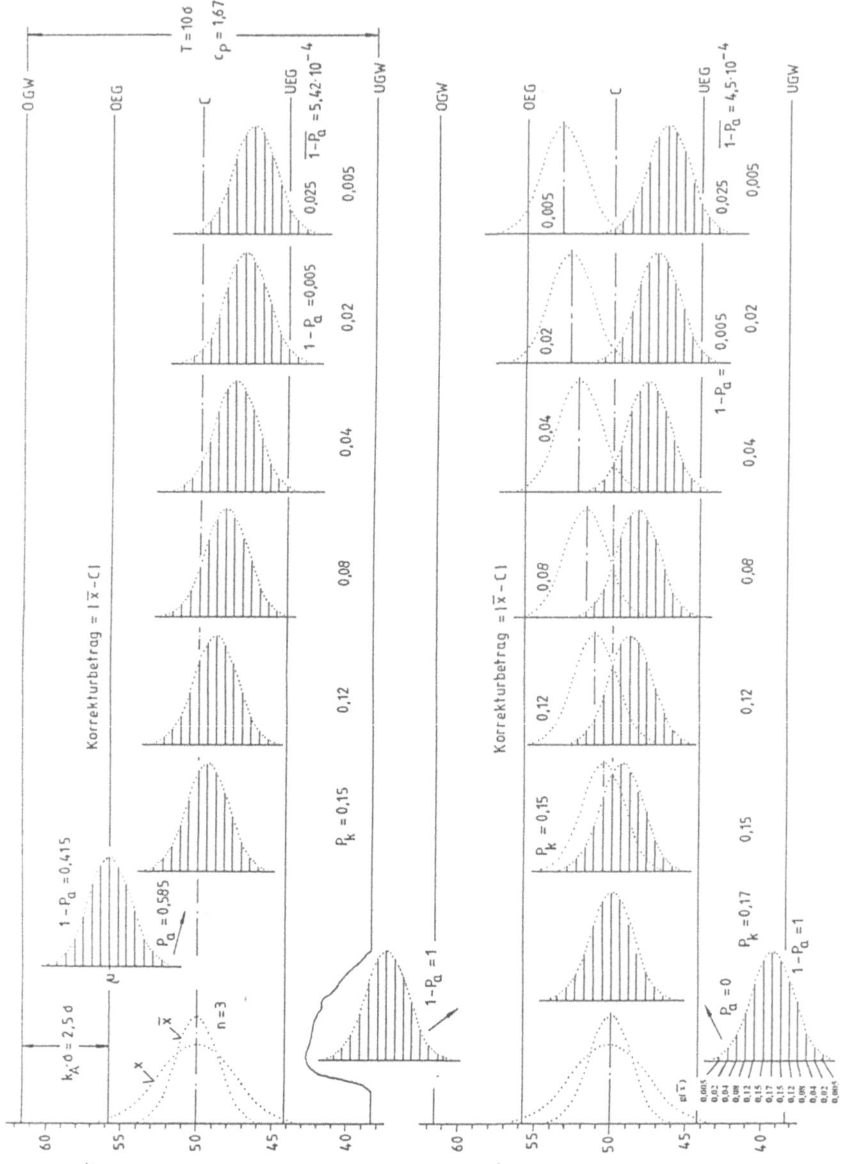

Abb. 6.2 Simulation der Prozeßkorrektur bei einer Mittelwert-QRK mit n – k_A = 3 – 2,5 bei einer Prozeßfähigkeit von c_p = 1,67; Korrekturbetrag = $|\overline{x} - C|$; zu Beispiel 6.1

Die Darstellung der 13 Korrekturpositionen in Abb. 6.2 unten erweckt den Eindruck, daß durch die Korrektur eine Mischverteilung entsteht. Dieser Eindruck ist falsch. Mit der Korrektur wird jeweils nur eine der 13 möglichen Korrekturpositionen angesteuert. In dieser Position verharrt dann der Prozeß, sofern er nach der Korrektur stabil bleibt.

Die im Beispiel 6.1 durchgeführte Prozeßkorrektur ist im Prinzip unabhängig vom Stichprobenumfang n. Ist der Stichprobenumfang beispielsweise n = 9, dann ist die Verteilung der Mittelwerte schmaler und dementsprechend dichter liegen die Korrekturpositionen, Abb. 6.3.

Beispiel 6.2

gegeben: Für ein vorgegebenes Merkmal ist die Toleranz $T = 10\sigma$ ($c_P = 1{,}67$). Um den Fehleranteil möglichst gering zu halten, wird eine Shewhart-QRK für Mittelwerte und n = 3 in die Mitte des Toleranzfeldes gelegt, bei der die Eingriffsgrenzen Zufallsstreugrenzen sind mit $1 - \alpha = 0{,}99$, Abb. 6.4. Aus dem Faktor für die Berechnung der Eingriffsgrenzen $A_E = 1{,}4871$ nach Tabelle 5 im Anhang ergibt sich der Abgrenzungsfaktor $k_A = 5 - 1{,}4871 = 3{,}5129$.

gesucht: Korrektursimulation und deren Beurteilung.

Lösung: Falls die Fertigungsverteilung exakt auf Toleranzfeldmitte C eingestellt ist, beträgt die Eingriffswahrscheinlichkeit $1 - P_a = \alpha = 0{,}01$. Bei einem Eingriff wird je zur Hälfte nach oben oder nach unten korrigiert, undzwar jeweils über die gegenüberliegende Eingriffsgrenze hinaus, Abb. 6.4 oben links. Nach der Korrektur ist die Eingriffswahrscheinlichkeit $1 - P_a = 0{,}585$.

Nach einer Verschiebung des Mittelwertes μ um 3 Klassen nach oben liegen 4 Klassen oberhalb der OEG. Aus diesen 4 Klassen wird in die 4 Korrekturpositionen korrigiert, die in Abb. 6.4 oben rechts angegeben sind. Nach der Korrektur ist die mittlere Eingriffswahrscheinlichkeit $\overline{1-P_a} = 0{,}2305$.

Anmerkung: Diese mittlere Eingriffswahrscheinlichkeit ist das gewogene Mittel und wird wie folgt berechnet:

$$\overline{1-P_a} = \Sigma\,(1\text{-}P_a) * P_k \,/\, \Sigma\, P_k$$

$$= (1/\,0{,}145) * (0{,}145{*}0{,}08 + 0{,}265 * 0{,}04 + 0{,}415 * 0{,}02 + 0{,}585 * 0{,}005)$$

$$= 0{,}2305$$

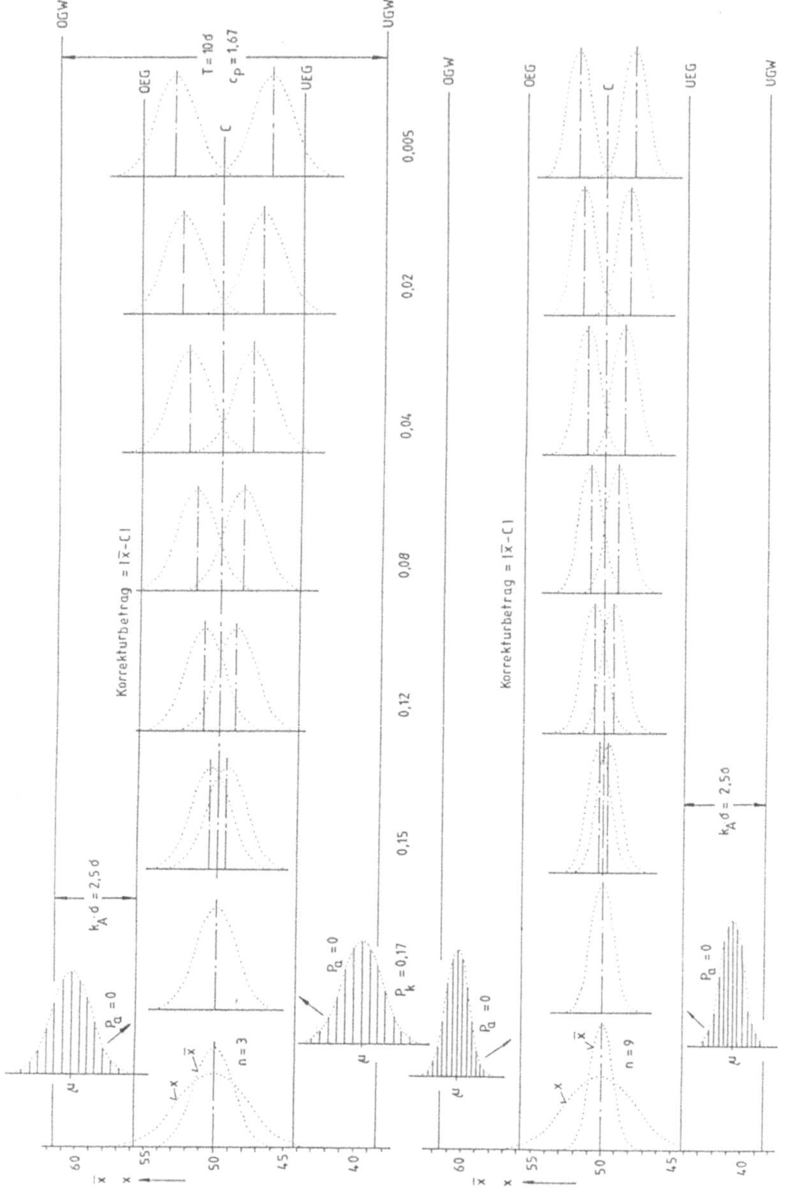

Abb. 6.3 Simulation der Prozeßkorrekturen bei zwei Mittelwert-QRK mit $n - k_A = 3 - 2{,}5$ und mit $n - k_A = 9 - 2{,}5$ bei $c_P = 1{,}67$

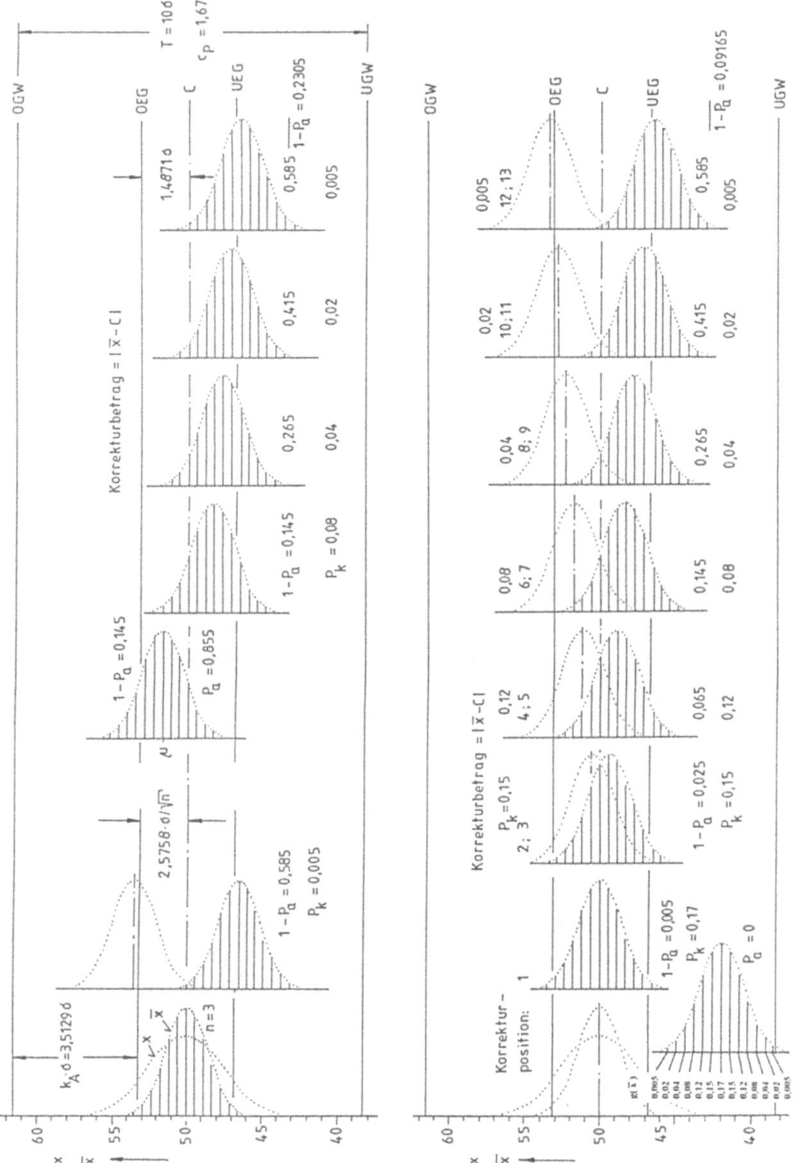

Abb. 6.4 Simulation der Prozeßkorrektur bei einer Mittelwert-QRK mit $n - k_A = 3 - 3{,}5129$ bei $c_P = 1{,}67$; es handelt sich um eine in die Mitte des Toleranzfeldes gelegte Shewhart-QRK mit $1 - \alpha = 0{,}99$ bei $\mu = C$; zu Beispiel 6.2

Liegt die Fertigungsverteilung zumindest hinsichtlich ihrer Mittelwerte vollständig außerhalb des Annahmebereiches, so erfolgt die Korrektur aus allen 13 Klassen auf die 13 Korrekturpositionen in Abb.6.4 unten, die in diesem Beispiel deckungsgleich sind mit denen in Abb. 6.2. Einziger Unterschied: in Abb. 6.4 sind die Eingriffsgrenzen enger als in Abb. 6.2, so daß nach der Korrektur häufiger eingegriffen wird. Die mittlere Eingriffswahrscheinlichkeit ist $\overline{1-P_a} = 0{,}09165$.

Anmerkung: Diese mittlere Eingriffswahrscheinlichkeit ist wieder das gewogene Mittel und wird wie folgt berechnet:

$$\begin{aligned}\overline{1-P_a} &= \Sigma(1 - P_a) * P_k / \Sigma P_k \text{ mit } \Sigma P_k = 1\\ &= 0{,}17*0{,}01 + 2*(0{,}15*0{,}025 + 0{,}12*0{,}065 + 0{,}08*0{,}145\\ &\quad + 0{,}04 * 0{,}265 + 0{,}02 * 0{,}415 + 0{,}005 * 0{,}585)\\ &= 0{,}09165\end{aligned}$$

Das im letzten Beispiel aufgezeigte häufige Eingreifen bei der Shewhart-QRK auch und gerade nach einer Korrektur ist in dem Sinne unangenehm, als daß ein im Prinzip stabiler Prozeß schlechter erscheint als er in Wirklichkeit ist. Es ist zwar nicht notwendig aber sicher äußerst zweckmäßig, eine QRK zu wählen, die gegenüber der Shewhart-QRK erweiterte Eingriffsgrenzen aufweist.

Zu diesem Zweck wurden empirisch Faktoren für die Ermittlung der Eingriffsgrenzen von QRK ermittelt, die – verglichen mit den Shewhart-QRK – erweiterte Eingriffsgrenzen aufweisen, Tabelle 6 im Anhang. Diese Faktoren wurden so bestimmt, daß nach einer Korrektur aus einer Prozeßlage mit $1 - P_a = 1$ die mittlere Eingriffswahrscheinlichkeit kleiner als 1% ist.

■ Beispiel 6.3

gegeben: Für ein vorgegebenes Merkmal ist die Toleranz $T = 10\sigma$ ($c_P = 1{,}67$). Um eine hohe Gleichmäßigkeit in dem Fertigungslos zu erzielen, wird eine QRK mit gegenüber der Shewhart-QRK erweiterten Eingriffsgrenzen angelegt. Abb. 6.5. Die obere Eingriffsgrenze ist $OEG = C + 2{,}19\sigma$; somit ist $k_A = 2{,}81$.

gesucht: Korrektursimulation

Lösung: Liegt die Fertigungsverteilung auf Toleranzfeldmitte C, dann ist die Annahmewahrscheinlichkeit $P_a \approx 1$.

Hinweis: Theoretisch ist wegen $u = (EG - C) / \sigma_{\bar{x}} = 3{,}7932$ die Annahmewahrscheinlichkeit $P_a = 0{,}99986$.

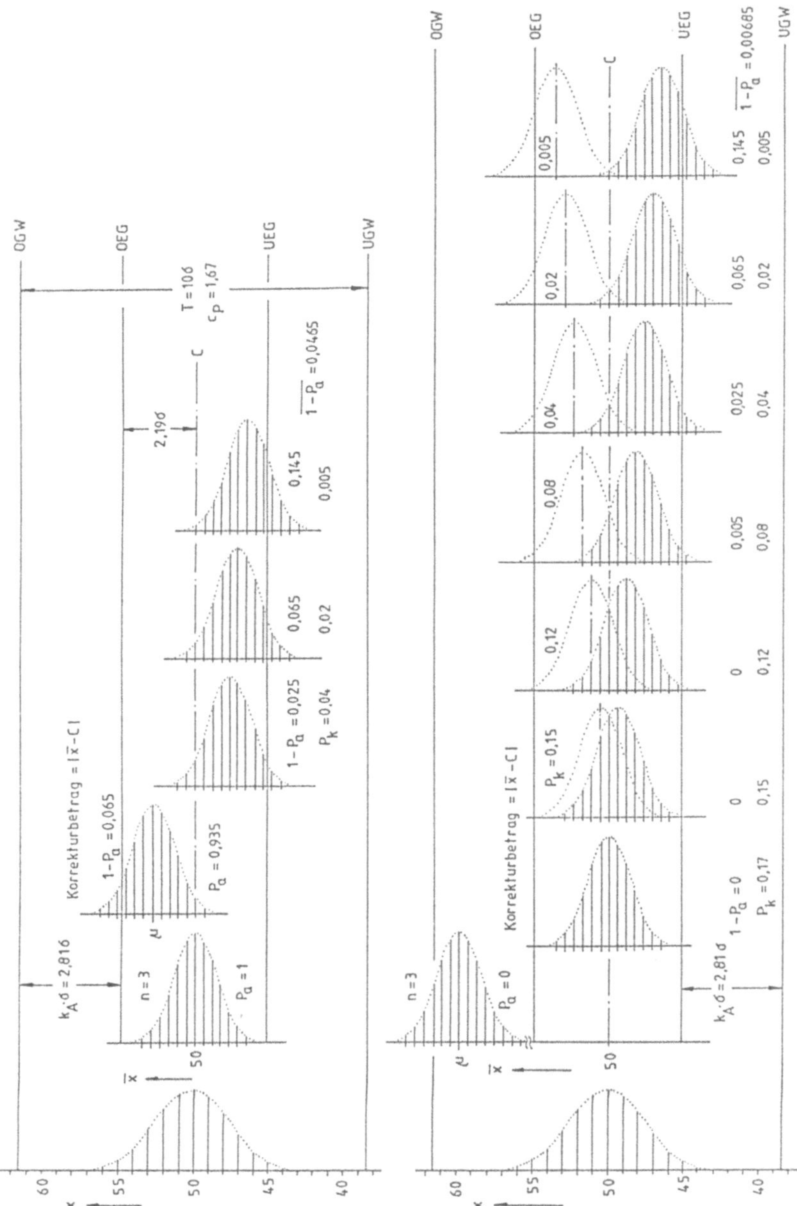

Abb. 6.5 Simulation der Prozeßkorrektur bei einer Mittelwert-QRK mit n – k_A = 3 – 2,81 bei c_p = 1,67; es handelt sich um eine in die Mitte des Toleranzfeldes gelegte Shewhart-QRK mit erweiterten Eingriffsgrenzen; zu Beispiel 6.3

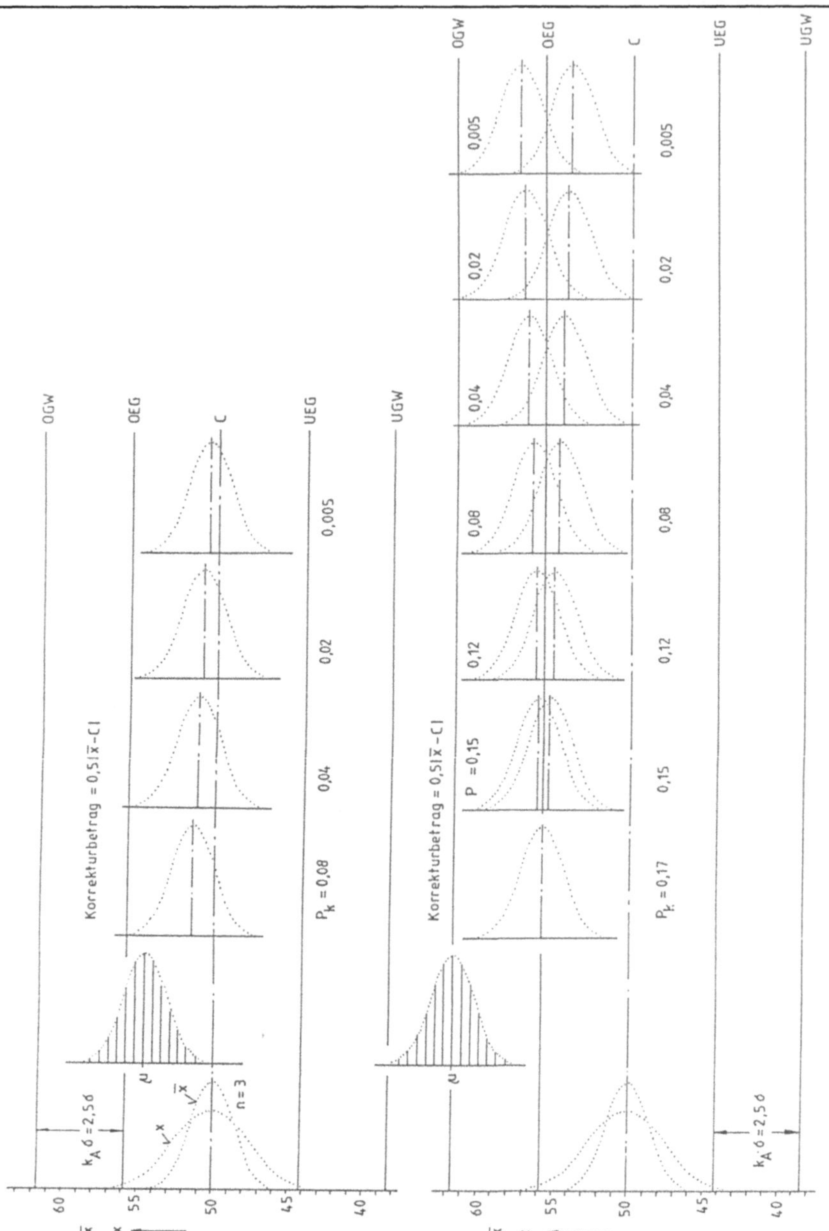

Abb. 6.6 Simulation der Prozeßkorrektur bei einer Mittelwert-QRK wie in Abb. 6.2; jedoch ist der Korrekturbetrag = $0{,}5\ |\overline{x} - C|$

Ist die Fertigungsverteilung so weit vom Mittenwert C entfernt, daß die Mittelwerte vollständig über der OEG oder unter der UEG liegen, dann wird auf die 13 Korrekturpositionen korrigiert, die identisch sind mit denen in den Abb. 6.2 und 6.4. Nur ist gegenüber der Abb. 6.4 die mittlere Eingriffswahrscheinlichkeit nach der Korrektur mit $1 - P_a = 0{,}00685$ unter 1%.

In den bisherigen Beispielen 6.1 bis 6.3 und in den Bildern 6.2 bis 6.5 ist zum Zwecke des besseren Vergleichs eine Prozeßfähigkeit von einheitlich $c_P = 1{,}67$ unterstellt worden. Für andere c_P-Werte können – zumindest rein gedanklich – die Grenzwerte nach innen oder nach außen verschoben werden.

Häufig wird behauptet, daß es beim Führen von Mittelwert-QRK zweckmäßig sein kann, die Korrektur mit einem Bruchteil des Abweichungsbetrages $|x - C|$ vorzunehmen. Auch die handelsüblichen Meßsteuerungen können darauf programmiert werden. Dieser Fall werde untersucht am Beispiel eines Korrekturbetrages von $0{,}5 * |\overline{x} - C|$. Ist die Abweichung der Prozeßverteilung vom Mittenmaß C gering, Abb. 6.6 oben, ergeben sich Korrekturpositionen, die etwas dichter beim Mittenwert liegen verglichen mit den Korrekturpositionen in den vorhergehenden Abbildungen. Bei größeren Abweichungen $|\mu - C|$ wird jedoch mit der Korrektur um $0{,}5 * |\overline{x} - C|$ erheblich unterkorrigiert Abb. 6.6 unten. Da durch den Mittelwert $\overline{x}$ die wahre Lage von μ und somit das Ausmaß der Abweichung nicht bekannt wird, ist ausschließlich die Korrektur um $|\overline{x} - C|$ zu empfehlen, sofern die Abweichungen durch Eingriffe oder durch singuläre Störungen, d.h. durch sprunghafte Lageveränderungen verursacht werden. Die Korrektur bei Trendprozessen wird in Kap. 7.3 erörtert.

6.2.2 Prozeßkorrektur beim Führen von Median-QRK

Werden Median-QRK geführt, dann ist der Median, mit dem die Eingriffsgrenzen überschritten werden, die bestmögliche Schätzung für den Mittelwert μ der momentanen Fertigungsverteilung. Als bester Korrekturbetrag ergibt sich damit die Differenz zwischen diesem Median und dem Mittenwert $|\tilde{x} - C|$. Nach der Korrektur um diesen Betrag liegt die Fertigungsverteilung mit hoher Wahrscheinlichkeit in einem engen Bereich um den Mittenwert C.

Da die Mediane um den n-abhängigen Faktor c_n stärker streuen als die Mittelwerte $\overline{x}$, unterscheiden sich die Korrekturergebnisse von denen der Mittelwert-QRK nur dadurch, daß die Korrekturpositionen um den Faktor c_n weiter auseinander liegen.

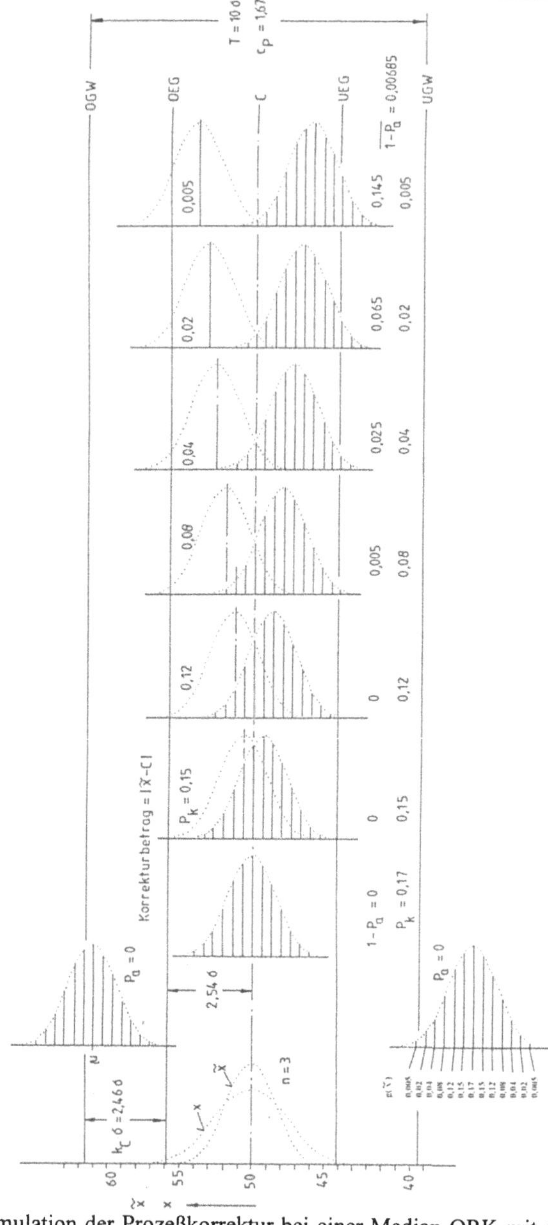

Abb. 6.7 Simulation der Prozeßkorrektur bei einer Median-QRK mit $n - k_C = 3 - 2{,}46$ bei $c_P = 1{,}67$; es handelt sich um eine Shewhart-QRK mit erweiterten Eingriffsgrenzen; Korrekturbetrag = $|\tilde{x} - C|$

In Abb. 6.7 ist eine Median-QRK mit gegenüber einer Shewhart-QRK erweiterten Eingriffsgrenzen angelegt; die Korrektursimulation erfolgt aus einer Prozeßlage mit $1 - P_a = 1$. Da auch die Eingriffsgrenzen um den Faktor c_n weiter auseinander liegen als bei der vergleichbaren Mittelwert-QRK in Abb. 6.5, sind die mittleren Eingriffswahrscheinlichkeiten nach der Korrektur in beiden Fällen gleich groß.

Alle bisher durchgeführten Korrektursimulationen mit einer diskretisierten NV mit 13 Klassen für die Einzelwerte und für die Kennwerte haben einerseits den Nachteil, daß sie nur zu angnäherten Ergebnissen führen gegenüber der exakten Rechnung mit einer stetigen NV. Andererseits haben reale QRK wegen der stets begrenzten Meßgenauigkeit oft weniger als 13 Klassen für die Mittelwerte oder für die Mediane zur Verfügung. Beispielweise ist die Darstellung in Abb. 6.7 in dem Sinne nicht realistisch, als daß Mediane stets Urwerte sind und daher nicht mehr Klassen aufweisen können als dafür nach den Urwerten zur Verfügung stehen.

Daher wurde das Beispiel in Abb. 6.7 derart modifiziert, daß die Mediane nur in den ganzzahligen 9 Klassen in der Mitte der Verteilung der Urwerte vorkommen, Abb. 6.8. Die Korrektur aus den 9 Klassen für die Mediane auf die 9 Korrekturpositionen unterscheidet sich im Prinzip nicht von dem Ergebnis in Abb. 6.7; in beiden Fällen ist die mittlere Eingriffswahrscheinlichkeit nach der Korrektur kleiner als 1%.

Anmerkung: Die in Abb. 6.8 zur Simulation der Median-Verteilung verwendete Modell-Verteilung hat die Streuung $\sigma_{\tilde{x}} = 1{,}5297$ und ist damit angenähert so groß wie der Parameter, der sich aus der Streuung der Einzelwerte berechnet:

$$\sigma_{\tilde{x}} = 1{,}160 * 2{,}3108 \,/\, \sqrt{3} = 1{,}5476$$

Die bisherigen Beispiele für Median-QRK seien ergänzt durch eine Median-QRK mit erweiterten Eingriffsgrenzen für n = 5, Abb. 6.9.

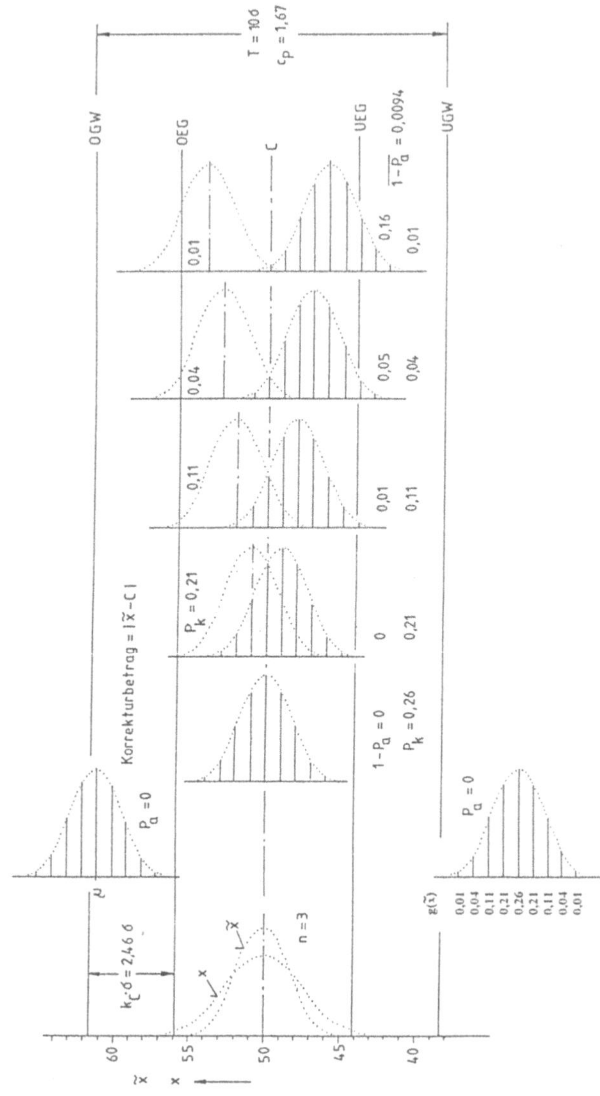

Abb. 6.8 Simulation der Prozeßkorrektur bei einer Median-QRK wie in Abb. 6.7; die Simulation der Verteilung der Mediane erfolgt mit nur 9 Klassen

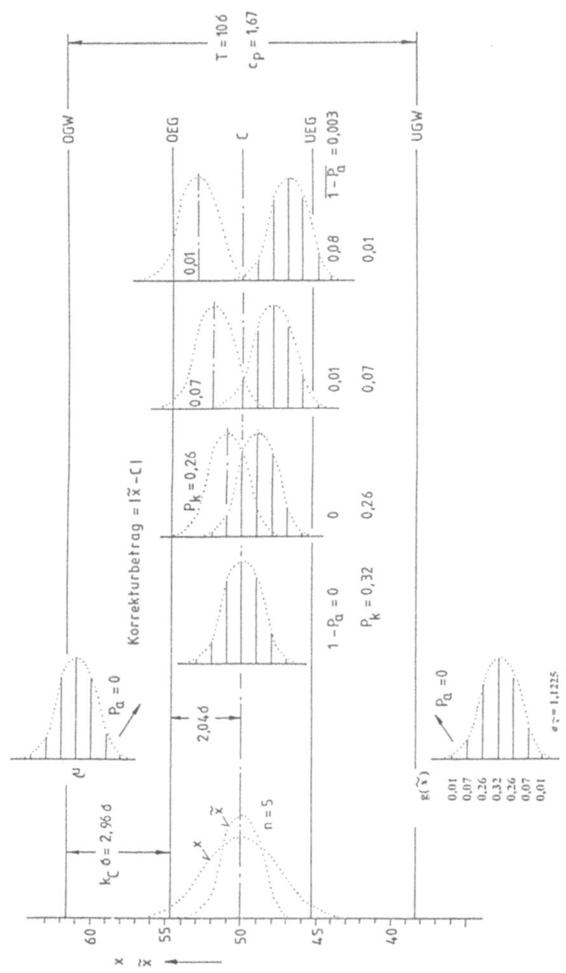

Abb. 6.9 Simulation der Prozeßkorrektur bei einer Median-QRK mit $n - k_C = 5 - 2{,}96$ bei $c_P = 1{,}67$

6.2.3 Prozeßkorrektur beim Führen von Urwert-QRK

Urwert-QRK haben den Vorteil, daß sie einfach zu führen sind. Alle Urwerte einer Stichprobe werden in die QRK eingetragen. Liegen alle Urwerte innerhalb der Eingriffsgrenzen, wird auf Nichteingriff entschieden, anderenfalls erfolgt Eingriff.

Bei geringen Abweichungen der Prozeßlage vom Mittenwert $|\mu - C|$ werden die Eingriffsgrenzen in der Regel nur von einem der n Werte der Stichprobe, nämlich dem Extremwert x_E überschritten. Dadurch wird die (völlig falsche) Vorstellung suggeriert, daß dieser Extremwert „schlecht" ist und die anderen n-1 Meßwerte „gut" sind. Bei dieser Vorstellung liegt die Vermutung nahe, daß der Prozeß um die Abweichung $|x_E - C|$ des Extremwertes korrigiert werden müsse. Dieser Fall wird im folgenden Beispiel simuliert.

■ **Beispiel 6.4**

gegeben: Für ein vorgegebenes Merkmal ist die Toleranz $T = 10\sigma$ ($c_P = 1{,}67$). Es wir eine Urwert-QRK für n = 3 angelegt; die Eingriffsgrenzen wurden nach der Faustregel $|GW - EG| = 0{,}15T$ festgelegt, Abb. 6.10.

Liegt die Fertigungsverteilung auf Toleranzfeldmitte C, dann liegen alle Urwerte in den Eingriffsgrenzen bei einer Annahmewahrscheinlichkeit von $P_a \approx 1$. Wegen des Abstandes $|EG - C| = 3{,}5\sigma$ ist die Annahmewahrscheinlichkeit exakt $P_a = 0{,}99954^3 = 0{,}9986$.

gesucht: Korrektursimulation

Lösung: In Abb. 6.10 ist oben der Fall dargestellt, daß die oberen 3 Klassen für die Urwerte oberhalb der OEG liegen. Fällt der Extremwert einer Stichprobe in eine dieser 3 Klassen und wird um $|x_E - C|$ korrigiert, dann ergeben sich die drei dargestellten Korrekturpositionen. Es wird erheblich überkorrigiert mit der Folge, daß die Eingriffswahrscheinlichkeiten nach der Korrektur recht hoch sind.

Die Korrektur aus den äußeren Klassen erfolgt in die gleichen Korrekturpositionen, wenn $|\mu - C|$ größer ist, Abb. 6.10 unten oder Abb. 6.11. Wegen der starken Überkorrektur aus den äußeren Klassen liegt die Vermutung nahe, daß es zweckmäßig sein könnte, mit einem Bruchteil des Abstandes des Extremwertes vom Mittenwert zu korrigieren, beispielsweise mit $0{,}5\ |x_E - C|$. Im Falle geringer Abweichungen wird diese Vermutung bestätigt, Abb. 6.10 oben rechts; die Fertigungsverteilung wird nahezu ideal auf Toleranzfeldmitte korrigiert. Sind die Mittenabweichungen jedoch größer, dann führt die Korrektur um $0{,}5\ |x_E - C|$ zu einer nicht vertretbaren Unterkorrektur, Abb. 6.12.

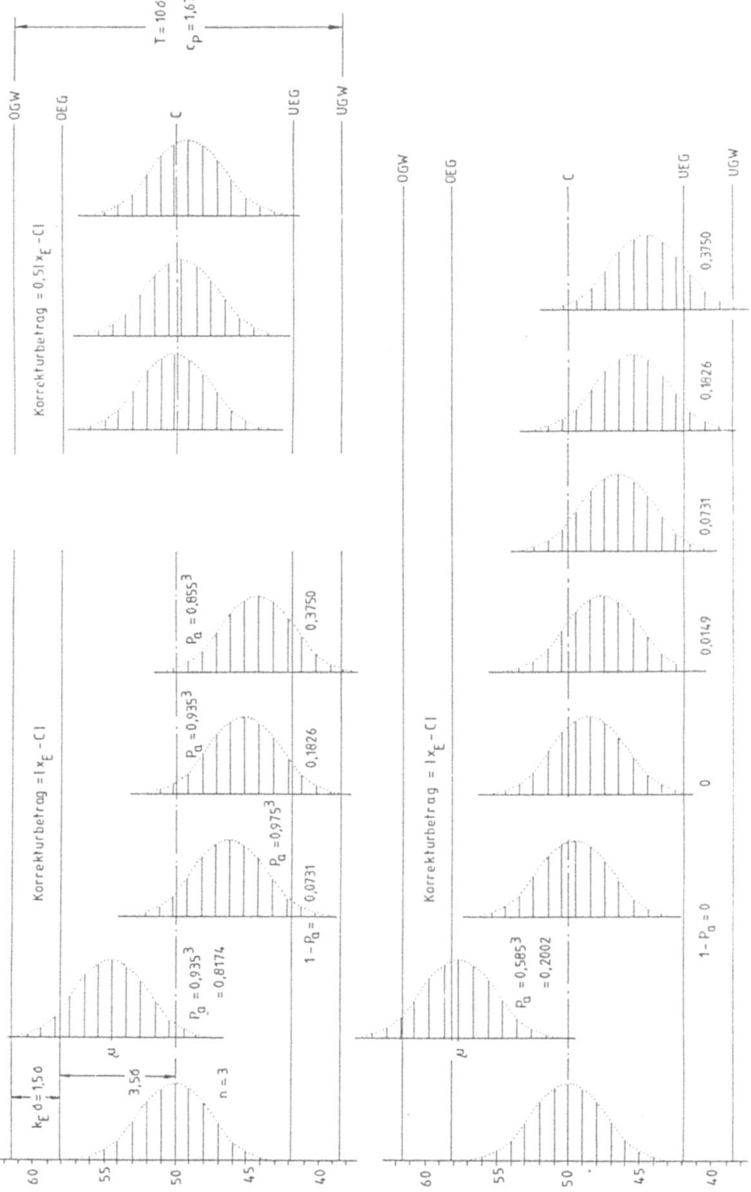

Abb. 6.10 Simulation der Prozeßkorrektur bei einer Urwert-QRK mit $n - k_E = 3 - 1{,}5$; die Korrektur erfolgt um die Abweichung des Extremwertes $|x_E - C|$; zu Beispiel 6.4

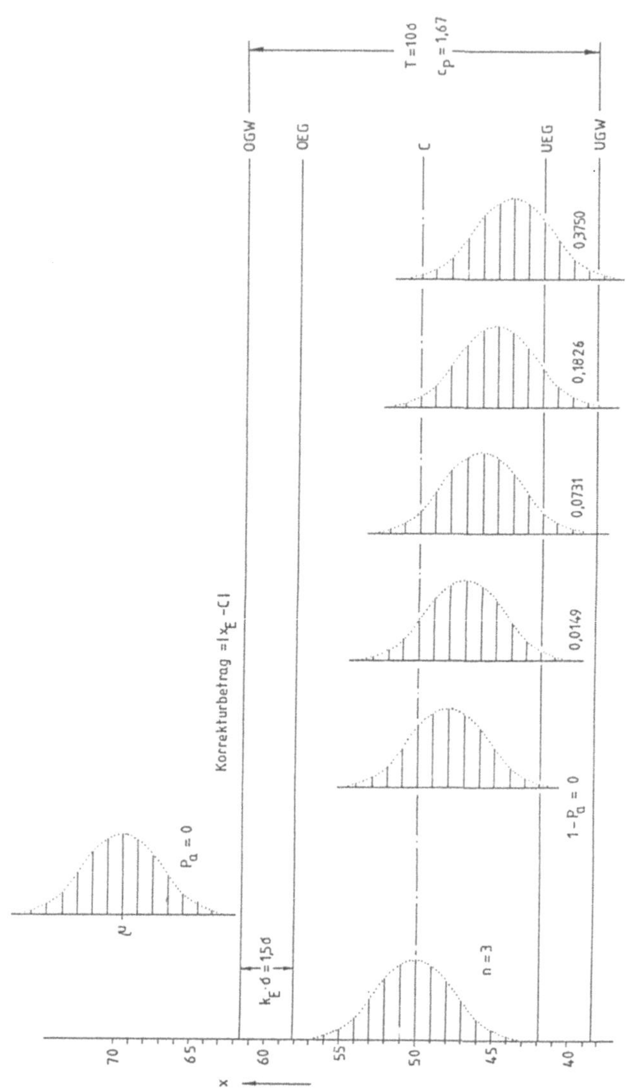

Abb. 6.11 Simulation der Prozeßkorrektur bei einer Urwert-QRK; Fortsetzung von Abb. 6.10; zu Beispiel 6.4

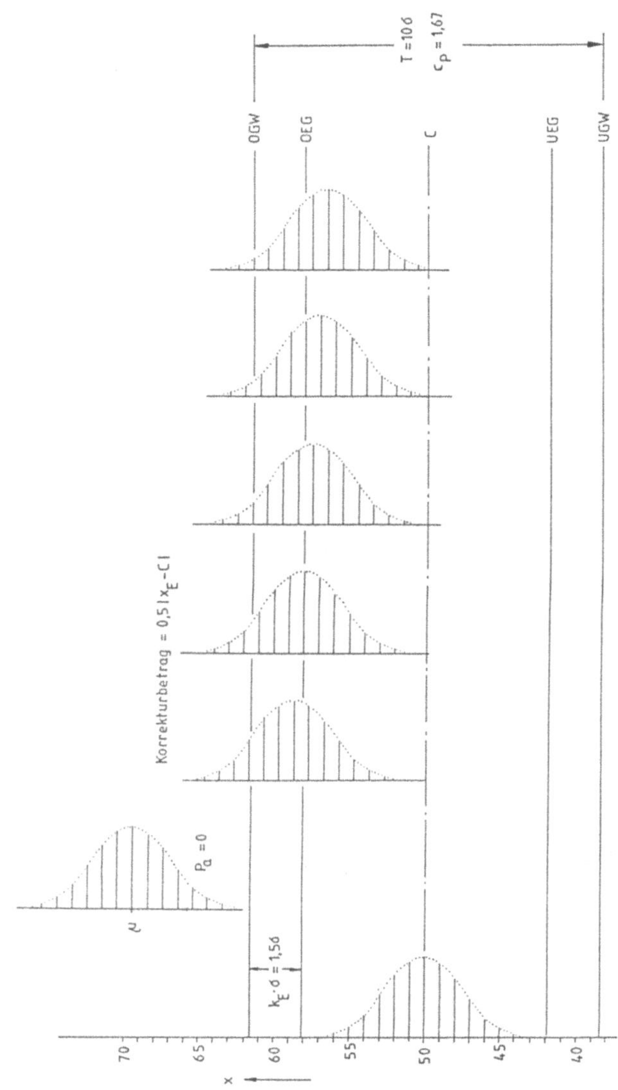

Abb. 6.12 Simulation der Prozeßkorrektur bei einer Urwert-QRK wie in Abb. 6.10; es ist jedoch der Korrekturbetrag = 0,5 $|x_E - C|$; zu Beispiel 6.4

Die Darstellungen in den Abb. 6.10 bis 6.12 führen zu der Erkenntnis, daß beim Führen von Urwert-QRK eine Korrektur um den Extremwert oder um einen davon abgeleiteten Wert nicht zu dem gewünschten Erfolg führen kann.

Eine Korrektur um den arithmetischen Stichprobenmittelwert kommt auch nicht in Frage, weil dies dem Zweck der Urwert-QRK: einfache Handhabung unter Verzicht auf Rechenoperationen, widerspräche.

Mithin bleibt als einzige Korrekturmöglichkeit beim Führen von Urwert-QRK die Korrektur um die Abweichung des Medians $|\tilde{x} - C|$.

■ **Beispiel 6.5**

gegeben: Die Toleranz ist $T = 12\sigma$ ($c_P = 2{,}0$). Es wird eine Urwert-QRK für n = 3 nach Shewhart angelegt

a) mit $\alpha = 0{,}01$ und – alternativ –

b) mit erweiterten Eingriffsgrenzen

gesucht: Korrektursimulation um den Betrag $|\tilde{x} - C|$.

Lösung: In Abb. 6.13 sind die zwei Urwert-QRK angelegt und es wird aus einer Prozeßlage mit $P_a = 0$ um den jeweils zweiten Urwert einer Stichprobe, dem Median, korrigiert. Es ergeben sich die 9 Korrekturpositionen wie bei der Median-QRK in Abb. 6.8. Nach der Korrektur werden die Eingriffsgrenzen

a) bei der Shewhart-QRK um $1 - P_a = 4\%$ und

b) bei der QRK mit erweiterten Eingriffsgrenzen um $1 - P_a < 1\%$

überschritten.

In Abb. 6.14 ist ein weiteres Beispiel angegeben für n = 5 mit der Kombination: Eingriff erfolgt bei Überschreiten der Eingriffsgrenzen der Urwert-QRK durch einen Extremwert und Korrektur erfolgt um die Abweichung des Medians vom Mittenwert.

Die in den Abb. 6.13 und 6.14 angegebenen Lösungsmöglichkeiten haben den Nachteil, daß bei geringen Abweichungen $|\mu - C|$ der Median $\tilde{x}$ in der Regel in den Eingriffsgrenzen liegt, wenn durch den außerhalb der Eingriffsgrenzen liegende Extremwert x_E der erforderliche Eingriff signalisiert wird. Es wird also mit einem Urwert korrigiert, der den Eingriff nicht ausglöst hat. Dies erfordert eine intensive Unterweisung des Personals.

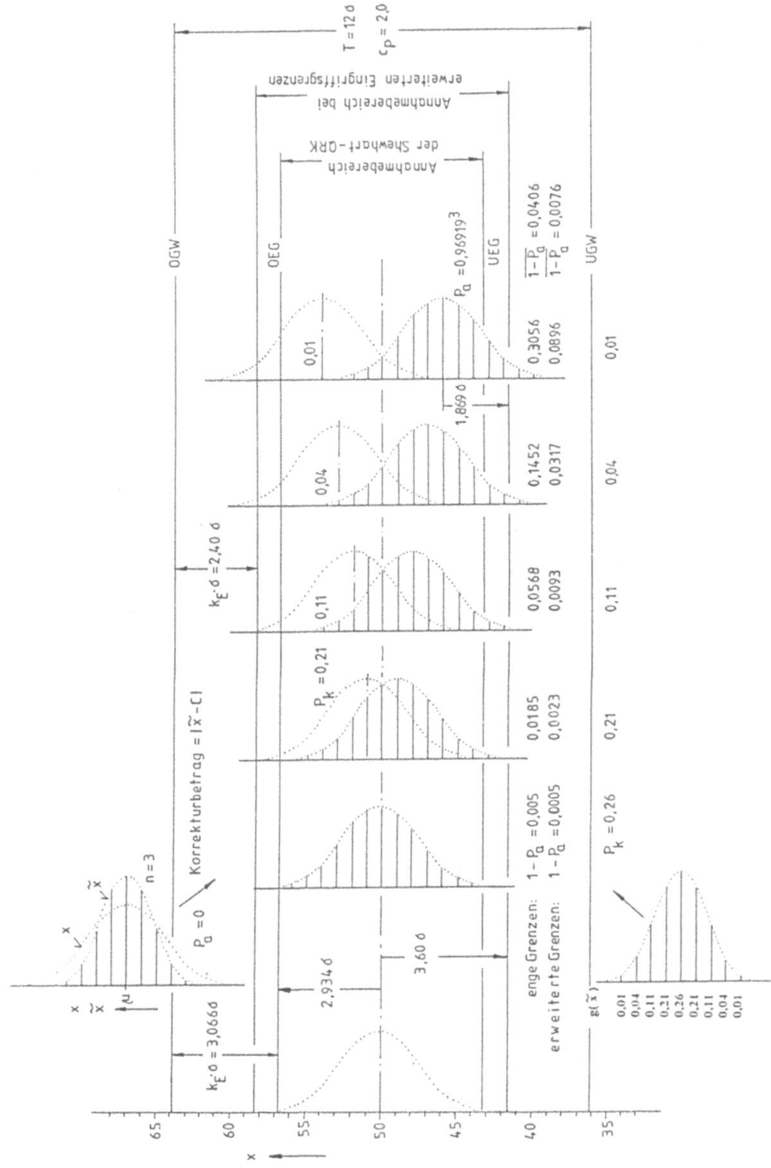

Abb. 6.13 Simulation der Prozeßkorrektur bei einer Urwert-QRK mit $n - k_E = 3 - 2{,}40$ (3,066); Korrekturbetrag $= |\tilde{x} - C|$; zu Beispiel 6.5

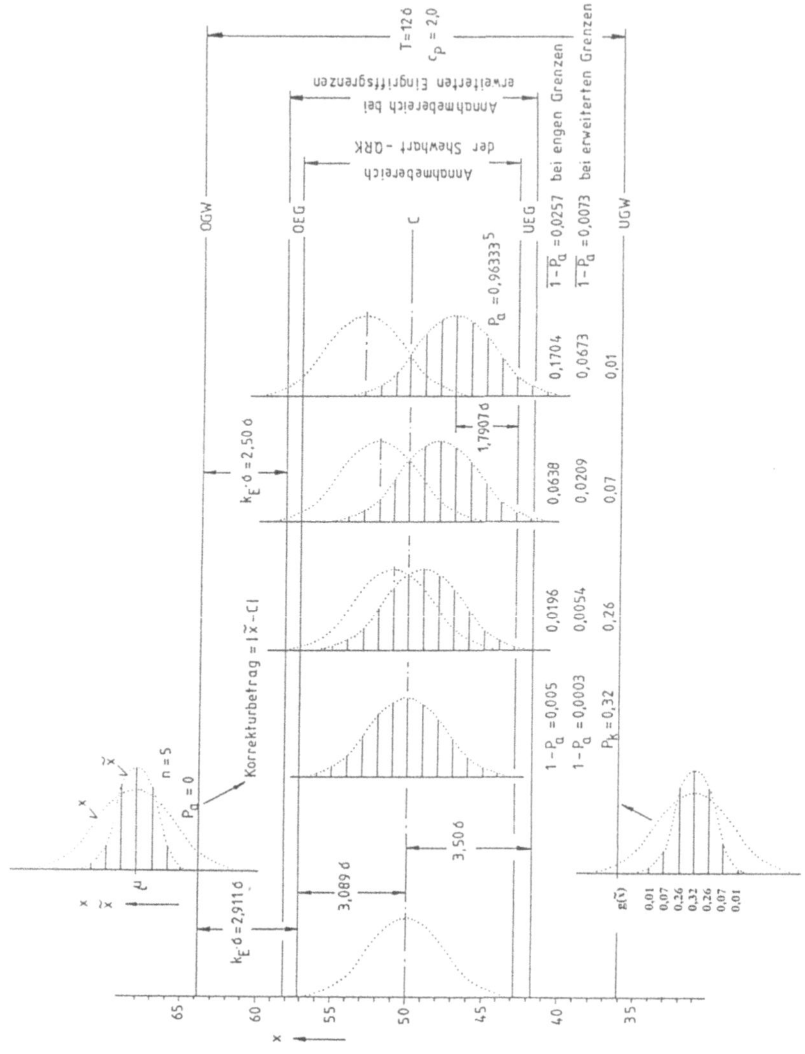

Abb. 6.14 Simulation der Prozeßkorrektur bei einer Urwert-QRK mit n – k_E = 5 – 2,50 (2,911); Korrekturbetrag = $|\tilde{x} - C|$

Es stellt sich daher die Frage, ob es nicht konsequenter wäre, auf die Urwert-QRK grundsätzlich zu verzichten und statt dessen die Median-QRK einzusetzen. Diese wird schließlich genauso geführt wie eine Urwert-QRK, indem die n Urwerte einer Stichprobe in die QRK eingetragen werden; zusätzlich braucht nur noch der zentrale Wert markiert zu werden und es erfolgt Nichteingriff, wenn dieser in den Eingriffsgrenzen liegt. Dagegen erfolgt Eingriff, wenn der markierte Urwert, der Median, außerhalb der Eingriffsgrenzen liegt. Gleichzeitig wird um die Abweichung dieses Medians vom Mittenwert $|\tilde{x} - C|$ korrigiert.

Anmerkung: In der Betriebspraxis werden traditionell überwiegend Urwert-QRK eingesetzt, wenn QRK manuell geführt werden. Diese Urwert-QRK werden von übergeordneten Stellen geplant, berechnet und angelegt. Diese Stellen überlassen es jedoch in der Regel den Maschinenführern oder den Güteprüfern, die jeweils erforderliche Prozeßkorrektur nach „Gefühl“ oder nach „Erfahrung“ in eigener Entscheidung vorzunehmen.

Die Erkenntnis, daß bei den Urwert-QRK die Prozeßkorrektur problematisch ist, ist das wichtigste Ergebnis der in diesem Kapitel durchgeführten Korrektursimulationen.

6.3 Prozeßkorrekturen bei Lage-QRK nach Shewhart

Diese QRK werden bevorzugt für Merkmale geführt, für die keine Grenzwerte vorgegeben sind. Es geht daher nicht darum, Fehler zu vermeiden, da diese gar nicht definiert sind. Zweck dieser QRK ist ausschließlich, eine möglichst hohe Gleichmäßigkeit in den Fertigungslosen zu erzielen.

Dazu kann im Falle eines Eingriffs die Prozeßkorrektur beitragen, indem – wie in Kapitel 6.2 ausführlich erläutert – ausschließlich um den besten Schätzwert für die Abweichung vom Sollwert M korrigiert wird, und dies ist bei

der Mittelwert-QRK: $|\bar{x} - M|$

der Median-QRK: $|\tilde{x} - M|$ und

der Urwert-QRK: $|\tilde{x} - M|$

Die in Kapitel 6.2 enthaltenen Hinweise auf QRK mit gegenüber der Shewhart-QRK erweiterten Eingriffsgrenzen gelten auch für QRK ohne vorgegebene Grenzwerte. Die Faktoren für die QRK mit erweiterten Eingriffsgrenzen in Tabelle 6 sind empirisch derart bestimmt, daß nach einer Korrektur aus einer Prozeßlage mit $P_a = 0$ die Eingriffswahrscheinlichkeit im Mittel kleiner ist als 1%.

6.4 Besonderheiten bei Prozeßkorrekturen

6.4.1 Streuungsvergrößerung bei weiten Eingriffsgrenzen

An anderer Stelle (Kapitel 4.4.2) war beschrieben worden, daß die Mitarbeiter in der Fertigung traditionell der Meinung sind, daß durch die Festlegung von Eingriffsgrenzen die ihnen zustehende Toleranz – zumindest teilweise – weggenommen wird. Um die Toleranz ausschöpfen zu können, fordern sie, daß die Eingriffsgrenzen möglichst dicht bei den Grenzwerten liegen müssen, damit in der Mitte des Toleranzfeldes ein genügend großer Spielraum bleibt für Fehleinstellungen und für mögliche Trends, ohne daß unnötig in den Prozeß eingegriffen wird.

Zur Simulation der Prozeßlage und der Prozeßkorrektur beim Vorliegen weiter Eingriffsgrenzen und zur Ermittlung ihres Einflusses auf die Gesamtstreuung sind zwei Fälle zu unterscheiden.

Einmal werde angenommem, der Prozeß sei – wie bisher stets unterstellt – absolut stabil, d.h. er verharrt seiner Natur nach in einer eimal eingestellten Prozeßlage, aus der heraus er durch singuläre Störungen wie Werkzeugwechsel oder Chargenwechsel in eine andere aber dann wieder stabil bleibende Lage verändert wird. Die unter dieser Annahme durchgeführte Simulation und ihre Ergebnisse gelten nicht für den Fall, daß ein Prozeß permanent instabil ist.

■ **Beispiel 6.6**

gegeben: Für ein vorgegebenes Merkmal ist die Toleranz $T = 12\sigma$ ($c_P = 2{,}0$). Damit der Fertigung ein möglichst großer Spielraum verbleibt, soll eine Mittelwert-QRK mit $n - k_A = 3 - 2{,}0$ geführt werden.

gesucht:
1) Spielraum für die Fertigung
2) Prozeß- und Korrektursimulation zwecks Abschätzung der Vergrößerung der Gesamtstreuung als Folge des Spielraums.

Lösung:
1) Nach Bild 4.14 ist für $n - k_A = 3 - 2{,}0$ der Platzbedarf $(T - S)/\sigma = 6{,}15$; somit ist bei $T = 12\sigma$ der Spielraum $S = 5{,}85\sigma$.
2) Es sei angenommen, daß der Prozeß anfangs zum Zeitpunkt t_0 in dem Maße falsch eingestellt ist, daß die Prozeßlage um den halben Spielraum zu hoch ist, Abb. 6.15 links. Dann erfolgt überwiegend Annahme (Nichteingriff) und der Prozeß läuft mit $P_a = 0{,}97$ weiter. Das bedeutet, daß im Durchschnitt jedes 33. mal eingegriffen wird. Wenn danach oder nach einem in Abb. 6.15 eingezeichneten Werkzeugwechsel zum Zeitpunkt t_1 mit Lageverschiebung auf eine Position mit $P_a = 0{,}003$ auf Mittenwert oder in dessen Nähe korrigiert

wird, dann läuft der Prozeß in dieser Lage bis zur nächsten Korrektur beispielsweise nach einem erneuten Werkzeugwechsel zum Zeitpunkt t_2 weiter.

Im Zeitraum zwischen t_0 und t_2 wird eine Mischverteilung MV gefertigt, die aus zwei gleichgroßen Teillosen mit jeweils der momentanen Streuung σ_0 und dem Abstand $S/2 = 2{,}925\sigma_0$ besteht. Die Standardabweichung dieser MV ist

$$\sigma_{MV} = \sqrt{\sigma_0^2 + \sigma_{S/2}^2} = \sqrt{\sigma_0^2 + 2{,}1389\,\sigma_0^2}$$

Anmerkung: Die Berechnung von $\sigma_{S/2}$ erfolgt durch Eingabe von 0 und von S/2 in das Statistik-Programm des Taschenrechners. In diesem Beispiel Eingabe von 0 und von 2,925 und Abruf von $\sigma_n = \sigma_{S/2} = 1{,}4625\sigma_0$. Dann ist $\sigma_{S/2}^2 = 2{,}1389\,\sigma_0^2$.

Damit verhält sich die Streuung der MV zur momentanen Streuung wie

$$\sigma_{MV}/\sigma_0 = \sqrt{1 + 2{,}1389} = 1{,}7717$$

Die Streuungsvergrößerung um maximal und zeitweilig 77% ist zwar wegen der guten Prozeßfähigkeit zu verkraften; da jedoch der große Spielraum keine Vorteile aufweist, ist es nicht zweckmäßig, so große Spielräume zuzulassen oder gar vorzusehen.

Das letzte Beispiel gilt nur für den Fall einer periodischen Führung der QRK, bei der ein genügend großer Abstand zwischen den Stichproben liegt. Bei einer kontinuierlichen Prüfung entsteht die MV allenfalls über einen kurzen Zeitraum und hat daher keinen wesentlichen Einfluß auf die Gesamtstreuung. Bei einer kontinuierlichen Prüfung mit ausschließlich sprunghaften Lageveränderungen wäre ein zu großer Spielraum weniger störend; dennoch ist er zu vermeiden, da er überhaupt keine Vorteile aufweist.

Die Vergrößerung der Gesamtstreuung gegenüber der momentanen Streuung σ_{ges}/σ_0 in Abhängigkeit vom relativen Spielraum S/σ_0 ist in Abb. 6.17 berechnet und dargestellt. Wie aus der Formel für die Berechnung hervorgeht gilt diese Streuungszunahme exakt nur für den im letzten Beispiel beschriebenen Sonderfall, daß die Fertigungsverteilung während eines bestimmten Zeitraums genau auf der Spielraumgrenze ($P_a = 0{,}99^n$) liegt und danach während eines gleichgroßen Zeitraums genau auf Toleranzfeldmitte. Das so gefertigte Teillos hat eine Mischverteilung, die zweigipfelig ist und aus zwei gleichgroßen Normalverteilungen besteht mit dem Abstand S/2, punktierte Hüllkurve in Abb. 6.15 rechts.

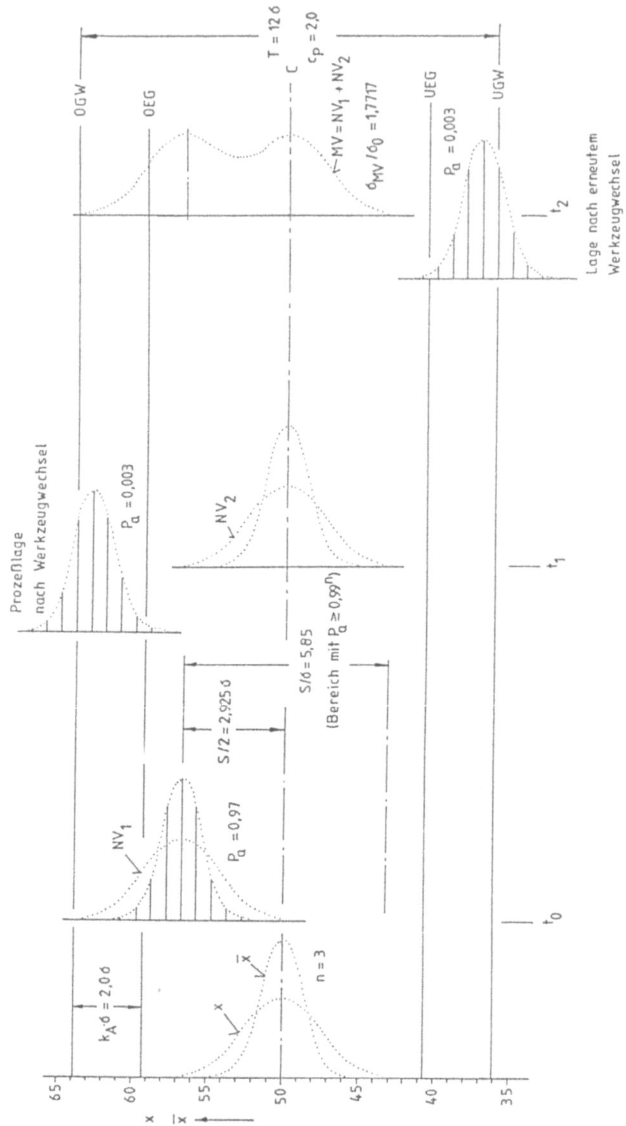

Abb. 6.15 Simulation der Prozeßführung bei weiten Eingriffsgrenzen und großem Spielraum; vom Zeitpunkt t_0 bis t_1 liegt der Prozeß an der oberen Grenze des Spielraums, von t_1 bis t_2 auf Toleranzfeldmitte. Die Mischverteilung ist MV = $NV_1 + NV_2$; zu Beispiel 6.6

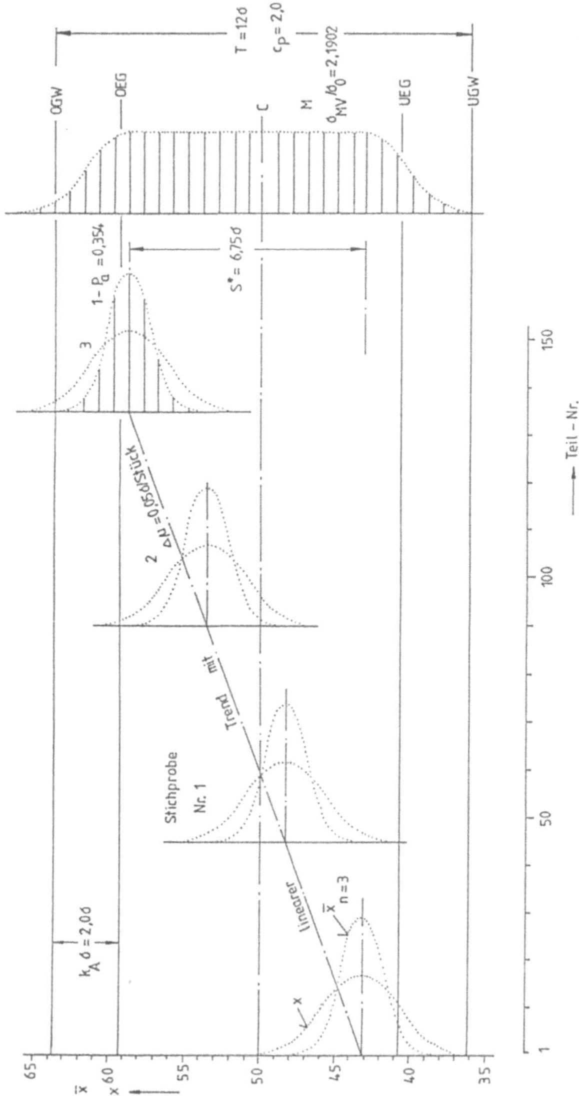

Abb. 6.16 Simulation der Prozeßführung bei weiten Eingriffsgrenzen und großem Spielraum; wegen eines linearen Trends von $0{,}05\sigma$/Stück wird eine MV gefertigt; der Trend läuft bis an die obere Eingriffsgrenze mit $1\text{-}P_a = 0{,}354$; zu Beispiel 6.7

Für alle anderen denkbaren Fälle – und deren gibt es unendlich viele – ist die in Abb. 6.17 dargestellte Abhängigkeit $\sigma_{ges}/\sigma_0 = f(S/\sigma_0)$ nur eine grobe Näherung. Denkbar ist, daß der Abstand der Verteilungen in zwei Zeitintervallen kleiner ist als $S/2$, dann ist die Streuungszunahme geringer. Denkbar ist aber auch, daß im Extremfall der Abstand größer ist als $S/2$, dann ist die Streuungszunahme größer. In jedem Fall ist die mögliche Streuungsvergrößerung σ_{ges}/σ_0 umso größer, je größer der Spielraum ist. Bei einem Spielraum von $S/\sigma_0 < 2$ ist in der Regel eine geringe Streuungszunahme als Folge des Spielraums zu erwarten.

Der zweite Fall, der bei der Simulation der Prozeßlage und der Prozeßkorrektur bei weiten Eingriffsgrenzen unterschieden werden kann, ist die Annahme, daß der Prozeß permanent instabil ist und beispielsweise einen Trend aufweist. Diese Trends verlaufen oft zunächst degressiv, dann linear und später progressiv. Zur Vereinfachung der Beurteilung von Trendprozessen werde angenommen, daß die Steigung des Trends konstant ist, so daß er einen linearen Verlauf aufweist.

Wie in Kapitel 7.3 ausführlicher erläutert hat bei Vorhandensein eines permanenten Trends die Korrektur um den Betrag $|\overline{x} - C|$ zur Folge, daß der Gesamtmittelwert des gefertigten Loses vom Mittenwert C erheblich abweicht. Daher muß je nach Steilheit des Trends und nach Größe des Spielraums der Korrekturbetrag größer gewählt werden, damit der Trend auf der Seite des Toleranzfeldes wieder anläuft, aus der er danach herausläuft.

■ **Beispiel 6.7**

gegeben: Toleranz $T = 12\sigma$ und es soll eine Mittelwert-QRK mit $n - k_A = 3 - 2{,}0$ geführt werden. Der Prozeß hat einen Trend von $0{,}05\ \sigma$ / Stück und es wird manuell (periodisch) geprüft, indem nach jeweils 45 gefertigten Einheiten eine Stichprobe entnommen wird.

gesucht:
1) Spielraum für die Fertigung
2) Prozeß- und Korrektursimulation zwecks Abschätzung der Streuungszunahme als Folge des großen Spielraums.

Lösung:
1) Wie im Beispiel 6.6 ist $S = 5{,}85\sigma$, Abb. 6.15.
2) In Abb. 6.16 ist der Trend schematisch dargestellt. Nach $45 * 3 = 135$ gefertigten Einheiten ist die Prozeßlage um $0{,}05 * 135\sigma = 6{,}75\sigma$ gewandert. Würde jetzt bei einer Eingriffswahrscheinlichkeit von $1 - P_a = 0{,}354$ ein Eingriff mit Korrektur auf die Ausgangslage erfolgen, dann würden die bis dahin gefertigten Einheiten eine Mischverteilung MV bilden, die sich zusammensetzt aus der Überlagerung der momentanen NV und der durch den Trend bedingten

Rechteckverteilung RV. Nach [11] hat eine (stetige) RV die Varianz $\sigma_{RV}^2 = R^2/12$. Mithin ist die Varianz der MV

$$\sigma_{MV}^2 = \sigma_0^2 + S^{*2}/12$$

$$\sigma_{MV}^2 = \sigma_0^2 + 6{,}75^2\ \sigma_0^2/12$$

Die Streuungsvergrößerung ist

$$\sigma_{MV}/\sigma_0 = \sqrt{1+6{,}75^2/12} = 2{,}1902$$

Diese enorme Streuungsvergrößerung ist nicht akzeptabel; der in diesem Beispiel vorhandene, große Spielraum ist weder erforderlich noch zweckmäßig.

Die Streuungszunahme σ_{ges}/σ_0 in Abhängigkeit vom relativen, empirischen Spielraum S^*/σ_0 bei Trendprozessen ist ebenfalls in Abb. 6.17 berechnet und dargestellt. Der empirische Spielraum S* ist die mittlere Lageverschiebung infolge eines Trends. Es ist die Differenz zwischen der Prozeßlage vor einer Korrektur und der Prozeßlage nach der vorangegangenen Korrektur. Der empirische Spielraum kann in einfacher Weise abgeschätzt werden über den Mittelwert aller gegen den Trend erfolgten Korrekturbeträge. Diese Abschätzung ist unproblematisch bei einer kontinuierlichen Prüfung mit automatischer Korrektur, bei der die Korrekturbeträge für einen längeren Zeitraum ausgedruckt werden können.

Problematischer ist die Bestimmung des emprischen Spielraums bei einer periodischen Prüfung, bei der manuell korrigiert wird und die Korrekturbeträge nicht erfaßt werden. In diesen Fällen kann es nützlich sein, die Korrekturbeträge über einen längeren Zeitraum zu notieren; auf diese Weise kann die Steilheit des Trends abgeschätzt werden, deren Kenntnis nützlich ist für die Festlegung der Häufigkeit der Stichprobenentnahme.

Die Steigung eines Trends läßt sich – wie im letzten Beispiel – am einfachsten als Mittenverschiebung in der Einheit σ/Stück angeben. Ist der Trend flach verlaufend, biespielsweise

$$\Delta\mu = 0{,}001\sigma/\text{Stück}$$

dann ist die Mittenlage nach 100 gefertigten Einheiten nur um 0,1σ nach oben oder unten verschoben. Ist der Trend dagegen steil, beispielsweise

$$\Delta\mu = 0{,}1\sigma/\text{Stück}$$

dann ist die Mittenlage nach 100 gefertigten Einheiten um 10σ weggedriftet. In Abb. 6.18 sind die Mittenverschiebungen für verschiedene Steigungen eines Trends dargestellt. Mit dieser Darstellung ist es möglich, für jeden Einzelfall die Prüfintervalle bei periodischer Prüfung festzulegen, vorausgesetzt, daß die Steilheit des Trends genügend genau abgeschätzt werden konnte.

Lageveränderung sprunghaft, ohne Trend		**mit Trend, keine sprunghaften Lageveränderungen**	
S/σ_0	$\sigma_{ges}/\sigma_0 = \sqrt{1 + \sigma^2_{S/2}/\sigma_0^2}$	S^*/σ_0	$\sigma_{ges}/\sigma_0 = \sqrt{1 + (S^*/\sigma_0)^2/12}$
1	1,0308	1	1,0408
2	1,1180	2	1,1547
3	1,2500	3	1,3229
4	1,4142	4	1,5275
5	1,6008	5	1,7559
6	1,8028	6	2,0000
7	2,0156	7	2,2546
8	2,2361	8	2,5166

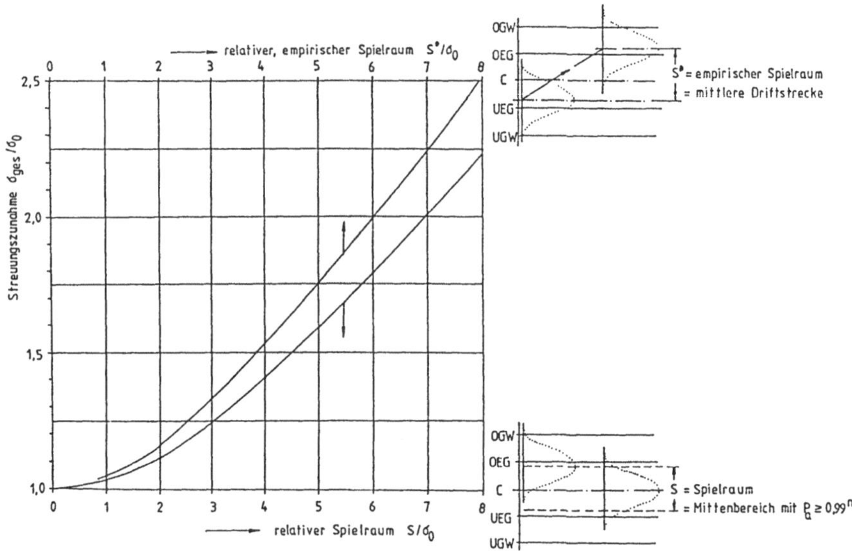

Abb. 6.17 Berechnung und Darstellung der Zunahme der Gesamtstreuung in Abhängigkeit von der Größe des relativen Spielraums S/σ_0 bzw. S^*/σ_0

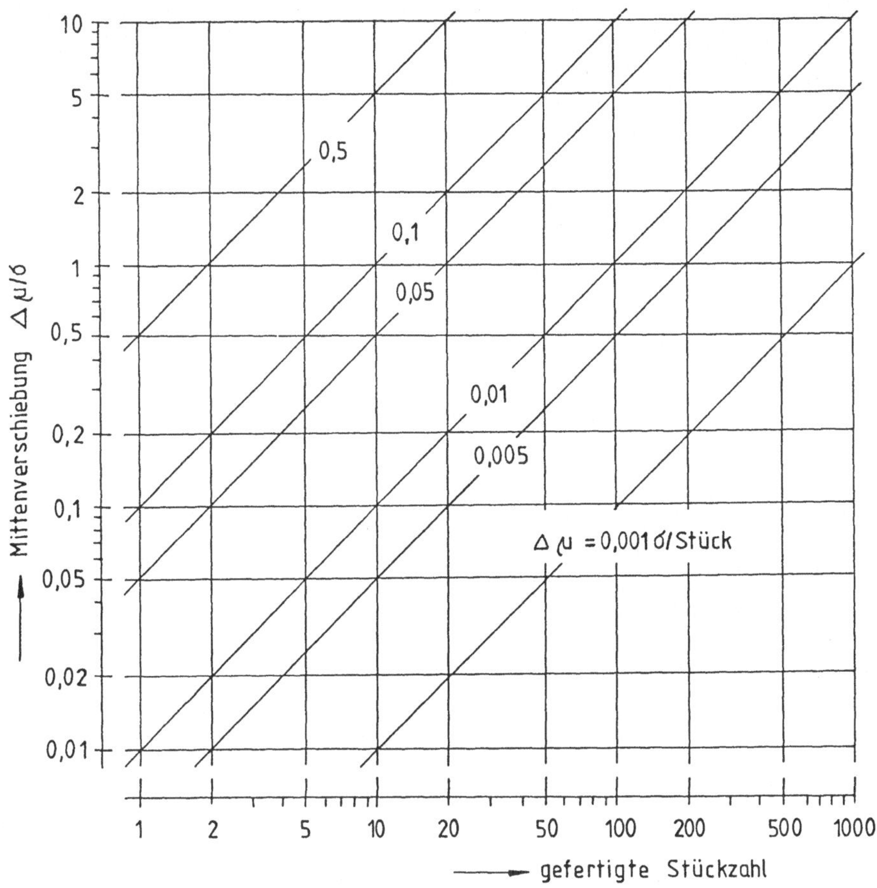

Abb. 6.18 Mittenverschiebung $\Delta\mu/\sigma$ in Abhängigkeit von der gefertigten Stückzahl für verschiedene Steilheiten von linearen Trends

6.4.2 Einfluß enger Eingriffsgrenzen

Bei einer periodischen Prüfung können Annahme-QRK eingesetzt werden; allerdings sollte der Spielraum nicht größer als $S \approx 2\sigma_0$ sein. Der Grenzfall einer Annahme-QRK ist die Lage-QRK nach Shewhart mit den engstmöglichen Eingriffsgrenzen und praktisch keinem Spielraum.

Würden bei einer periodischen Prüfung die Eingriffsgrenzen noch enger gelegt werden, dann käme es bei optimalen Prozeßeinstellungen auf Mitte oder in desssen Nähe häufig zu Fehlkorrekturen, wodurch das Fertigungsergebnis – zumindest hinsichtlich der Zentrierung auf Toleranzfeldmitte – verschlechtert werden würde.

Annahme-QRK mit engeren Eingriffsgrenzen als im Grenzfall einer Shewhart-QRK kommen bei einer periodischen Prüfung nicht in Frage.

Anders ist dies bei einer kontinuierlichen Prüfung, bei der enge oder sogar engste Eingriffsgrenzen zwar einerseits die Gesamtstreuung des Fertigungsloses geringfügig vergrößern andererseits aber eine erhebliche Vergrößerung der Gesamtstreuung als Folge eines permanenten Trends wirksam verhindern, s. Kap.7.

7 QRK bei kontinuierlicher Prüfung

7.1 Allgemeines

Seit Mitte der achtziger Jahre kommen – insbesondere in der Großserienfertigung – in zunehmendem Maße Meßrechner und Meßsteuerungen zum Einsatz. Mit deren Hilfe erfolgt eine 100-prozentige Prüfung des gefertigten Loses, indem alle gefertigten Einheiten Stück für Stück in Bezug auf das relevante Maß oder in Bezug auf mehrere Maße automatisch geprüft werden.

Die Meßwerte werden für jedes Merkmal im Rechner gespeichert und in der programmierten Weise verarbeitet. Die auf diese Weise erstellten QRK können in der jeweils aktuellen Darstellung auf einem Monitor sichtbar gemacht oder für einen längeren Zeitraum ausgedruckt werden.

In der Regel werden $\bar{x}$ - s - QRK geführt. Im Falle der Meßsteuerung erfolgt auch eine automatische Korrektur der Prozeßlage, wenn ein $\bar{x}$-Wert eine der Eingriffsgrenzen überschreitet.

Es können nicht nur die QRK ausgedruckt werden sondern auch alle Urwerte tabellarisch oder als Histogramm oder als Darstellung über der Zeit mit Angabe des Datums und der Uhrzeit sowie ggf. auch zusätzlich mit Angabe der Eingriffe und der Korrekturen nach Betrag und nach Richtung.

Diese Ausdrucke für einen längeren Zeitraum, beispielsweise für die letzten 2000 gefertigten Einheiten, können sorgfältig analysiert werden, um einerseits die verschiedenen Einflußgrößen auf das Fertigungsergebnis herauszufinden. Andererseits ermöglichen die Ausdrucke auch eine Überprüfung der Zweckmäßigkeit der Programmierung; jeder Automat ist so gut oder so schlecht wie das Programm, durch das er gesteuert wird.

In der Betriebspraxis werden für die kontinuierliche, automatische Fertigungssteuerung häufig die QRK übernommen, die für die periodische Prüfung verwendet werden. Dies ist bei den Streuungs-QRK sinnvoll, nicht jedoch bei den Lage-QRK, für die bei der periodischen Prüfung der Kompromiß zu finden ist, daß einerseits

- eine hohe Gleichmäßigkeit und somit ein geringer Fehleranteil realisiert wird und andererseits

- ein Eingriff in den Prozeß bei optimaler Prozeßlage auf Mittenwert oder in dessen Nähe möglichst vermieden wird, damit es nicht zu einer Fehlkorrektur kommt.

Dies führt bei einer periodischen Prüfung zu den Shewhart-QRK mit $1 - \alpha = 0{,}99$ für die Eingriffsgrenzen oder bei sehr guten bis ausgezeichneten Prozeßfähigkeiten zu den Annahme-QRK mit gegenüber den Shewhart-QRK erweiterten Eingriffsgrenzen bei einem Spielraum von $S/\sigma \approx 2$ ($\leq 2{,}5$).

Bei der kontinuierlichen Prüfung kann jedoch eine Fehlkorrektur in Kauf genommen werden, weil bei der danach hohen Eingriffswahrscheinlichkeit diese Fehlkorrektur sofort wieder rückgängig gemacht wird. Dies bedeutet, daß bei der kontinuierlichen Prüfung Annahme-QRK nicht erforderlich sind; Shewhart-QRK sind völlig ausreichend, in Sonderfällen können auch QRK mit noch engeren Eingriffsgrenzen zweckmäßig sein.

7.2 QRK bei kontinuierlicher Prüfung mit engen Eingriffsgrenzen

Seit einigen Jahren ist zu beobachten, daß seitens der Fertigung nicht ein möglichst großer Spielraum angestrebt wird sondern das Gegenteil. Häufig fordern die Auditoren der Abnehmer oder die Zertifizierer den Nachweis der Qualitätsfähigkeit und akzeptieren nur c_p- oder c_{pk}-Werte ab einer bestimmten Größe, beispielweise $c_{pk} \geq 1{,}33$. Um diese Forderung zu erfüllen, werden die Eingriffsgrenzen dann möglichst eng festgelegt in der Erwartung, daß dadurch der c_{pk}-Wert größer wird.

Betriebspraktische Erfahrungen mit engen Eingriffsgrenzen führten bei automatischen Steuerungen von Prozessen mit einem permanenten Trend zu dem überraschenden Ergebnis, daß dadurch die Gesamtstreuung signifikant kleiner wird als bei weiten Eingriffsgrenzen.

Der Grenzfall enger Eingiffsgrenzen ist der, daß die Eingriffsgrenzen in der Mitte des Toleranzfeldes zusammenfallen oder – mit dann denselben Auswirkungen – so eng liegen, daß beispielsweise für die Mittelwerte der Mittelwert-QRK nur eine Klasse innerhalb der Eingriffsgrenzen bleibt. Dann erfolgt Nichteingriff nur bei $\overline{x} = C$; in allen anderen Fällen erfolgt Eingriff und Korrektur der Prozeßlage. Dies bedeutet, daß jeder noch so stabile Prozeß regelmäßig korrigiert wird, was niemanden stört, wenn dies automatisch geschieht. Die Auswirkungen einer permanenten Prozeßkorrektur werden in folgendem Beispiel erörtert.

Beispiel 7.1

gegeben: Für ein vorgegebenes Merkmal ist die Toleranz T = 10 σ (c_P = 1,67). Es soll eine Mittelwert-QRK mit n = 5 kontinuierlich geführt werden. Um auf mögliche Störungen „frühzeitig" zu reagieren, werden die Eingriffsgrenzen so eng festgelegt, daß nur die Klasse mit $\bar{x} = C$ innerhalb der Eingriffsgrenzen liegt. Dadurch soll auch eine Vergrößerung des c_{Pk}-Wertes erreicht werden.

gesucht: Korrektursimulation und Beantwortung der Fage, ob c_{Pk} größer wird.

Lösung: Zunächst wird für die Modell-Verteilung der Einzelwerte nach Abb. 6.1 die zugeordnete Modell-Verteilung für die Mittelwerte aus Stichproben des Umfangs n = 5 ermittelt. Dabei wird unterstellt, daß die Mittelwerte auf die gleichen Klassenmitten gerundet werden, die für die Einzelwerte vorliegen, Abb. 7.1. Die Standardabweichung der Mittelwerte ist

$$\sigma_{\bar{x}} = \sigma / \sqrt{5} = 2{,}310\,844 / \sqrt{5} = 1{,}033\,441$$

Die Korrektursimulation ist ebenfalls in Abb. 7.1 enthalten. Sofern zu Beginn des Prozesses die Verteilung der Einzelwerte exakt auf Toleranzfeldmitte liegt, dann gilt dies auch für die Verteilung der Mittelwerte. Ist bei der ersten Stichprobe der Mittelwert $\bar{x} = C$ erfolgt keine Korrektur. Die Verteilung der Einzelwerte bleibt auf Toleranzfeldmitte mit der Wahrscheinlichkeit P_k = 0,394. In allen anderen Fällen wird auf die übrigen 6 Korrekturpositionen korrigiert, die in Abb. 7.1 angegeben sind. Das exakt gleiche Korrekturergebnis mit den insgesamt 7 Korrekturpositionen ergibt sich, wenn infolge einer Störung oder Fehleinstellung die Prozeßverteilung an einer beliebigen Stelle innerhalb oder außerhalb des Toleranzfeldes liegt.

Das Korrekturbild ist im Prinzip das gleiche wie in den Beispielen mit weiten Eingriffsgrenzen, Kap. 6, mit einem wesentlichen Unterschied: die Korrekturpositionen in Abb. 7.1 werden nicht einmalig sondern permanent und abwechselnd mit den angegebenen Wahrscheinlichkeiten P_k angefahren. Das gefertigte Los hat eine (normalverteilte) Mischverteilung MV. Diese MV setzt sich zusammen aus der Verteilung der Einzelwerte und der überlagerten Verteilung der Mittelwerte.

Die MV ist in Abb. 7.1 als Stabdiagramm dargestellt; die Einzelwahrscheinlichkeiten g(x) sind ebenfalls angegeben. Deren Berechnung ist in Abb. 7.2 dargelegt. Diese Berechnung ist am einfachsten zu verstehen für die äußeren Klassen mit x = 41 oder x = 59. Die Wahrscheinlichkeit dafür, daß aus den äußersten Mittelwert-Klassen in die Korrekturpositionen 6 oder 7 korrigiert wird, ist P_k = 0,006.

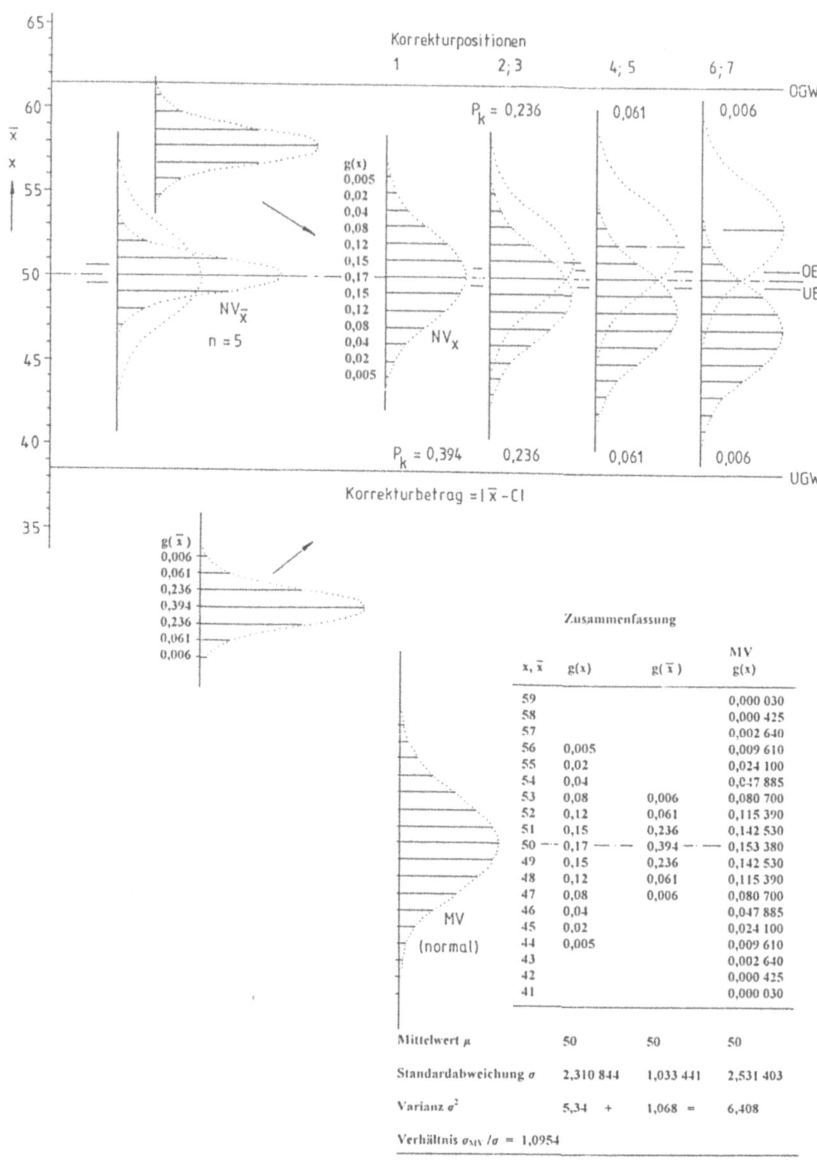

Zusammenfassung

x, $\bar{x}$	g(x)	g($\bar{x}$)	MV g(x)
59			0,000 030
58			0,000 425
57			0,002 640
56	0,005		0,009 610
55	0,02		0,024 100
54	0,04		0,047 885
53	0,08	0,006	0,080 700
52	0,12	0,061	0,115 390
51	0,15	0,236	0,142 530
50	0,17	0,394	0,153 380
49	0,15	0,236	0,142 530
48	0,12	0,061	0,115 390
47	0,08	0,006	0,080 700
46	0,04		0,047 885
45	0,02		0,024 100
44	0,005		0,009 610
43			0,002 640
42			0,000 425
41			0,000 030
Mittelwert μ	50	50	50
Standardabweichung σ	2,310 844	1,033 441	2,531 403
Varianz σ^2	5,34 +	1,068 =	6,408

Verhältnis σ_{MV} / σ = 1,0954

Abb. 7.1 Korrektursimulation bei einer Mittelwert-QRK mit n = 5 und engsten Eingriffsgrenzen bei kontinuierlicher Prüfung. Durch die permanente Korrektur bekommt das Fertigungslos eine (normalverteilte) Mischverteilung

Die Wahrscheinlichkeit, daß ein Einzelwert in die äußerste Klasse fällt ist g(x) = 0,005. Mithin ist die Wahrscheinlichkeit für die äußeren Klassen der MV

$$g(x = 41;59)_{MV} = 0{,}006 * 0{,}005 = 0{,}000\,030$$

Werden die Klassenmitten multipliziert mit den Einzelwahrscheinlichkeiten der MV in die $\overline{x}$/s-Automatik eines TR eingegeben, dann können die in Abb. 7.1 angegebenen Parameter abgerufen werden. Die Varianz der MV ist die Summe aus den Varianzen für die Einzelwerte und für die Mittelwerte (Abweichungsfortpflanzungsgesetz).

Die Vergrößerung der momentanen Streuung zur Gesamtstreuung – und zwar ausschließlich bedingt durch die permanente Korrektur – ist mit $\sigma_{MV}/\sigma = 1{,}0954$ bei n = 5 äußerst gering. Die Prozeß wird optimal auf Mitte zentriert. Insofern wird das angestrebte Ziel, den c_{pk}-Wert in Richtung auf den c_p zu optimieren, erreicht. Der c_p-Wert wird jedoch nicht beeinflußt, weil die momentane Streuung durch Prozeßkorrekturen nicht verringert werden kann.

x	Wahrscheinlichkeiten	g(x) der MV
50	**0,17 * 0,394 + 2 * 0,15 * 0,236 + 2 * 0,12 * 0,061 + 2 * 0,08 * 0,006**	**= 0,153 380**
51, 49	**0,15 * 0,394 + (0,17+0,12)*0,236 + (0,15+0,08)*0,061 + (0,12+0,04)*0,006**	**= 0,142 530**
52, 48	**0,12 * 0,394 + (0,15+0,08)*0,236 + (0,17+0,04)*0,061 + (0,15+0,02)*0,006**	**= 0,115 390**
53, 47	**0,08 * 0,394 + (0,12+0,04)*0,236 + (0,15+0,02)*0,061 + (0,17+0,005)*0,006**	**= 0,080 700**
54, 46	**0,04 * 0,394 + (0,08+0,02)*0,236 + (0,12+0,005)*0,061+ 0,15 * 0,006**	**= 0,047 885**
55, 45	**0,02 * 0,394 + (0,04+0,005)*0,236 + 0,08* 0,061 + 0,12 * 0,006**	**= 0,024 100**
56, 44	**0,005*0,394 + 0,02 *0,236 + 0,04 * 0,061 + 0,08 * 0,006**	**= 0,009 610**
57, 43	**0,005 * 0,236 + 0,02 * 0,061 + 0,04 * 0,006**	**= 0,002 640**
58, 42	**0,005 * 0,061 + 0,02 * 0,006**	**= 0,000 425**
59, 41	**0,005* 0,006**	**= 0,000 030**

Abb. 7.2 Berechnung der Einzelwahrscheinlichkeiten der Mischverteilung durch Überlagerung der Verteilungen für die Einzelwerte und für die Mittelwerte aus Stichproben des Umfangs n = 5

Die allgemeine Formel für die Standardabweichung der im letzten Beispiel beschriebenen Mischverteilung, die sich aus der Überlagerung der Verteilungen für die Einzelwerte und für die Mittelwerte nach dem Abweichungsfortpflanzungsgesetz ergibt, lautet:

$$\sigma_{MV} = \sqrt{\sigma^2 + \sigma_{\overline{x}}^2} = \sqrt{\sigma^2 + \sigma^2 / n} = \sigma\sqrt{1 + 1/n}$$

$$\sigma_{MV} = \sigma\sqrt{(n+1)/n}$$

Die Faktoren, um die die Prozeßstreuung ausschließlich durch die permanente Prozeßkorrektur infolge engster Eingriffsgrenzen vergrößert wird, sind nach dieser Formel berechnet und in Abb. 7.5 für verschiedene n angegeben. Diese Vergrößerungsfaktoren sind bemerkenswert klein.

Zum besseren Verständnis der obigen Formel für die Standardabweichung der durch eine permanente Prozeßkorrektur bei engsten Eingriffsgrenzen entstehenden Mischverteilung wurde die Bildung der Mischverteilung für n = 2 in Abb. 7.3 und für n = 3 in Abb. 7.4 dargestellt. Die Varianz der MV ist jeweils die Summe der Varianzen für die Einzelwerte und für die Mittelwerte.

Die bemerkenswert geringe Vergrößerung der Prozeßstreuung gegenüber der momentanen Streuung bei engsten Eingriffsgrenzen legt den Schluß nahe, bei der automatischen, kontinuierlichen Prüfung bevorzugt oder ausschließlich mit engstmöglichen Eingriffsgrenzen zu operieren. Dies ist nicht zu empfehlen bei Prozessen mit einer grundsätzlich stabilen Prozeßlage und nur selten auftretenden, singulären Störungen. Eine andere Bewertung ergibt sich für Prozesse die ständig instabil sind, indem sie beispielsweise einen permanenten Trend aufweisen.

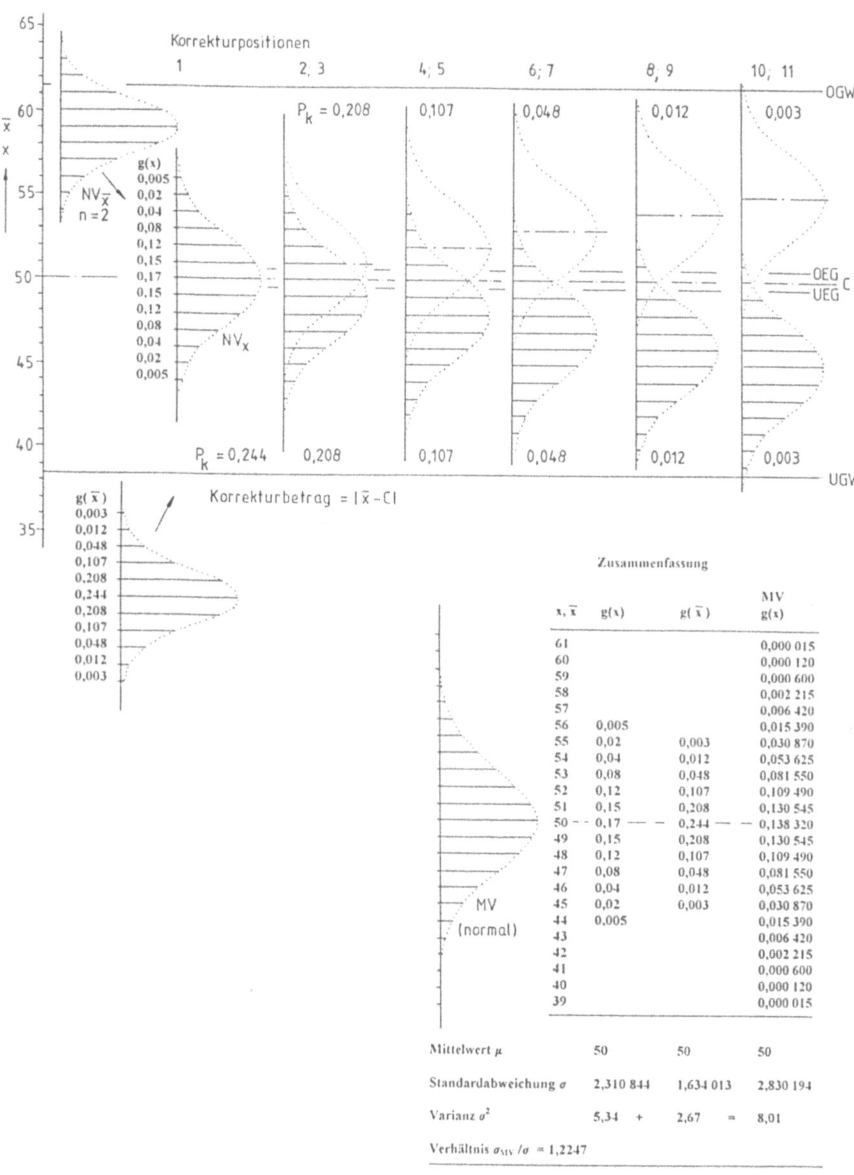

Zusammenfassung

x, x̄	g(x)	g(x̄)	MV g(x)
61			0,000 015
60			0,000 120
59			0,000 600
58			0,002 215
57			0,006 420
56	0,005		0,015 390
55	0,02	0,003	0,030 870
54	0,04	0,012	0,053 625
53	0,08	0,048	0,081 550
52	0,12	0,107	0,109 490
51	0,15	0,208	0,130 545
50	0,17	0,244	0,138 320
49	0,15	0,208	0,130 545
48	0,12	0,107	0,109 490
47	0,08	0,048	0,081 550
46	0,04	0,012	0,053 625
45	0,02	0,003	0,030 870
44	0,005		0,015 390
43			0,006 420
42			0,002 215
41			0,000 600
40			0,000 120
39			0,000 015
Mittelwert μ	50	50	50
Standardabweichung σ	2,310 844	1,634 013	2,830 194
Varianz σ^2	5,34 +	2,67 =	8,01

Verhältnis σ_{MV}/σ = 1,2247

Abb. 7.3 Korrektursimulation bei einer Mittelwert-QRK mit n = 2 und engsten Eingriffsgrenzen bei kontinuierlicher Prüfung. Durch die permanente Korrektur bekommt das Fertigungslos eine (normalverteilte) Mischverteilung

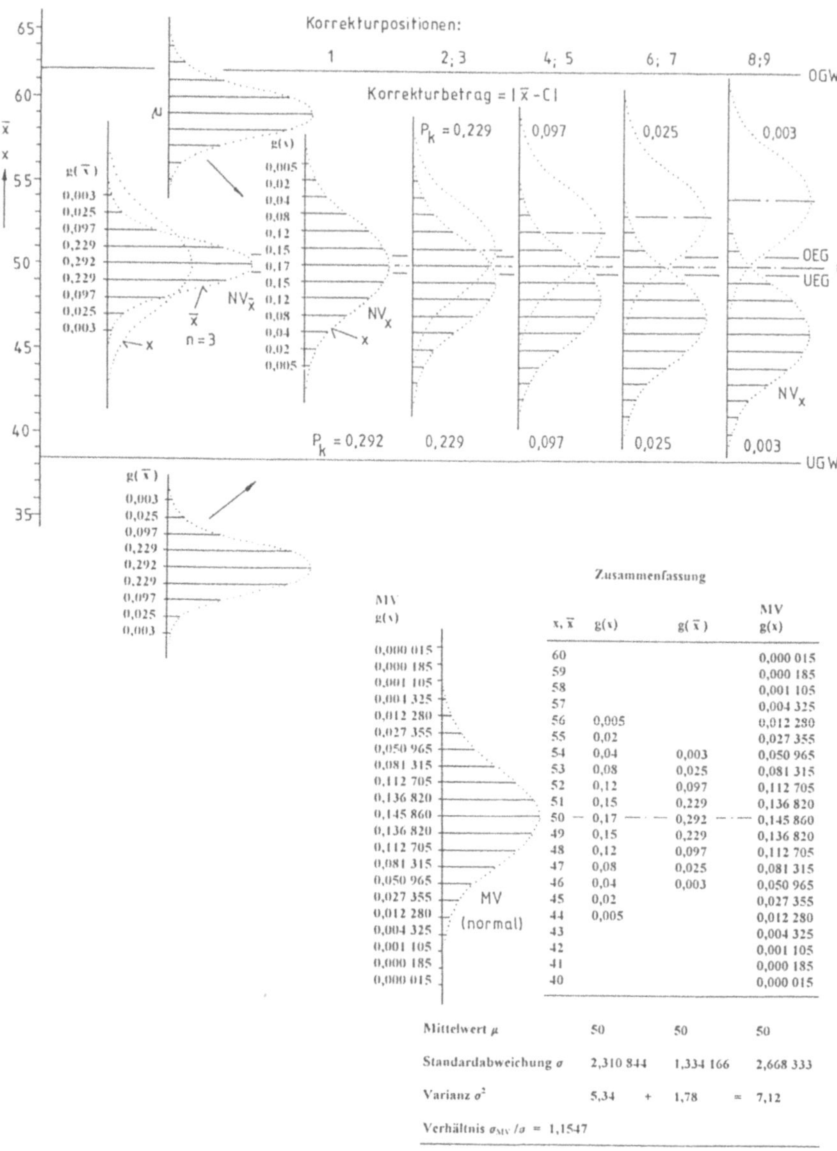

x, x̄	g(x)	g(x̄)	MV g(x)
60			0,000 015
59			0,000 185
58			0,001 105
57			0,004 325
56	0,005		0,012 280
55	0,02		0,027 355
54	0,04	0,003	0,050 965
53	0,08	0,025	0,081 315
52	0,12	0,097	0,112 705
51	0,15	0,229	0,136 820
50	0,17	0,292	0,145 860
49	0,15	0,229	0,136 820
48	0,12	0,097	0,112 705
47	0,08	0,025	0,081 315
46	0,04	0,003	0,050 965
45	0,02		0,027 355
44	0,005		0,012 280
43			0,004 325
42			0,001 105
41			0,000 185
40			0,000 015
Mittelwert μ	50	50	50
Standardabweichung σ	2,310 844	1,334 166	2,668 333
Varianz σ^2	5,34 +	1,78 =	7,12

Verhältnis σ_{MV}/σ = 1,1547

Abb. 7.4 Korrektursimulation bei einer Mittelwert-QRK mit n = 3 und engsten Eingriffsgrenzen bei kontinuierlicher Prüfung. Durch die permanente Korrektur bekommt das Fertigungslos eine (normalverteilte) Mischverteilung

n	$\sigma_{MV} / \sigma_o = \sqrt{(n+1)/n}$
1	1,4142
2	1,2247
3	1,1547
4	1,1180
5	1,0954
6	1,0801
7	1,0690

Abb. 7.5
Faktoren, um die die Prozeßstreuung vergrößert wird, wenn die Eingriffsgrenzen einer Mittelwert-QRK nur eine Klasse für die Mittelwerte einschließen

7.3 QRK bei kontinuierlicher Prüfung und Vorliegen eines permanenten Trends

Prozesse mit beispielsweise einem starken Werkzeugverschleiß haben oft einen permanenten Trend. Bei Zerspanprozessen ist der Werkzeugverschleiß durch ein großes Zerspanvolumen bedingt, das in der Vorfertigung die Regel ist. Auch bei der Endbearbeitung mit geringem Zerspanvolumen können Trends auftreten, wenn sich der Trend aus der Vorfertigung auf die Endbearbeitung auswirkt.

Zur Simulation von Trendprozessen und deren Korrektur werde die Modell-NV nach Abb. 7.6 verwendet. Es handelt sich um die gleiche Modell-NV wie in Abb. 6.1 jedoch mit anderer x-Skala. Damit lassen sich Paßmaße simulieren, wenn die x-Werte als die Abweichungen in µm über dem Nennmaß verstanden werden. Ferner sei für die nachfolgenden Simulationen angenommen, daß eine Toleranz von T = 22 µm vorgegeben sei mit den Grenzmaßen OGW = 24 µm und UGW = 2 µm und mit dem Mittenmaß C = 13 µm. Zur Vereinfachung der Darstellung wird in den nachfolgenden Abbildungen die Einheit µm weggelassen.

Aus der Modell-NV nach Abb. 7.6 wurden n * m = 100 Einzelwerte zufällig entnommen und in der Reihenfolge ihrer Entnahme in die Annahme-QRK in Abb. 7.7 eingetragen. Damit wird eine normalverteilte Fertigung simuliert, die stabil auf Toleranzfeldmitte liegt. Die (willkürlich) festgelegten Eingriffsgrenzen OEG = 20,1 und UEG = 5,9 werden von keinem der Einzelwerte überschritten; daher kann auch kein Mittelwert außerhalb des Nichteingriffsbereichs liegen. Die Strichliste am rechten Rand der Abb. 7.7 ist glockenförmig und symmetrisch und die statistischen Kennwerte $\overline{x}$ und s stimmen im Rahmen des Zufalls mit den Parametern nach Abb. 7.6 überein.

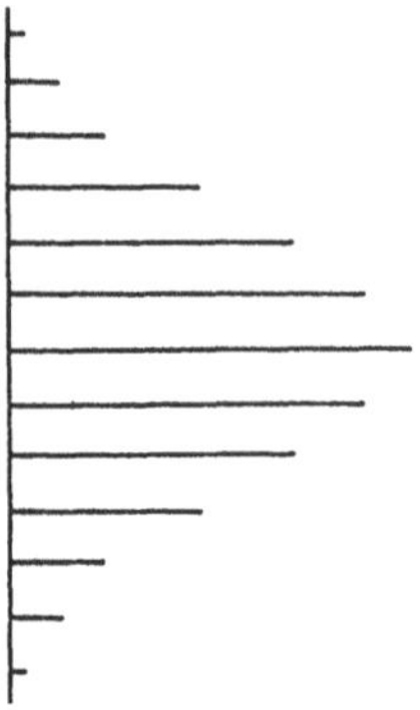

x	Stabdiagramm	g(x)	G(x)
19		0,005	1,000
18		0,02	0,995
17		0,04	0,975
16		0,08	0,935
15		0,12	0,855
14		0,15	0,735
13		0,17	0,585
12		0,15	0,415
11		0,12	0,265
10		0,08	0,145
9		0,04	0,065
8		0,02	0,025
7		0,005	0,005

Parameter:

Mittelwert $\mu = 13$

Standardabweichung $\sigma =$ 2,310 844

Varianz $\sigma^2 = 5{,}34$

Abb. 7.6
Modell-NV zur Simulation von Prozessen, wie Modell-NV in Abb. 6.1, jedoch mit anderer x-Skala

In Abb. 7.8 ist die gleiche QRK wie in Abb. 7.7 dargestellt. In den Prozeß nach Abb. 7.7 wurde jedoch ein Trend hineinsimuliert, indem die Mittenlage von Teil zu Teil oder von Maßwert zu Maßwert um jeweils $\Delta\mu = 1$ angehoben wurde. Die Durchführung dieser Simulation eines Trends wird in Abb. 7.9 für die ersten n * m = 40 Einzelwerte oder für die ersten m = 20 Stichproben des Umfangs n = 2 erläutert. Das Ergebnis der Prozeßsimulation und der Prozeßkorrektur nach einem Eingriff (E) in Abb. 7.8 kann in folgende Punkte unterteilt werden:

- Der (relativ steile) Trend ist nur schwach zu erkennen; ohne die angegebenen Eingriffe wäre der Trend noch schwerer erkennbar.
- Durch den Trend und durch die Korrekturen entsteht eine gegenüber Abb. 7.7 breitere Gesamtverteilung. Die (geschätzte) Gesamtstreuung ist gegenüber der momentanen Streuung um ca. 70% vergrößert.
- Es fällt auf, daß die Einzelwerte x im oberen Teil des Toleranzfeldes „hängen“; nur ca. 10% der Einzelwerte liegen unter der Mittellinie. Das kommt auch durch den Mittelwert zum Ausdruck, der mit $\overline{x} = 17{,}28$ erheblich über der Zielgröße C = 13 liegt. Daraus ist der Schluß zu ziehen, daß bei dem vorhandenen Trend die Prozeßkorrektur mit $|\overline{x} - C|$ zu klein ist.
- Auf die oben angegebenen Korrekturbeträge K und auf deren Auswertung unten rechts in Abb. 7.8 wird später in Verbindung mit Abb. 7.13 eingegangen.

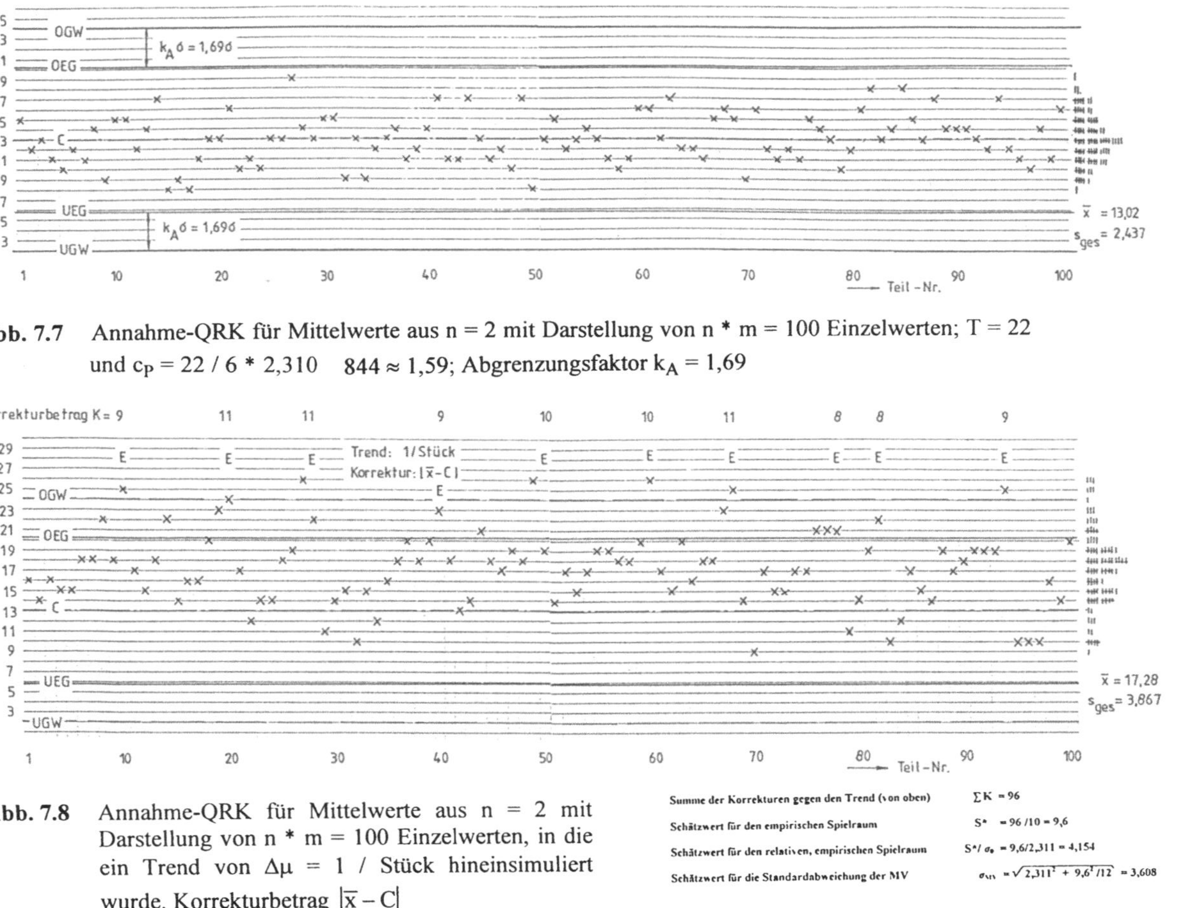

Abb. 7.7 Annahme-QRK für Mittelwerte aus n = 2 mit Darstellung von n * m = 100 Einzelwerten; T = 22 und c_P = 22 / 6 * 2,310 844 ≈ 1,59; Abgrenzungsfaktor k_A = 1,69

Abb. 7.8 Annahme-QRK für Mittelwerte aus n = 2 mit Darstellung von n * m = 100 Einzelwerten, in die ein Trend von Δμ = 1 / Stück hineinsimuliert wurde. Korrekturbetrag $|\bar{x} - C|$

Nr.	ohne Trend	mit Trend von $\Delta\mu = 1\ \mu m$ / Stück				
	x	μ	x	$\bar{x}$	Maßnahme	Korrektur
0		13				
1	15	14	16			
2	12	15	14	15		
3	13	16	16			
4	11	17	15	15,5		
5	10	18	15			
6	12	19	18	16,5		
7	11	20	18			
8	14	21	22	20		
9	9	22	18			
10	15	23	25	21,5	E	-9
		14				
11	15	15	17			
12	12	16	15	16		
13	14	17	18			
14	17	18	22	20		
15	8	19	14			
16	9	20	16	15		
17	8	21	16			
18	11	22	20	18		
19	13	23	23			
20	13	24	24	23,5	E	-11
		13				
21	16	14	17			
22	10	15	12	14,5		
23	11	16	14			
24	10	17	14	14		
25	13	18	18			
26	13	19	19	18,5		
27	19	20	26			
28	14	21	22	24	E	-11
		10				
29	13	11	11			
30	15	12	14	12,5		
31	15	13	15			
32	9	14	10	12,5		
33	13	15	15			
34	9	16	12	13,5		
35	12	17	16			
36	13	18	18	17		
37	14	19	20			
38	11	20	18	19		
39	12	21	20			
40	14	22	23	21,5	E	-9
		13				

Abb. 7.9
Erläuterung der Simulation eines Trendprozesses mit Korrektur für die ersten m = 20 Stichproben des Umfangs n = 2 in Abb. 7.8

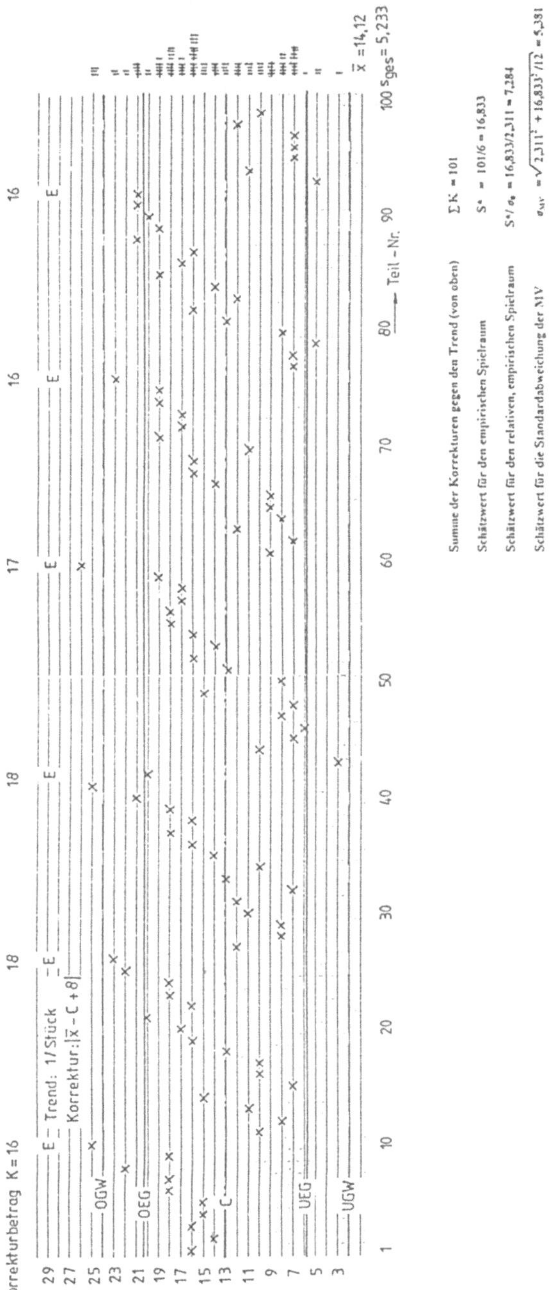
Korrekturbetrag K = 16
18
18
17
16
16
E – Trend: 1/Stück
Korrektur: |x̄ – C + 8|
OGW
OEG
C
UEG
UGW
Teil-Nr.
x̄ = 14,12
s_ges = 5,233
Summe der Korrekturen gegen den Trend (von oben) ΣK = 101
Schätzwert für den empirischen Spielraum S* = 101/6 = 16,833
Schätzwert für den relativen, empirischen Spielraum S*/σ0 = 16,833/2,311 = 7,284
Schätzwert für die Standardabweichung der MV σMV = √(2,311² + 16,833²/12) = 5,381

Abb. 7.10 Annahme-QRK für Mittelwerte aus n = 2 mit Darstellung von n * m = 100 Einzelwerten bei einem simulierten Trend von $\Delta\mu = 1$ / Stück und der Korrektur um $|\bar{x} - C + 8|$

In Abb. 7.10 ist die gleiche QRK eingezeichnet wie in Abb. 7.8; eingetragen sind die n * m = 100 Einzelwerte mit simuliertem Trend, die Korrektur beträgt jedoch $|\bar{x} - C + 8|$. Bis zum ersten Eingriff nach der 5. Stichprobe sind die Darstellungen in Abb. 7.10 und Abb. 7.8 identisch. Danach wird in Abb. 7.10 stets stärker korrigiert. Das Ergebnis der Prozeßsimulation und der Prozeßkorrektur kann in folgende Punkte unterteilt werden:

- Infolge des großen Korrekturbetrages läuft der Prozeß jeweils längere Zeit durch den Nichteingriffsbereich, ehe es zum Eingriff kommt. Es wird daher seltener eingegriffen und der Trend ist deutlich erkennbar.
- Eingriffe erfolgen nur durch Überschreiten der OEG; kein Mittelwert liegt unter der UEG.
- Die Gesamtstreuung ist wesentlich größer als in Abb. 7.8; in Bezug auf die momentane Streuung ist sie um ca. 125% größer.
- An der Darstellung der Einzelwerte und am Gesamtmittelwert ist erkennbar, daß die Prozeßsteuerung in guter Näherung auf Toleranzfeldmitte erfolgt.
- Auf die oben angegebenen Korrekturbeträge K und auf deren Auswertung unten rechts in Abb. 7.10 wird später in Verbindung mit Abb. 7.13 eingegangen.

Um den Einfluß der Steilheit des Trends zu zeigen, wurde in die unveränderte QRK in Abb. 7.11 ein Trendprozeß eingezeichnet mit der Steilheit 0,5/Stück. Die Simulation dazu erfolgte in der Weise, daß der Mittelwert μ bei jedem zweiten Einzelwert um eins angehoben wurde. Der flacher verlaufende Trend ist deutlich erkennbar und die Gesamtstreuung ist gegenüber der momentanen Streuung um ca. 140% größer.

Den Beispielen in den Abb. 7.8, 7.10 und 7.11 gemeinsam ist die Tatsache, daß die Eingriffsgrenzen dieser Annahme-QRK zu dicht bei den Grenzwerten liegen.

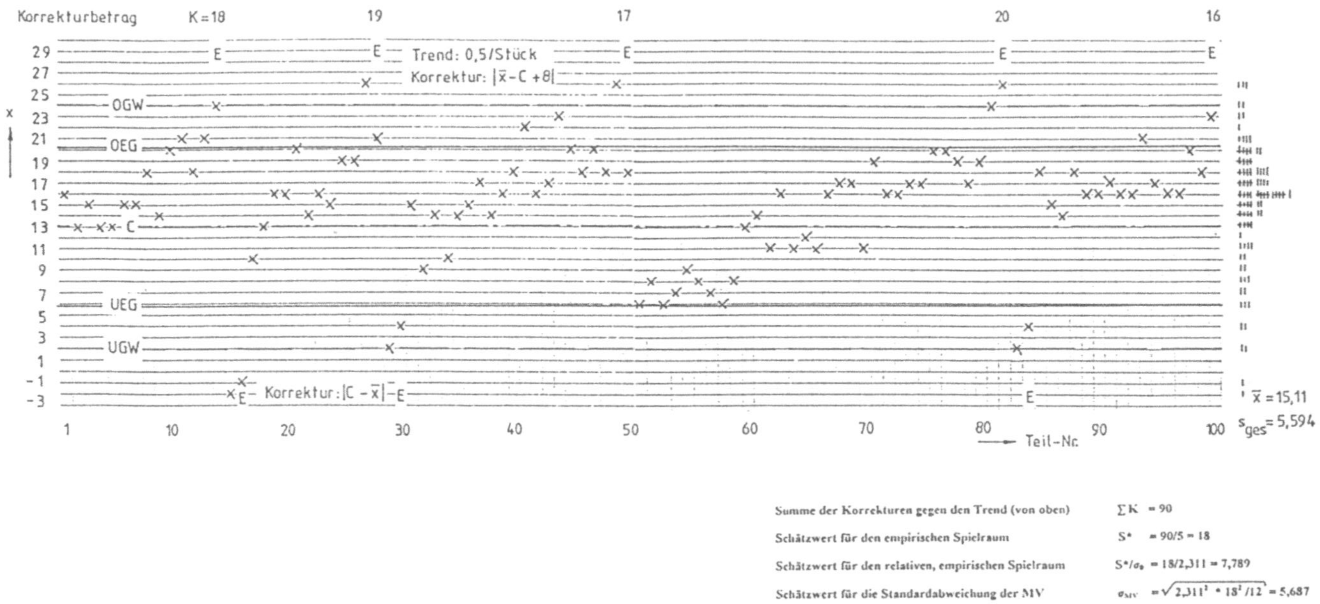
Korrekturbetrag
K=18
Trend: 0,5/Stück
Korrektur: |x̄-C+8|
OGW
OEG
UEG
UGW
Korrektur: |C-x̄|-E
Teil-Nr.
x̄ = 15,11
s_ges = 5,594
Summe der Korrekturen gegen den Trend (von oben) ΣK = 90
Schätzwert für den empirischen Spielraum S* = 90/5 = 18
Schätzwert für den relativen, empirischen Spielraum S*/σ₀ = 18/2,311 = 7,789
Schätzwert für die Standardabweichung der MV σ_MV = √(2,311² + 18²/12) = 5,687

Abb. 7.11 Annahme-QRK für Mittelwerte aus n = 2 mit Darstellung von n * m = 100 Einzelwerten bei einem simulierten Trend von $\Delta\mu = 0{,}5$ / Stück und der Korrektur von oben um $|\bar{x} - C + 8|$

Um den Einfluß engerer Eingriffsgrenzen bei der kontinuierlichen Prüfung und bei Vorhandensein eines permanenten Trends zu zeigen, wurde in Abb. 7.12 eine Shewhart-QRK angelegt. Die obere Eingriffsgrenze ist $OEG = C + A_E * \sigma = 13 + 1{,}8214 * 2{,}3109 = 17{,}2$ und die untere Eingriffsgrenze ist $UEG = 8{,}8$. Bei einer Korrektur um $|\overline{x} - C|$ würden die Einzelwerte wie in Abb. 7.8 überwiegend über der Mittellinie „hängen"; deswegen ist in Abb. 7.12 die Korrektursimulation mit dem Korrekturbetrag $|\overline{x} - C + 4|$ dargestellt; im Falle einer Unterschreitung der UEG wird um $|\overline{x} - C|$ nach oben korrigiert. Das Ergebnis ist wie folgt zu kommentieren:

- Der steile Trend nach oben ist nicht sichtbar; er kann allenfalls erahnt werden aus der Tatsache, daß die Korrekturen überwiegend von oben erfolgen.
- Obgleich die Shewhart-QRK für die Lage konventionell die QRK mit den „engstmöglichen" Eingriffsgrenzen ist bei einem Spielraum von $S \approx 0$ wird durch den Trend und dessen Korrektur die Gesamtstreuung gegnüber der momentanen Streuung um ca. 90% vergrößert ($s_{ges} / \sigma_0 = 4{,}328 / 2{,}311 = 1{,}873$).
- Trotz der Streuungsvergrößerung liegt – wegen der sehr guten Prozeßfähigkeit – keiner der $n * m = 100$ Einzelwerte außerhalb des Toleranzfeldes.

Die Vergrößerung der Gesamtstreuung gegenüber der momentanen Streuung bei Vorhandensein eines linearen Trends ist bei den Annahme-QRK in den Abb. 7.8, 7.10 und 7.11 noch glaubhaft. Die Tatsache, daß auch bei der Shewhart-QRK mit den „engstmöglichen" Eingriffsgrenzen die Gesamtstreuung gegenüber der momentanen Streuung erheblich vergrößert wird, bedarf einer plausiblen Erklärung.

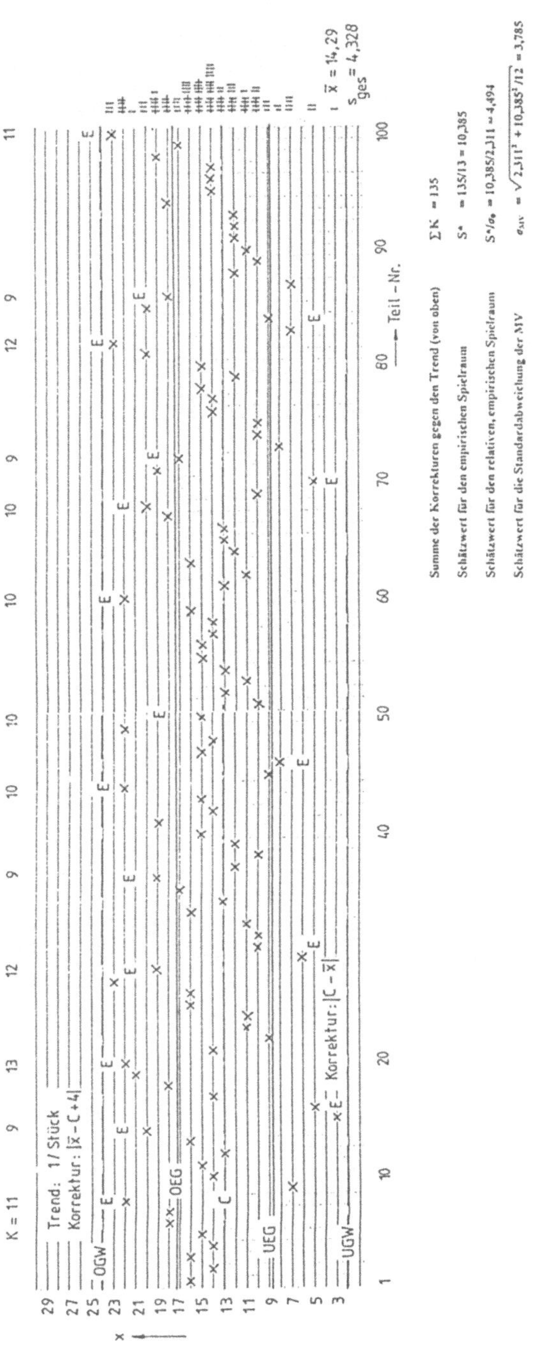

K = 11 9 13 12 9 10 10 10 10 9 12 9 11

Trend: 1 / Stück
Korrektur: $|\bar{x} - C + 4|$
OGW
OEG
C
UEG
Korrektur: $|C - \bar{x}|$
UGW

$\bar{x} = 14{,}29$
$s_{ges} = 4{,}328$

Teil - Nr.

Summe der Korrekturen gegen den Trend (von oben)	ΣK	$= 135$
Schätzwert für den empirischen Spielraum	S^*	$= 135/13 = 10{,}385$
Schätzwert für den relativen, empirischen Spielraum	S^*/σ_e	$= 10{,}385/2{,}311 = 4{,}494$
Schätzwert für die Standardabweichung der MV	σ_{MV}	$= \sqrt{2{,}311^2 + 10{,}385^2/12} = 3{,}785$

Abb. 7.12 Shewhart-QRK für Mittelwerte aus n = 2 mit Darstellung von n * m = 100 Einzelwerten bei einem simulierten Trend von $\Delta\mu = 1$ / Stück und der Korrektur von oben um $|\bar{x} - C + 4|$; Abgrenzungsfaktor $k_A = 2{,}94$

Zu diesem Zweck wurde in Abb. 7.13 der allgemeine Fall einer Annahme-QRK (Shewhart-QRK eingeschlossen) für n = 1 schematisch dargestellt mit der ebenfalls schematisch dargestellten Angabe des Verlaufs der Einzelwerte bei einem linearen Trend und der Eingriffe und der Korrekturen gegen den Trend oder (gelegentlich) mit dem Trend.

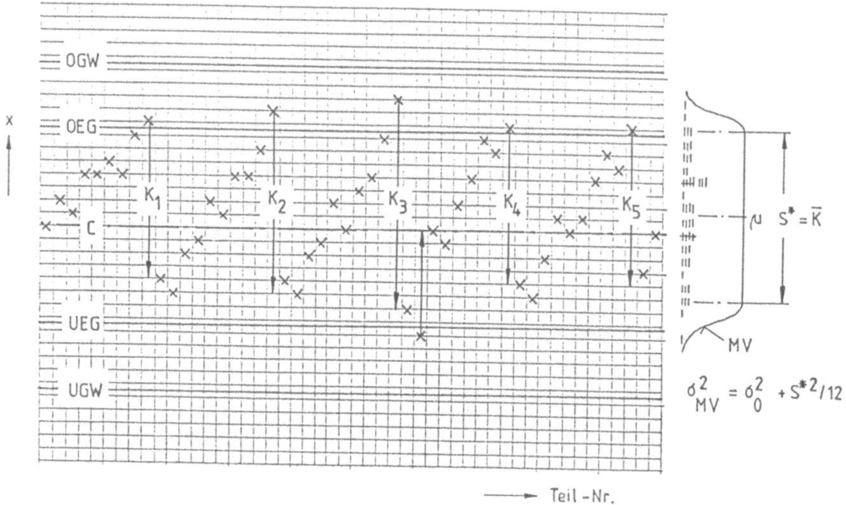

Abb. 7.13 Annahme-QRK für n = 1 mit schematischer Darstellung des Verlaufs eines Prozesses mit linearem Trend und dessen Korrektur; das gefertigte Los hat eine MV entstanden aus einer NV und einer RV

Die Eingriffe bei Einzelwerten oberhalb der OEG führen zu Korrekturen, durch die der Prozeß zurückversetzt wird. Die Korrekturbeträge sind je nach Lage des Einzelwertes, der zum Eingriff veranlaßt, unterschiedlich groß. Der Mittelwert der Korrekturbeträge ist ein Schätzwert für den tatsächlichen Spielraum S* für den Prozeß zwischen der Lage nach einer Korrektur bis zur Prozeßlage beim nächstfolgenden Eingriff.

In die Berechnung des mittleren Korrekturbetrages $\overline{K} = S^*$ dürfen die Korrekturen von unten nicht einbezogen werden, weil sie in Richtung des Trends erfolgen. Die Summe der Korrekturen von oben nach unten ist gleich der Summe der Prozeßverschiebungen nach oben durch den Trend und durch die Korrekturen von unten nach oben.

Wenn – wie hier stets unterstellt – der Trend linear verläuft, dann hat das gefertigte Los eine Mischverteilung (MV), die sich zusammensetzt aus der Überlagerung der momentanen Normalverteilung (NV) mit der Varianz σ_0^2 und der durch den Trend bedingten Gleichverteilung (RV) mit der Varianz $S^{*2} / 12$. Die Summe dieser Varianzen ergibt die Varianz der MV:

$$\sigma_{MV}^2 = \sigma_0^2 + S^{*2} / 12$$

Somit ist der Schätzwert für die Standardabweichung der MV:

$$\sigma_{MV} = \sqrt{\sigma_0^2 + S^{*2} / 12}$$

Für die simulierten Prozesse mit linearem Trend in den Abb. 7.8, 7.10, 7.11 und 7.12 mit der momentanen Standardabweichung $\sigma_0 = 2{,}310\ 844 \approx 2{,}311$ wurden mit dieser Formel die Schätzwerte für σ_{MV} berechnet. Diese Schätzwerte stimmen mit den ebenfalls angegebenen Schätzwerten für die Gesamtstreuung aus allen Einzelwerten $\sigma_{ges} = s_{ges}$ trotz des geringen Simulationsumfangs gut überein. Auch bei der Shewhart-QRK, Abb. 7.12, unterscheiden sich die beiden Schätzwerte nur im Rahmen des Zufalls.

Neben den Schätzwerten für σ_{MV} sind auch die Schätzwerte für den relativen, empirischen Spielraum S^*/σ_0 angegeben. **Und dieser Wert ist bei der Shewhart-QRK mit $S^*/\sigma_0 = 4{,}494$ wesentlich größer als aller Erfahrung nach zu vermuten gewesen wäre und ist zugleich die plausible Erklärung dafür, daß auch bei der Shewhart-QRK der Trend eine erhebliche Vergrößerung der Gesamtstreuung verursacht.**

Hinweis: Die Streuungszunahme für S^*/σ_0 kann der Abb. 6.17 entnommen werden.

Die Tatsache, daß auch bei der Shewhart-QRK für Mittelwerte mit den „engstmöglichen" Eingriffsgrenzen beim Vorhandensein eines permanenten Trends die Vergrößerung der Gesamtstreuung gegenüber der momentanen Streuung recht groß ist, führt zwangsläufig zu der Vermutung, daß durch noch engere Eingriffsgrenzen die Prozeßführung weiter optimiert werden kann.

In Abb. 7.14 ist ein Prozeß mit Trend simuliert und durch eine QRK mit $n = 2$ geregelt, deren Eingriffsgrenzen bei UEG = 12,5 und OEG = 13,5 liegen. Das bedeutet, daß Nichteingriff erfolgt, wenn der Mittelwert aus Stichproben des Umfangs $n = 2$ bei $\bar{x} = 12{,}5$, 13 oder 13,5 liegt. In allen anderen Fällen erfolgt Eingriff und Korrektur um den Betrag $|\bar{x} - C|$.

Es wird fortlaufend eingegriffen und korrigiert aber die Gesamtstreuung ist mit $s_{ges} = 2{,}881$ deutlich geringer als bei der Shewhart-QRK, Abb. 7.12.

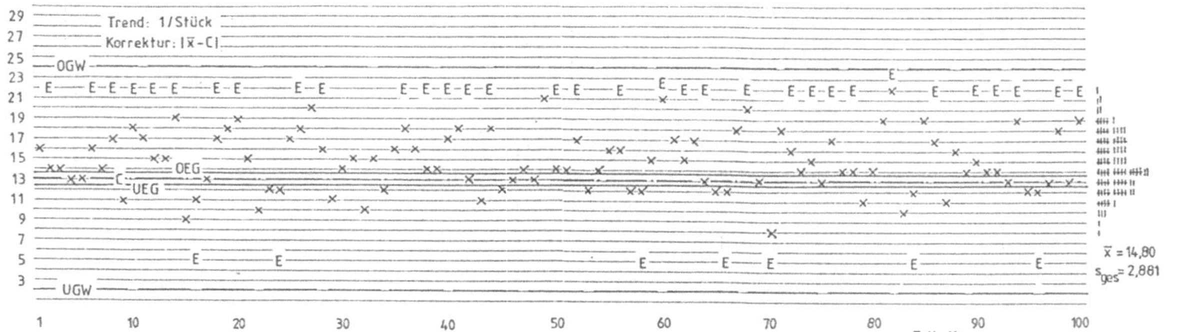

Abb. 7.14 QRK mit engsten Eingriffsgrenzen für Mittelwerte aus n = 2 mit Darstellung von n * m = 100 Einzelwerten bei einem simulierten Trend von $\Delta\mu = 1$ / Stück bei einer Korrektur um $|\overline{x} - C|$

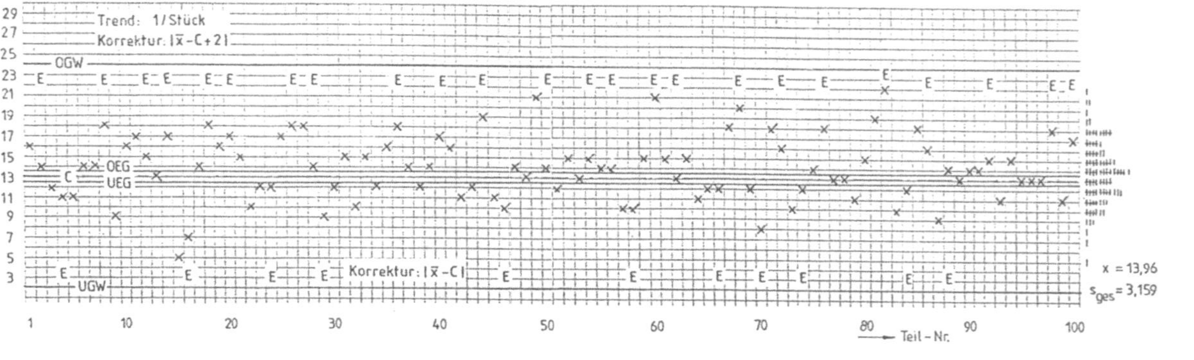

Abb. 7.15 QRK mit engsten Eingriffsgrenzen für Mittelwerte aus n = 2 mit Darstellung von n * m = 100 Einzelwerten bei einem simulierten Trend von $\Delta\mu = 1$ / Stück und der Korrektur von oben um $|\overline{x} - C + 2|$

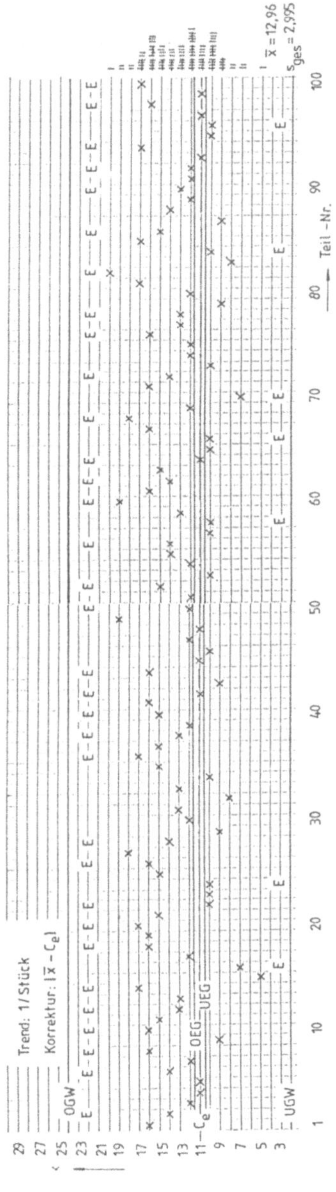

Abb. 7.16 QRK mit engsten Eingriffsgrenzen für Mittelwerte aus n = 2 mit Darstellung von n * m = 100 Einzelwerten bei einem simulierten Trend von $\Delta\mu = 1$ / Stück und der Korrektur um $|\bar{x} - C_e|$

Wegen des Trends liegen die Einzelwerte in Abb. 7.14 überwiegend über der Mittellinie. Daher wurde in Abb. 7.15 für die Korrektur von oben der Korrekturbetrag $|\bar{x} - C + 2|$ probiert, wodurch die Zentrierung verbessert wird. Gleichzeitg wird jedoch die Streuung wieder größer, weil der Trend etwas länger laufen kann, ehe es zum Eingriff kommt.

In Abb. 7.16 ist schließlich eine QRK angelegt und geführt, bei der die Zielgröße $C_e = 11$ ist und auch die superengen Eingriffsgrenzen sind in Bezug auf die exzentrische Zielgröße festgelegt mit UEG = 10,5 und OEG = 11,5. Die Korrektur erfolgt jeweils um den Korrekturbetrag $|\bar{x} - C_e|$. Trotz des steilen Trends liegt der Gesamtmittelwert in der Nähe der Toleranzfeldmitte C = 13. Die Vergrößerung der Gesamtstreuung gegenüber der momentanen Streuung um ca. 30% ist nicht viel größer als wenn der Prozeß stabil und ohne Trend ablaufen würde; nach Abb. 7.3 ist für diesen Fall und für n = 2 mit einer Streuungsvergrößerung um ca. 22% zu rechnen.

Die Ergebnisse aus den Beispielen in den Abb. 7.8 bis 7.16 sind zum besseren Vergleich in Abb. 7.17 zusammengestellt. Die Ergebnisse werden durch folgende Aussagen zusammengefaßt:

- Bei einer automatischen, kontinuierlichen Prüfung und dem Vorhandensein eines permanenten Trends versagen die Annahme-QRK und die Shewhart-QRK in dem Sinne, daß die Gesamtstreuung gegenüber der inneren, momentanen Streung unvertretbar stark vergrößert wird.
- Bei kontinuierlich geführten QRK mit engsten Eingriffsgrenzen wird zwar die Gesamtstreuung allein als Folge der ständigen Eingriffe und Korrekturen vergrößert; die Vergrößerung ist jedoch relativ klein und sie wird nur unwesentlich größer, wenn ein permanenter Trend vorhanden ist.
- Die Prozeßsimulationen in den Abb. 7.8 bis 7.16 sind dadurch gekennzeichnet, daß nur der Trend simuliert wird. In der Praxis kommen zusätzlich singuläre Störungen infolge verschiedener Ursachen hinzu. Werkzeugbrüche, Werkstoffehler, Fehlmessungen infolge von Verunreinigungen des Meßmittels beispielsweise durch Späne und daraus resultierende Fehlkorrekturen mit Ausreißern als Folge sind nur einige Beispiele dafür.
- Es stellt sich die Frage, ob bei einer kontinuierlichen Prüfung die Prozeßsteuerung mit Hilfe von QRK mit engsten Eingriffsgrenzen auch dann zu empfehlen ist, wenn kein Trend vorhanden ist. Die Beantwortung dieser Frage hängt vom Einzelfall ab und ist grundsätzlich zu verneinen, weil durch die permanente Prozeßkorrektur die Gesamtstreuung vergrößert wird, ohne daß die Vergrößerung der Gesamt-

streuung durch singuläre Störungen verringert wird. Allerdings ist bei einer kontinuierlichen Prüfung ohne Vorhandensein eines Trends eine Shewhart-QRK völlig ausreichend; der Einsatz von Annahme-QRK wäre unzweckmäßig.

- Naheliegend ist auch die Frage, ob eine QRK mit engsten Eingriffsgrenzen auch bei einer periodischen Prüfung eingesetzt werden kann. Diese Frage ist zu verneinen, weil dann auch optimal eingestellte Prozesse häufig fehlkorrigiert werden, ohne daß dies erkannt wird und ohne daß diese Fehlkorrektur unmittelbar danach wieder rückgängig gemacht wird, wie dies bei der kontinuierlichen Prüfung der Fall ist.

Abb.	Toleranz	Prozeßfähigkeit	Trend	OEG	UEG	k_A	Korrektur von oben	$\bar{x}$	s_{ges}	Streuungs-vergrößerung s_{ges}/σ_0
7.7	22 OGW=24 UGW= 2	$T/\sigma = 9{,}52$ $T/6*\sigma = 1{,}59$	–	20,1	5,9	1,69	-	13,02	2,437	1,06
7.8			1/Stück	20,1	5,9	1,69	$\lvert\bar{x} - C\rvert$	17,28	3,970	1,72
7.10							$\lvert\bar{x} - C + 8\rvert$	14,12	5,233	2,26
7.11			0,5/Stück				$\lvert\bar{x} - C + 8\rvert$	15,11	5,594	2,42
7.12			1/Stück	17,2	8,8	2,95	$\lvert\bar{x} - C + 4\rvert$	14,29	4,328	1,87
7.14				13,5	12,5	4,54	$\lvert\bar{x} - C\rvert$	14,80	2,881	1,25
7.15							$\lvert\bar{x} - C + 2\rvert$	13,96	3,159	1,37
7.16				11,5	10,5	5,41 3,68	$\lvert\bar{x} - C_e\rvert$	12,96	2,995	1,30

Abb. 7.17 Zusammenfassung der Ergebnisse aus den in den Abb. 7.8 bis 7.16 dargestellten Beispielen

8 Einfluß des Stichprobenumfangs n

8.1 Allgemeines

Die in den Kapiteln 4 bis 7 besprochenen Beispiele für QRK wurden mit den Stichprobenumfängen n = 1 bis n = 9, bevorzugt mit n = 2 bis n = 5 durchgeführt. Nur gelegentlich wurden QRK für verschiedene n miteinander verglichen, Abb. 4.35 und 4.36.

Da sich in der praktischen Anwendung der QRK-Technik häufig die Frage nach dem für den jeweiligen Anwendungsfall zweckmäßigen Stichprobenumfang stellt, werde diese Frage in diesem Kapitel zusammenfassend erörtert.

Werden QRK periodisch (manuell) geführt, indem beispielsweise nach jeweils 30 min eine Stichprobe entnommen wird, dann ist zweifelsfrei jede QRK – verglichen mit einer anderen gleichen Typs – umso wirksamer, je größer der Stichprobenumfang n ist. Dann ist die OC steiler und es wird – bei gleichen Veränderungen der Parameter μ und/oder σ – häufiger eingegriffen. Bei Annahme-QRK ist der mittlere Fehleranteil $p * P_a$ und dessen Maximum $(p * P_a)_{max}$ umso geringer, je größer der Stichprobenumfang n ist. Schließlich wird mit dem größeren Stichprobenumfang n auch die Prozeßkorrektur präziser.

Diese Aussagen sind insofern banal, als daß sich bei jedem statistischen Test die Wirksamkeit erhöht, wenn der Stichprobenumfang und somit der Prüfaufwand größer wird.

Da in der QRK-Technik fortlaufend Stichproben entnommen werden, erscheint es sinnvoll, die QRK mit unterschiedlichen Stichprobenumfängen auf der Basis eines gleichgroßen Prüfaufwandes miteinander zu vergleichen.

Das bedeutet, daß bei einem Vergleich von QRK mit periodischer (manueller) Prüfung das Produkt m * n in einem bestimmten Zeitintervall gleich groß sein muß; bei QRK mit kontinuierlicher (automatischer) Prüfung ergibt sich diese Vergleichsbasis von selbst.

8.2 Einfluß des Stichprobenumfangs n bei Streuungs-QRK

Der Einfluß des Stichprobenumfangs n auf den Verlauf der OC bei den Streuungs-QRK ist in den Abb. 5.12 und 5.13 dargestellt. Ein Vergleich der OC bei unterschiedlichen Stichprobenumfängen n jedoch bei gleich großem Prüfaufwand m * n innerhalb eines bestimmten Zeitintervalls erfolgt in den Abb. 8.1 bis 8.3.

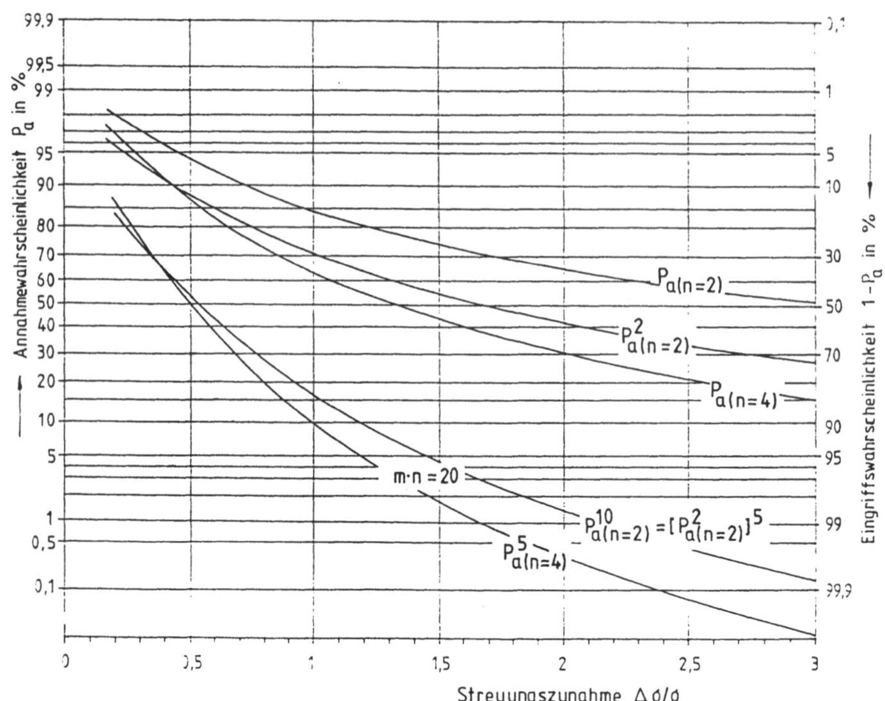

Abb. 8.1 OC der Standardabweichungs-QRK für n = 4 und n = 2 sowie $P^2_{a(n=2)}$; der Prüfaufwand ist m * n = 4 und zusätzlich m * n = 20

■ Beispiel 8.1

gegeben: Abb. 8.1 bis 8.3

gesucht: Eingriffswahrscheinlichkeiten und deren vergleichende Beurteilung für den Fall einer Streuungsvergrößerung um $\Delta\sigma / \sigma = 1$ auf $\sigma_1 / \sigma_0 = 2$ und einem Prüfaufwand von m * n = 4 bzw. m * n = 6

Lösung: Abb. 8.1: $1 - P_{a(n=4)} = 38$ % $\quad 1 - P^2_{a(n=2)} = 29$ %

Abb. 8.2: $1 - P_{a(n=6)} = 52$ % $\quad 1 - P^3_{a(n=2)} = 42$ %

Abb. 8.3: $1 - P_{a(n=4)} = 36$ % $\quad 1 - P^2_{a(n=2)} = 30$ %

Die Beispiele zeigen, daß bei gleichem Prüfaufwand m * n die Streuungs-QRK mit dem größeren Stichprobenumfang nur geringfügig wirksamer sind.

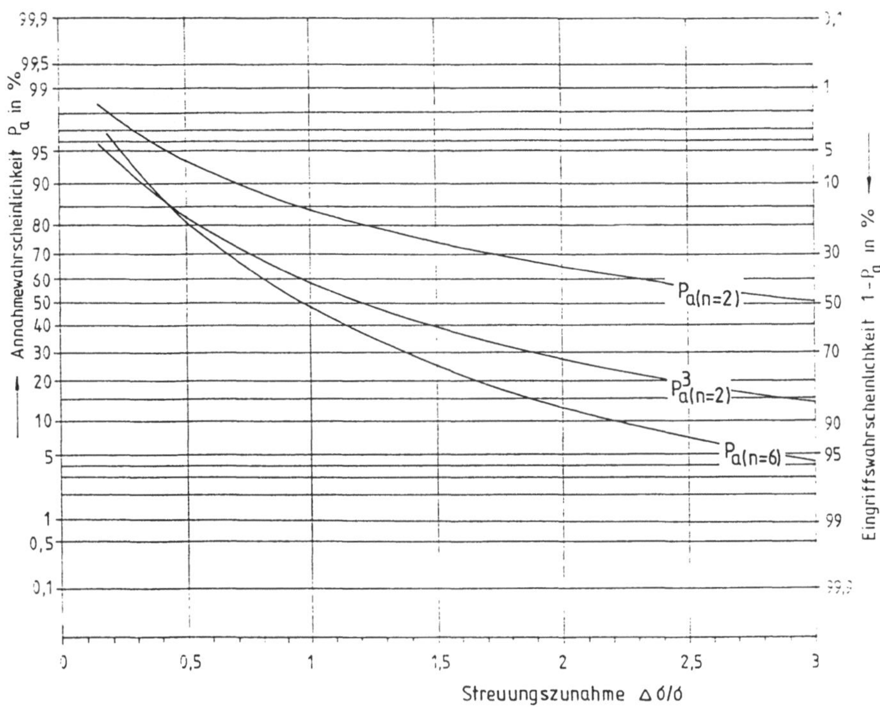

Abb. 8.2 OC der Standardabweichungs-QRK für n = 6 und n = 2 sowie $P^3_{a(n=2)}$; der Prüfaufwand ist m * n = 6

In Abb. 8.1 sind zusätzlich eingetragen die OC für den Prüfumfang m * n = 20; auch nach 20 gefertigten Einheiten ist bei kontinuierlicher Prüfung die Wirksamkeit der s-QRK mit n = 4 nur geringfügig größer als die mit n = 2.

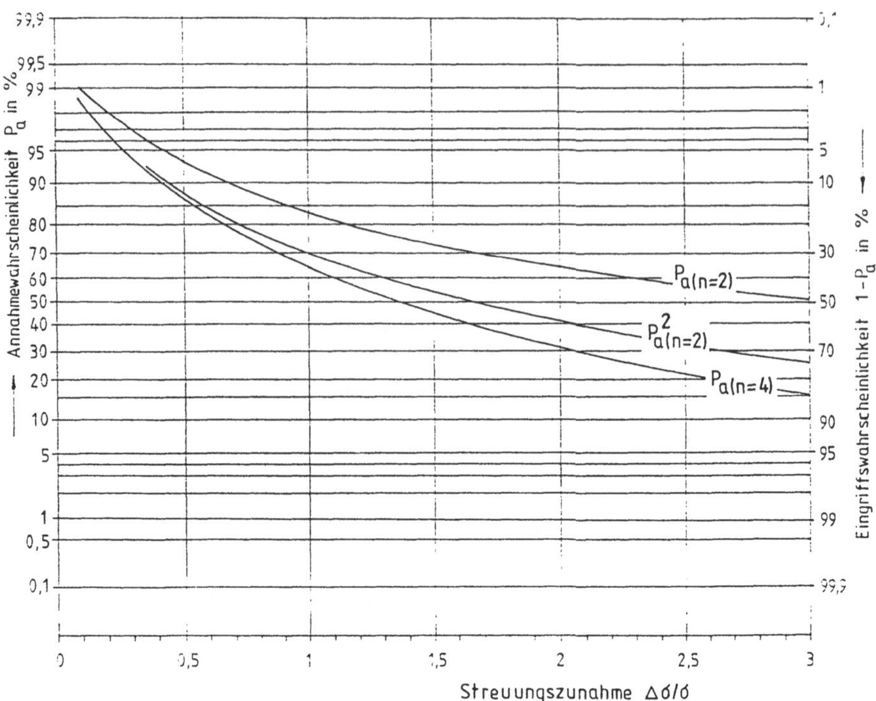

Abb. 8.3 OC der Spannweiten-QRK für n = 4 und n = 2 sowie $P^2_{a(n=2)}$; der Prüfaufwand ist m * n = 4

8.3 Einfluß des Stichprobenumfangs n bei Annahme-QRK

8.3.1 Einfluß des Stichprobenumfangs n bei Urwert-QRK

Bei den Lage-QRK mit vorgegebenen Grenzwerten, den Annahme-QRK, ist neben dem gleichen Prüfaufwand m * n zusätzlich ein gemeinsamer oder vergleichbarer OC-Punkt als Vergleichsbasis erforderlich. Die sinnvollste Vergleichsbasis ist ein gleichgroßer Spielraum S, der in Kap. 4.4.1 als derjenige Mittenbereich definiert wurde, in dem die Annahmewahrscheinlichkeit mindestens 99 % je Stück (Einheit) ist oder $P_a \geq 0{,}99^n$. Bei dieser Definition ist – bei gleichgroßer Toleranz – der Platzbedarf der Annahme-QRK unabhängig vom Stichrobenumfang n gleich groß.

Wie in Abb. 4.35 dargestellt bedeutet dies für die Urwert-QRK, daß – bei gleichem Prüfaufwand m * n – der Stichprobenumfang keinen Einfluß hat auf den Verlauf der OC und somit auch keinen Einfluß auf den Verlauf des mittleren Fehleranteils $p * P_a$. Die Urwert-QRK mit n = 5 hat die gleiche Wirksamkeit wie die im gleichen Zeitintervall fünfmal geführte Urwert-QRK mit n = 1. Die OC $P_{a(n=5)}$ ist identisch mit der OC $P^5{}_{a(n=1)}$. Dementsprechend sind die Verläufe für die mittleren Fehleranteile $p * P_{a(n=5)}$ und $p * P^5{}_{a(n=1)}$ identisch.

Da in Abb. 4.35 der für alle drei Urwert-QRK gleichgroße Stpielraum S nicht ohne weiteres erkennbar ist, seien die Zusammenhänge noch einmal an folgendem Beispiel erklärt:

■ **Beispiel 8.2**

gegeben: Für ein Merkmal ist nach einer Prozeßanalyse die Prozeßfähigkeit bekannt:

$$c_p = 1{,}67 \ (T = 10\ \sigma)$$

gesucht:
1) OC der Urwert-QRK mit n = 1, 3 und 5 bei einem Spielraum von S = 2σ und zugeordnete Verläufe für den mittleren Fehleranteil $p * P_a$ sowie den Verlauf für den mittleren Fehleranteil nach m * n = 20 geprüften Einheiten mit ausführlicher Erläuterung
2) Beurteilung der Urwert-QRK

Lösung:
1) Für die Urwert-QRK ist der Abgrenzungsfaktor für n = 1 rechnerisch:

$$k_E = u_{1\text{-}p} - u_{0,99}$$

$$k_E = 4 - 2{,}3263 = 1{,}6737$$

Bei einem gleichgroßen Spielraum ist dies auch der Abgrenzungsfaktor für n> 1.

Die Operationscharakteristiken $P_a(p)$ in Abb. 8.4 oben und die zugeordneten Verläufe für den mittleren Fehleranteil $p * P_a$ in Abb. 8.4 unten wurden punktweise berechnet. Beispielsweise ergeben sich für die Fertigungslage mit dem Fehleranteil p = 1% die folgenden in Abb. 8.4 markierten Punkte:

p	u_{1-p}	$u_{Pa} = u_{1-p} - k_E$	$P_{a(n=1)}$	$p * P_{a(n=1)}$	$P^3_{a(n=1)}$	$p * P^3_{a(n=1)}$
0,01	2,3263	0,6526	0,7430	0,743%	0,4102	0,4102%

p	$P^5_{a(n=1)}$	$p * P^5_{a(n=1)}$	$p * P^{20}_{a(n=1)}$
0,01	0,2264	0,2264%	0,00263%

Ein Einfluß des Stichprobenumfangs n besteht bei der Urwert-QRK nicht. Die OC $P_{a(n)}$ ist identisch mit der OC $P^n_{a(n=1)}$; dies ist dadurch bedingt, daß der Spielraum als Mittenbereich mit $P_a \geq 0{,}99^n$ definiert wurde.

2) Bei der Beurteilung der Urwert-QRK darf nicht übersehen werden, daß ihrer geringen Wirksamkeit der Vorteil der einfachen Handhabung gegenüber steht. Das ist die Erklärung dafür, daß sie in der Praxis bevorzugt eingesetzt wird. Die in Kap. 6.2.3 beschriebene Problematik der Prozeßkorrektur bei der Urwert-QRK ist sicher weitgehend unbekannt.

8.3.2 Einfluß des Stichprobenumfangs n bei der Mittelwert-QRK

Auf der Basis eines Verleichs bei

- gleich großem Prüfumfang m * n und
- gleich großem Spielraum S = 2σ

ist bei den Annahme-QRK für Mittelwerte der größere Stichprobenumfang n etwas günstiger, Abb. 8.5. Daraus lassen sich nachstehende Folgerungen ableiten:

- Bei einer periodischen Prüfung ist die QRK mit n = 4 etwas wirksamer als die im gleichen Zeitintervall zweimal geführte QRK mit n = 2. Bei einem stabilen und selten gestörtem Prozeß ist daher der größere Stichprobenumfang zu empfehlen. Bei einem stabilen und häufiger gestörtem Prozeß ist der kleinere Stichprobenumfang zu bevorzugen, weil dann mögliche Störungen frühzeitiger erkannt werden.

- Bei einer kontinuierlichen Prüfung und der Vorgabe eines Spielraums von S = 2σ ist nach beispielsweise m * n = 100 gefertigten Einheiten bei keinen oder bei geringen Abweichungen gegenüber der Toleranzfeldmitte beim größeren Stichprobenumfang n die Nichteingriffswahrscheinlichkeit größer; es wird seltener (unnötig) eingegriffen. Bei Fertigungslagen außerhalb des Spielraums wird bei großem n häufiger eingegriffen; der mittlere Fehleranteil wird wirkamer vermindert.

  Die aufgezeigten Unterschiede sind jedoch äußerst gering, so daß bei einer kontinuierlichen Prüfung der Stichprobenumfang praktisch keinen Einfluß hat auf die Wirksamkeit der QRK. Es ist völlig egal, ob die QRK für kleine oder für größere Stichprobenumfänge angelegt und geführt wird. Es ist daher ratsam, mit n = 2 zu operieren, weil dann mögliche Störungen (etwas) früher erkannt werden; bei Trendprozessen ist sowieso n = 2 zu bevorzugen.

  An dieser Beurteilung ändert sich nichts, wenn bei einer kontinuierlichen Prüfung auf die Vorgabe eines Spielraums verzichtet wird (Kap. 7.1) oder – bei Vorliegen eines permanenten Trends – sogar mit engsten Eingriffsgrenzen operiert wird (Kap. 7.2 und 7.3).

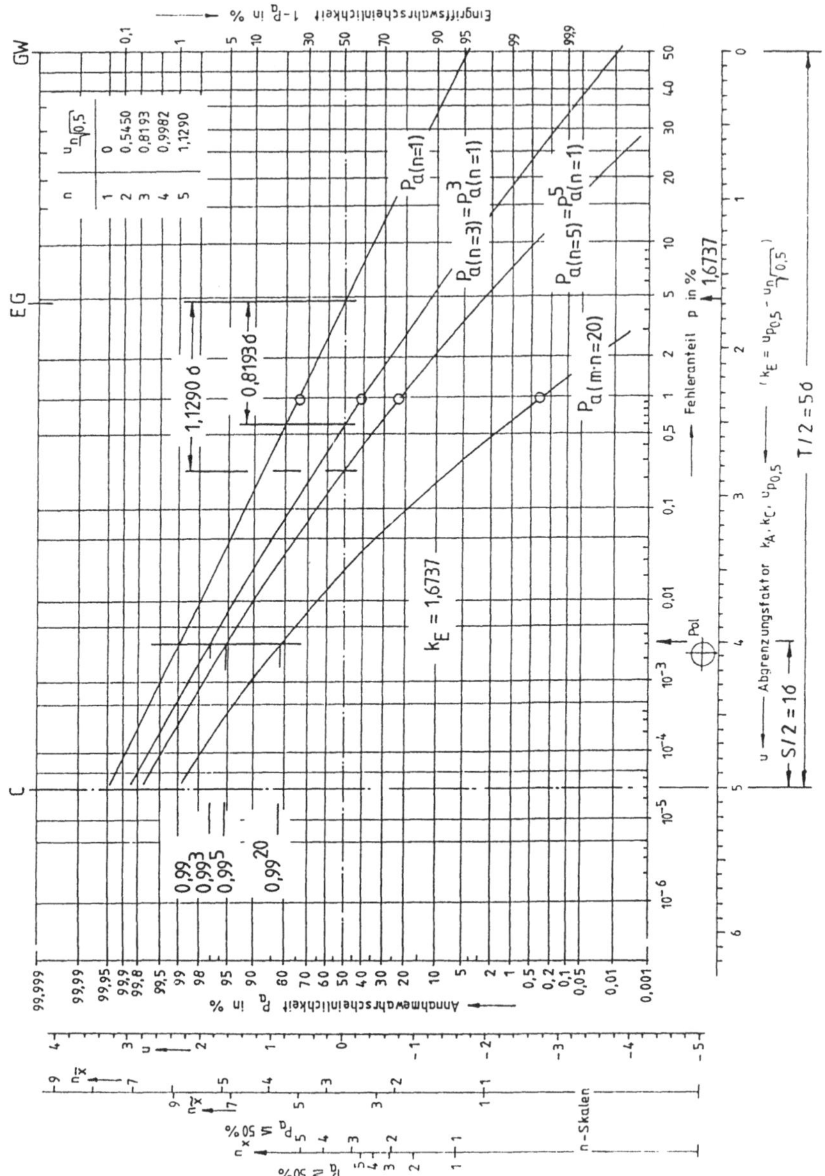
GW
EG
C
Eingriffswahrscheinlichkeit 1 - P_a in %
Annahmewahrscheinlichkeit P_a in %
Fehleranteil p in %
Abgrenzungsfaktor k_A, k_C, u_p0,5
n-Skalen
Pol
k_E = 1,6737
1,6737
1,1290 σ
0,8193 σ
P_a(n=1)
P_a(n=3) = P^3_a(n=1)
P_a(n=5) = P^5_a(n=1)
P_a(m·n=20)
0,99
0,99^3
0,99^5
0,99^20
S/2 = 1σ
T/2 = 5σ
n 1 2 3 4 5
u_n√0,5 0 0,5450 0,8193 0,9982 1,1290

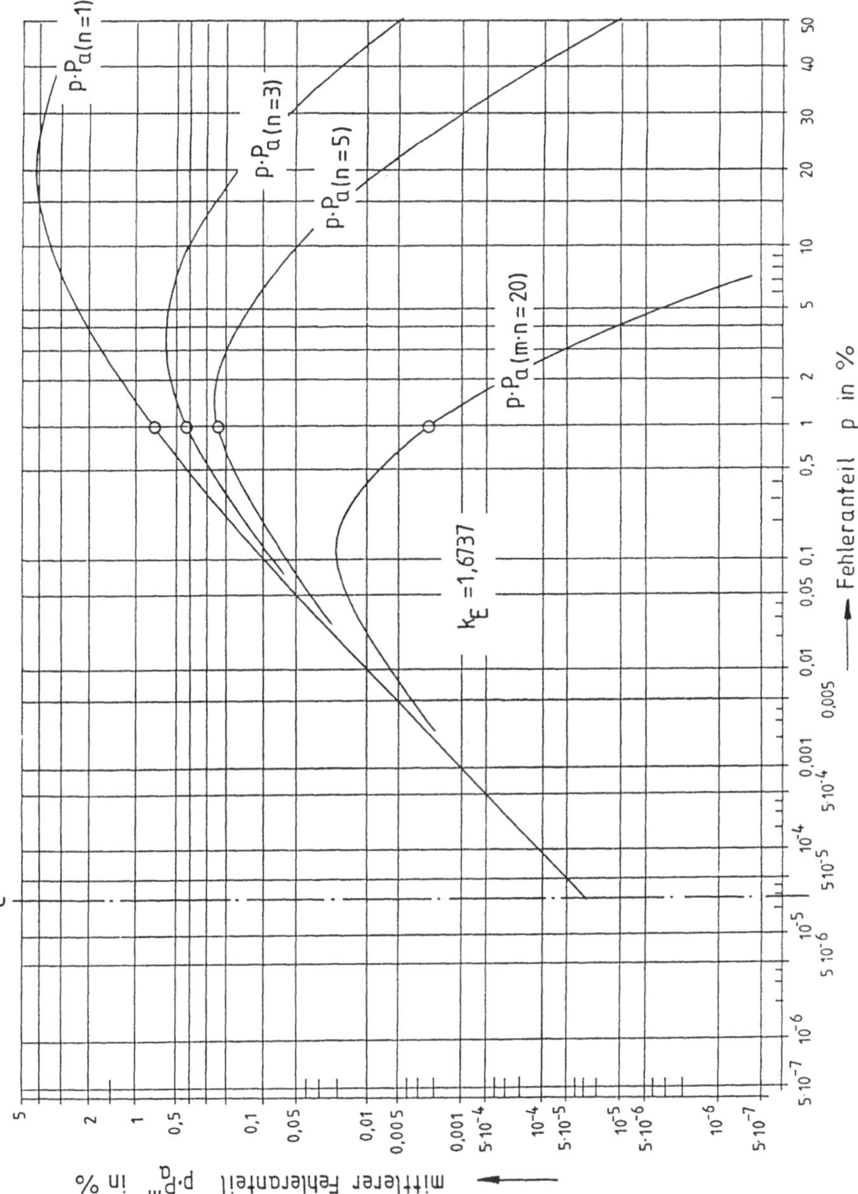

Abb. 8.4 OC für Urwert-QRK für verschiedene Stichprobenumfänge bei einer Prozeßfähigkeit von $c_P = 1{,}67$ ($T = 10\sigma$) und bei einem Spielraum von $S = 2\sigma$; im unteren Teil sind die Verläufe für den mittleren Fehleranteil dargestellt.

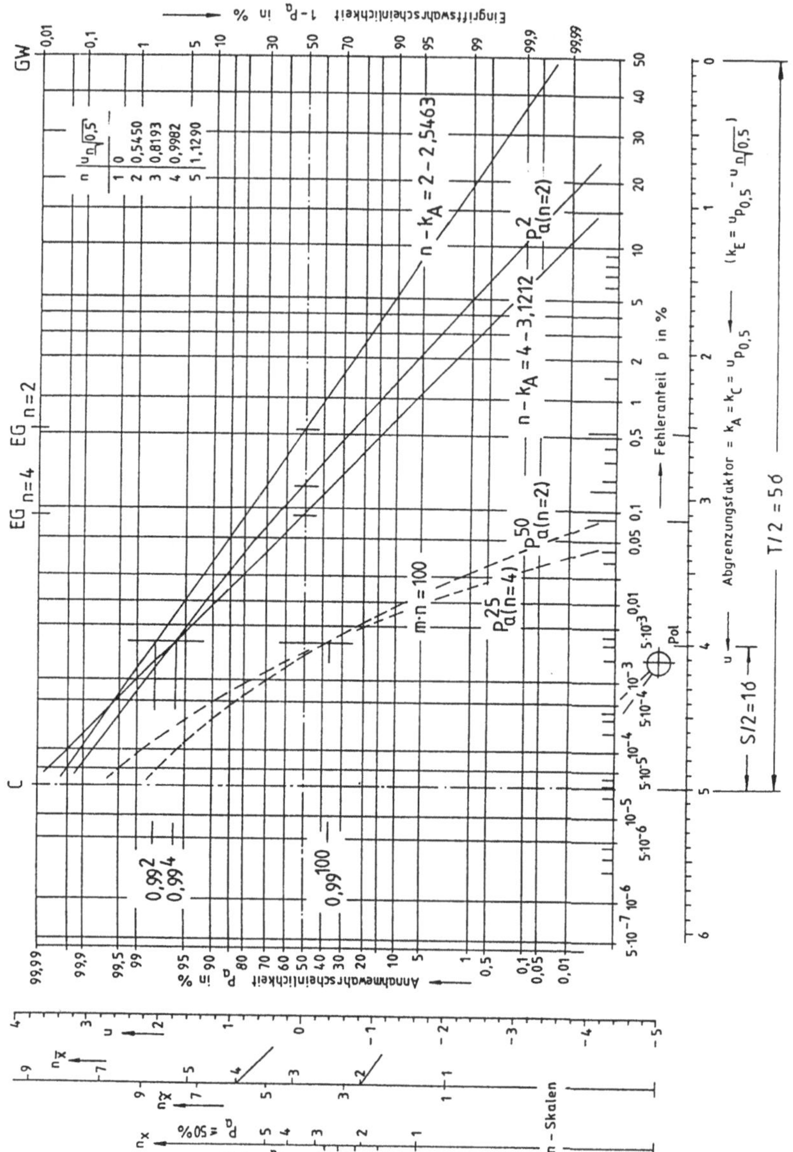

Eingriffswahrscheinlichkeit 1 - Pa in %
GW
EG n=4
EG n=2
C
n - kA = 2 - 2,5463
n - kA = 4 - 3,1212
m·n = 100
Fehleranteil p in %
Pol
Annahmewahrscheinlichkeit Pa in %
0,99^2
0,99^4
0,99^100
Abgrenzungsfaktor = kA = kC = u_p0,5 - u
(kE = u_p0,5 - u_n√0,5)
T/2 = 5σ
S/2=1σ
n - Skalen
n | u_n√0,5
1 | 0
2 | 0,5450
3 | 0,8193
4 | 0,9982
5 | 1,1290

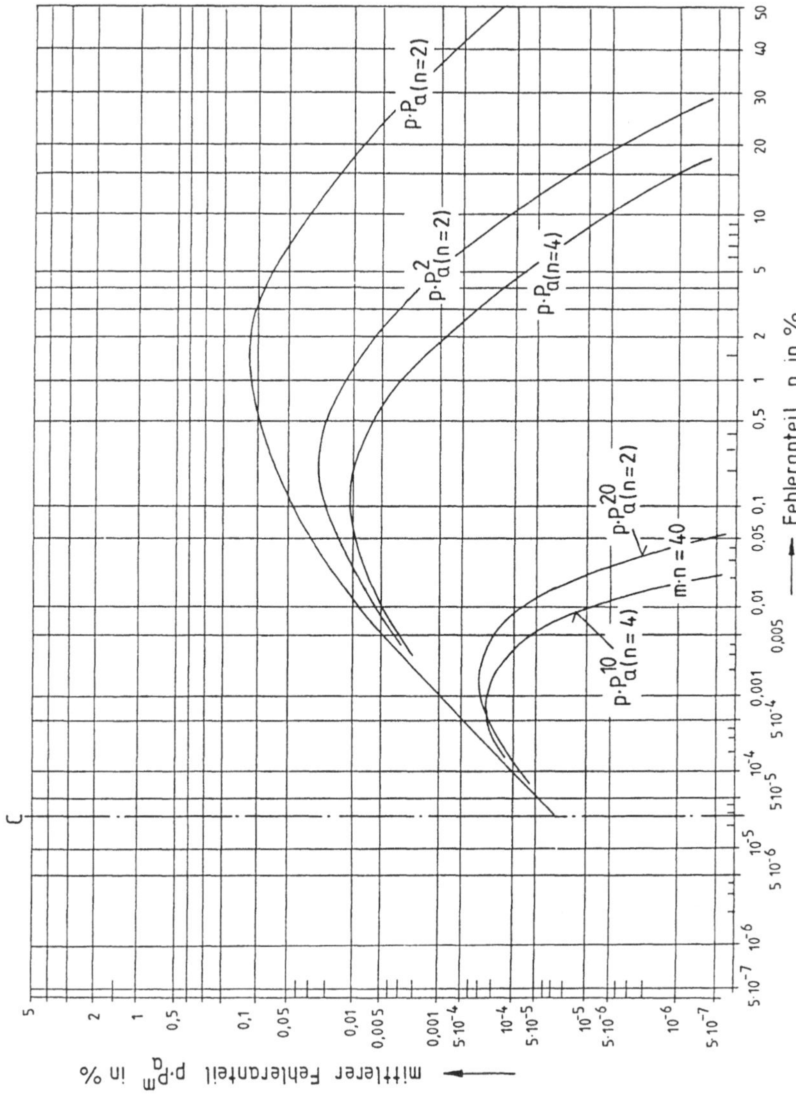

Abb. 8.5 OC für Mittelwert-QRK bei einer Prozeßfähigkeit von $c_p = 1{,}67$ ($T = 10\sigma$) und bei einem Spielraum von $S = 2\sigma$. Die OC $P^2_{a(n=2)}$ gilt für das zweimalige Führen der n = 2-QRK in dem Zeitintervall, in dem die n = 4-QRK einmal geführt wird; im unteren Teil sind die Verläufe für den mittleren Fehleranteil dargestellt.

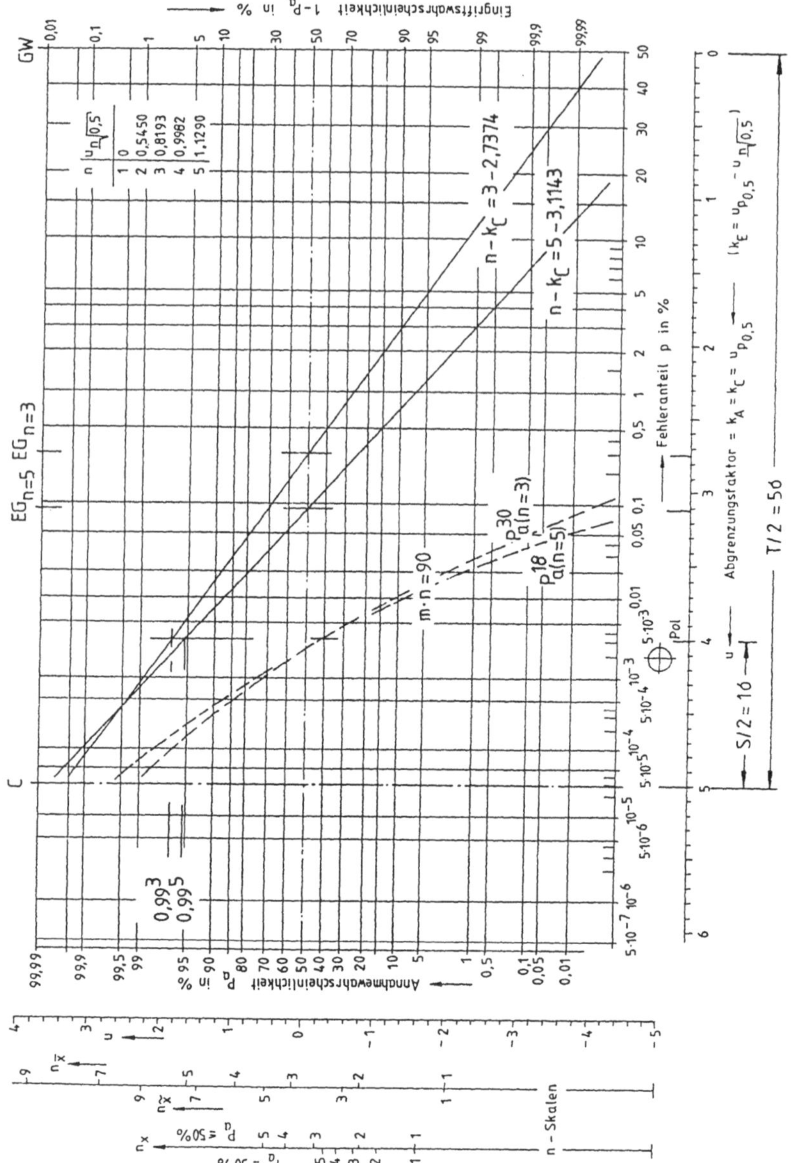
GW
C
EG n=5 EG n=3
Eingriffswahrscheinlichkeit 1 - Pa in %
Annahmewahrscheinlichkeit Pa in %
Fehleranteil p in %
n - kC = 3 - 2,7374
n - kC = 5 - 3,1143
m·n = 90
Pol
Abgrenzungsfaktor = kA = kC = u p0,5
n - Skalen
T/2 = 5σ
S/2 = 1σ

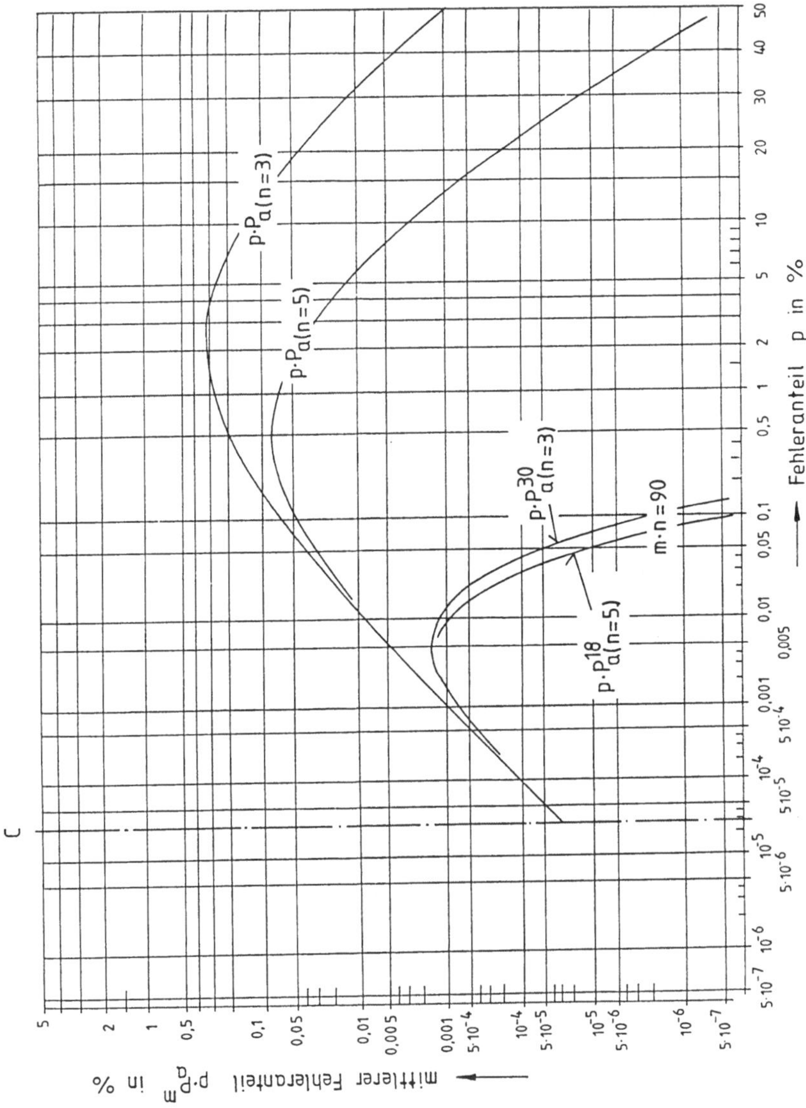

Abb. 8.6 OC für Median-QRK bei einer Prozeßfähigkeit von c_p = 1,67 (T = 10σ) und bei einem Spielraum von S = 2σ; im unteren Teil sind die Verläufe für den mittleren Fehleranteil dargestellt.

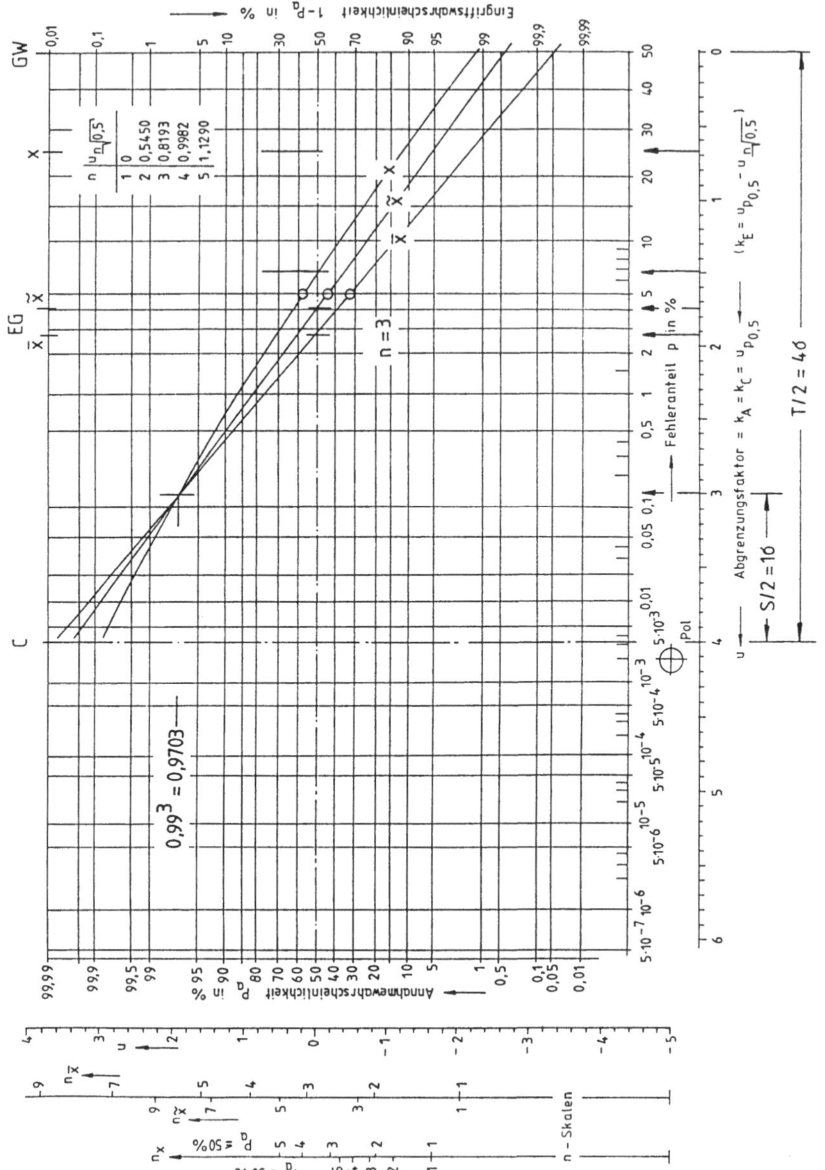
GW
EG
C
Eingriffswahrscheinlichkeit 1 - Pa in %
Annahmewahrscheinlichkeit Pa in %
Fehleranteil p in %
n = 3
0,99³ = 0,9703
Pol
n | u n√0,5
1 | 0
2 | 0,5450
3 | 0,8193
4 | 0,9982
5 | 1,1290
Abgrenzungsfaktor = kA = kC = up0,5
(kE = up0,5 - u n√0,5)
S/2 = 1σ
T/2 = 4σ
n - Skalen
Pa ≈ 50 %

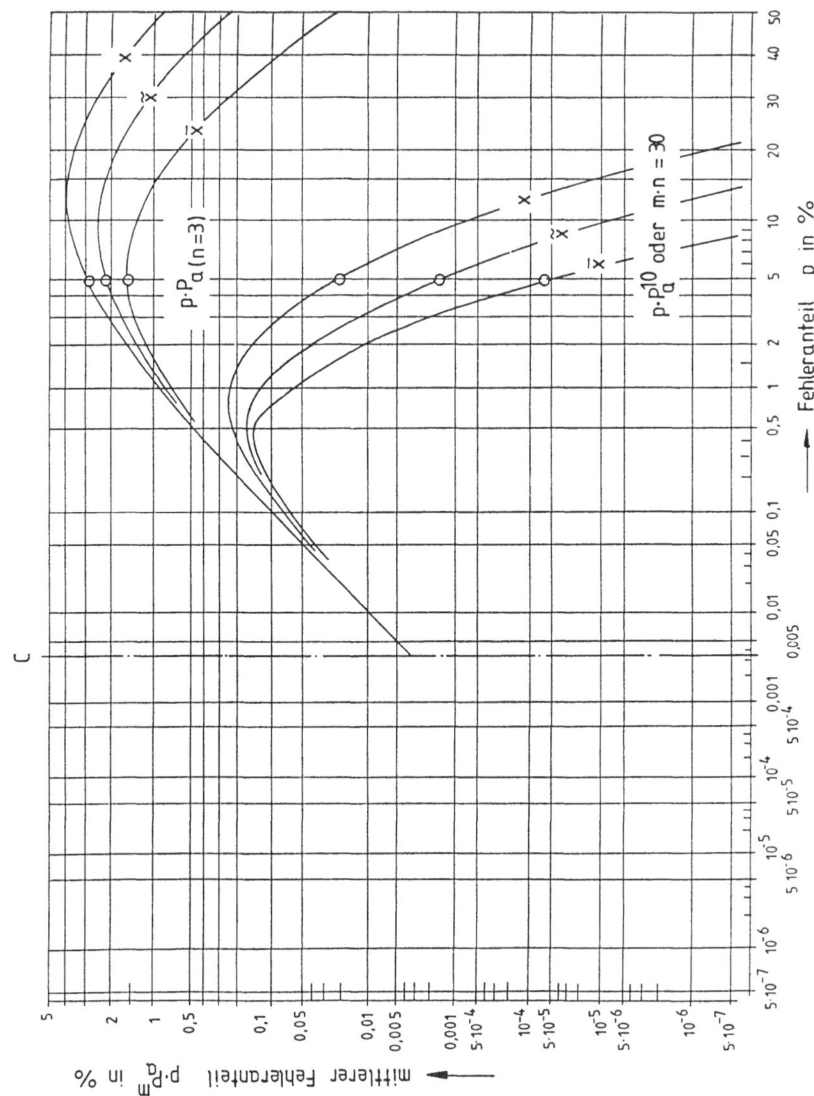

Abb. 8.7 OC von Annahme-QRK für Urwerte, für Mediane und für Mittelwerte für einen Stichprobenumfang von n = 3. Die Prozeßfähigkeit ist $c_p = 1{,}33$ ($T = 8\sigma$) und der Spielraum ist $S = 2\sigma$. Im unteren Teil sind die Verläufe für den mittleren Fehleranteil nach der ersten und nach der zehnten Stichprobe dargestellt.

8.3.3 Einfluß des Stichprobenumfangs n bei der Median-QRK

Der Einfluß des Stichprobenumfangs n – verglichen auf der Basis eines gleichgroßen Prüfaufwandes und eines gleichgroßen Spielraums – ist bei der Median-QRK der gleiche wie bei der Mittelwert-QRK: bei der periodischen Prüfung hat der größere Stichprobenumfang die höhere Wirksamkeit zur Folge und bei der kontinuierlichen Prüfung ist der Einfluß des Stichprobenumfangs praktisch null, Abb. 8.6.

8.3.4 Vergleich der drei Annahme-QRK in Bezug auf den Einfluß des Stichprobenumfangs n

In Abb. 8.7 sind die drei Annahme-QRK auf der Basis

- einer gleichgroßen Prozeßfähigkeit von $c_p = 1{,}33$ ($T = 8\sigma$)
- eines gleichgroßen Spielraums von $S = 2\,\sigma$ und
- eines gleichgroßen Stichprobenumfangs von $n = 3$

miteinander verglichen.

Für einen momentnen Fehleranteil von $p = 5\%$ (markierte Punkte in Abb. 8.7) führt der Vergleich zu folgenden Ergebnissen:

QRK	P_a	p^*P_a	$p^*P_a^{10}$ ($m^*n = 30$)
x	58,07%	2,90%	$2{,}2^*10^{-2}$ %
$\tilde{x}$	44,51%	2,22%	$1{,}5^*10^{-3}$ %
$\bar{x}$	32,21%	1,61%	$6{,}0^*10^{-5}$ %

Die bekannte Reihenfolge in der Wirksamkeit: $\bar{x}$ - besser als $\tilde{x}$ - besser als x-QRK wird bestätigt.

Bei einer periodischen (manuellen) Prüfung ist die $\tilde{x}$ -QRK wegen ihrer einfacheren Handhabung gegenüber der $\bar{x}$ -QRK zu bevorzugen.

Bei einer kontinuierlichen (automatischen) Prüfung ist die $\bar{x}$ -QRK deutlich besser als die anderen zwei Annahme-QRK. Deshalb und weil die EDV-Programmierung auf $\bar{x}$ problemlos ist, kommt sie ausschließlich zum Einsatz.

Hinweis: Die QRK in den Abb. 8.4 bis 8.7 sind so berechnet, daß der Spielraum $S = 2\sigma$ beträgt. Dieser Spielraum ist bei einer kontinuierlichen Prüfung weder erforderlich noch zweckmäßig.

8.4 Einfluß von n bei der Shewhart-QRK für Mittelwerte bei vorgegebenen Grenzwerten

Werden bei vorgegebenen Grenzwerten Shewhart-QRK in die Mitte des Toleranzfeldes gelegt, dann haben ihre OC den gemeinsamen Punkt bei C und (einseitig) $P_a = 0{,}995$, unabhängig vom Stichprobenumfang n, Abb. 8.8. Hinsichtlich ihrer Wirksamkeit zeigen die Shewhart-QRK das im Prinzip gleiche Bild wie die Annahme-QRK für Mittelwerte, Abb. 8.5.

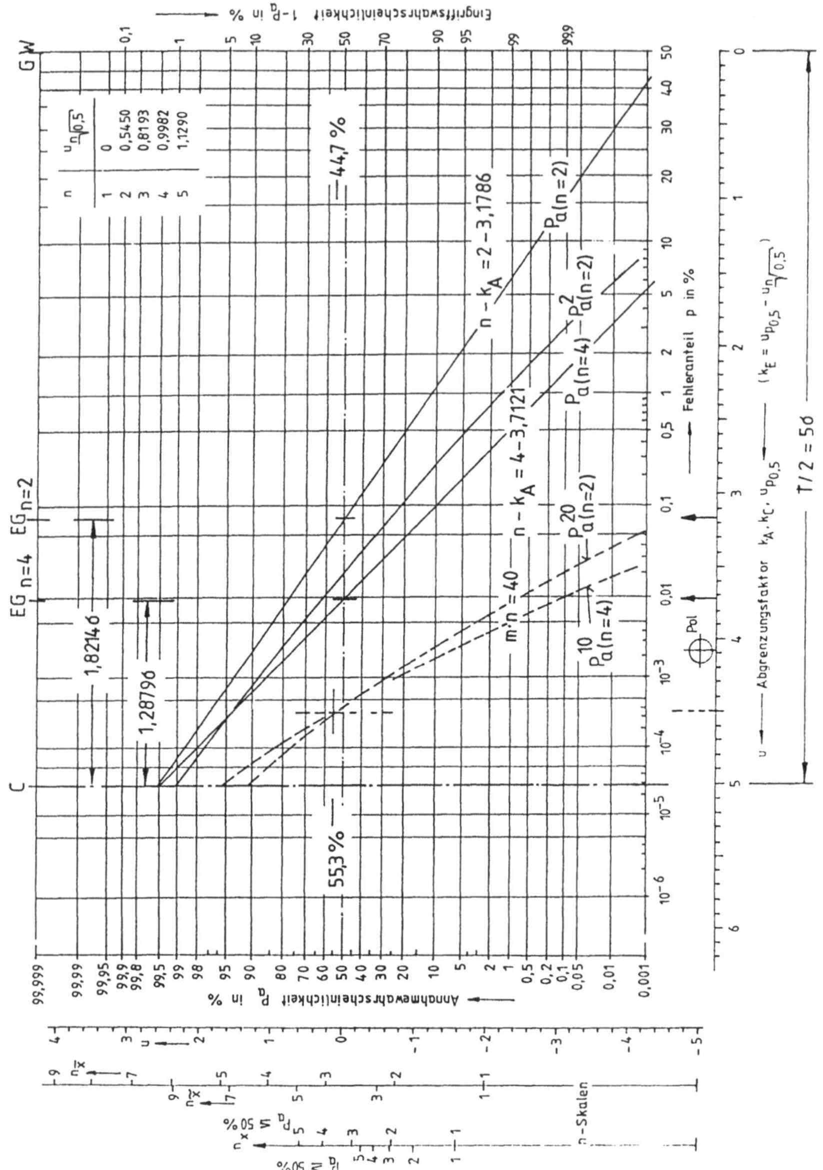

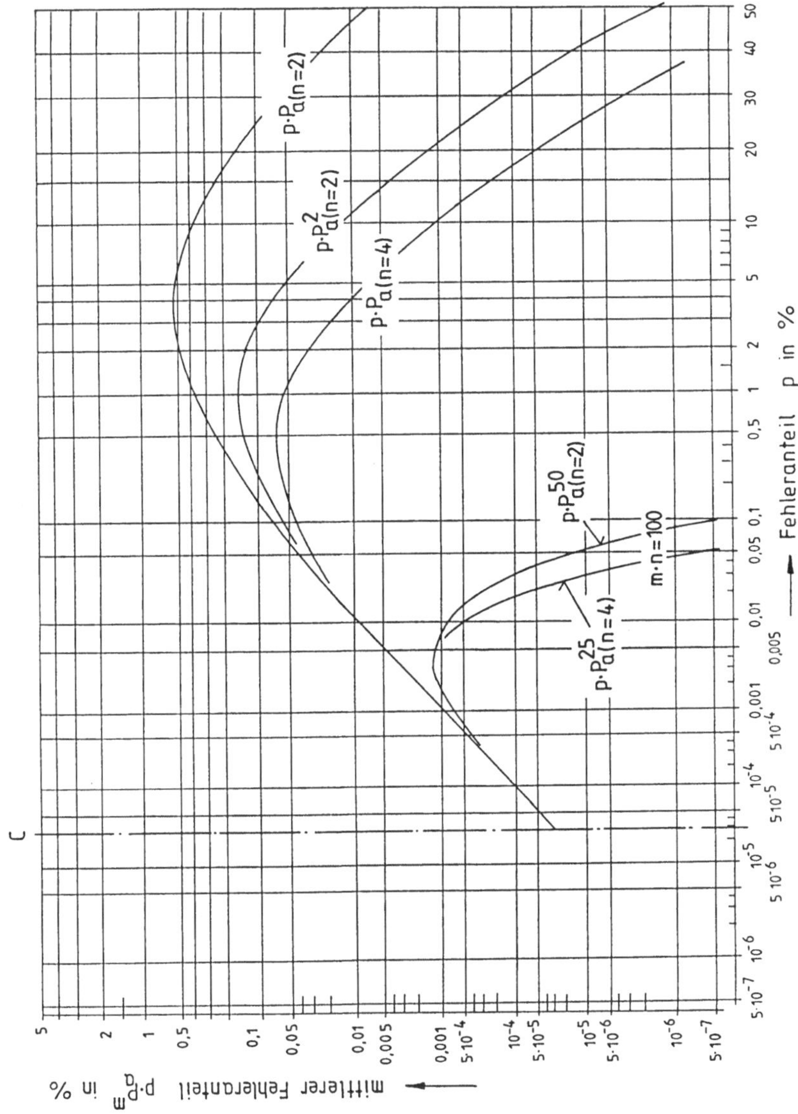

Abb. 8.8 OC für Mittelwert-QRK nach Shewhart für ein Merkmal mit der Prozeßfähigkeit $c_P = 1{,}67$ ($T = 10\sigma$); der Spielraum ist $S \approx 0$; im unteren Teil sind die Verläufe für den mittleren Fehleranteil dargestellt.

9 Vereinfachte Ermittlung der Eingriffsgrenzen von Annahme-QRK

9.1 Vorbemerkungen

Die in den Kapteiln 4 bis 8 dargelegten Möglichkeiten für die rechnerische oder grafische Ermittlung der Eingriffsgrenzen von Annahme-QRK berücksichtigen die verschiedenen Randbedingungen wie

- die vorhandene Prozeßfähigkeit
- der zweckentsprechende Stichprobenumfang
- der Spielraum für die Fertigung und
- der zu erwartende mittlere Fehleranteil und dessen Maximum

Auf den Einbezug alle dieser Randbedingungen kann in vielen praktischen Anwendungsfällen verzichtet werden mit einer Ausnahme: Die Abschätzung der vorliegenden Prozeßfähigkeit. Diese muß aus langzeitiger Erfahrung bekannt sein oder – falls keine Erfahrungen vorliegen – in einem Vorlauf durch eine sorgfältige Prozeßanalyse möglichst exakt abgeschätzt werden.

Die verschiedenen Möglichkeiten zur Abschätzung der momentanen Prozeßstreuung sind in Abb. 2.25 enthalten; die Abschätzung der Prozeßfähigkeit erfolgt dann nach Kap. 3.3.

9.2 Die Ermittlung der Abgrenzungsfaktoren bei periodischer Prüfung

Eine periodische Prüfung ist dann gegeben, wenn der laufenden Fertigung von Zeit zu Zeit Stichproben des jeweils gleichen Stichprobenumfangs n entnommmen werden. Das relevante, kontinuierliche Merkmal (oder mehrere) wird dann an allen Einheiten gemessen. Die auf diese Weise entstandene Meßreihe wird dann wie folgt verwendet:

- Mittelwert-QRK:
  Die Meßreihe bestehend aus den n Urwerten wird nach $\overline{x}$ und s ausgewertet. Der Mittelwert $\overline{x}$ wird in die Mittelwert-QRK eingetragen; liegt dieser innerhalb der Eingriffsgrenzen erfolgt kein Eingriff. Andernfalls erfolgt ein Eingriff durch eine Korrektur der Prozeßlage um

den Korrekturbetrag $|\bar{x} - C|$. Die Standardabweichung s wird wird in die s-QRK eingetragen, falls eine zweite Spur für die Streuung angelegt ist.

- Median-QRK:
  Die n Urwerte der Meßreihe werden in die Median-QRK eingetragen, zusätzlich wird der centrale Wert markiert. Liegt dieser Median in den Eingriffsgrenzen erfolgt kein Eingriff. Anderenfalls wird die Prozeßlage korrigiert um den Korrekturbetrag $|\tilde{x} - C|$. Die Differenz zwischen dem größten und dem kleinsten Wert der Meßreihe, die Spannweite R, wird in die R-QRK eingetragen, falls eine zweite Spur für diesen Kennwert angelegt ist.
- Urwert-QRK:
  Die n Urwerte der Meßreihe werden in die Urwert-QRK eingetragen. Liegen alle n Urwerte in den Eingriffsgrenzen erfolgt kein Eingriff, anderenfalls wird eingegriffen und die Prozeßlage korrigiert. Die Spannweite R wird in die R-QRK eingetragen, falls eine zweite Spur für diesen Kennwert angelegt ist.

Zum Anlegen der Annahme-QRK können die zweckentsprechenen Abgrenzungsfaktoren in Abhängigkeit von der für den jeweiligen Einzelfall abgeschätzten Prozeßfähigkeit c_P den Tabellen 8 bis 10 entnommen werden, und zwar

- k_A für die $\bar{x}$-QRK aus Tabelle 8
- k_C für die $\tilde{x}$-QRK aus Tabelle 9 und
- k_E für die x-QRK aus Tabelle 10

Die Tabellen 8 bis 10 sind so angelegt, daß die Eingriffsgrenzen einheitlich von den Grenzwerten ausgehend festgelegt werden. Dafür sind in allen drei Tabellen jeweils 2 Beispiele angegeben.

Die k-Faktoren in den Tabellen 8 bis 10 sind so berechnet, daß in der Mitte des Toleranzfeldes ein Spielraum von $S = 2\sigma$ bleibt, um bei keinen oder bei nur geringen Abweichungen der Prozeßlage μ vom Mittenwert C unnötige Eingriffe in den Prozeß und somit Fehlkorrekturen auszuschließen. Lediglich bei schlechten bis guten Prozeßfähigkeiten wurde auf die Vorgabe eines Spielraums verzichtet. Mit den k-Faktoren werden in diesen Fällen praktisch Shewhart-QRK in die Mitte des Toleranzfeldes gelegt.

Die Wahl des Stichprobenumfangs n ist freigestellt. In der Regel ist es jedoch zweckmäßig, einen kleinen Stichprobenumfang zu wählen bei zusätzlich kurzen Zeitspannen zwischen der Entnahme der Stichproben. Dadurch werden grobe Störungen frühzeitiger erkannt als bei großen Stichproben und dementsprechend längeren Zeitspannen zwischen der Entnahme der Stichproben.

Wichtiger Hinweis: Die Urwert-QRK wurde hier gleichwertig behandelt, weil sie wegen ihrer einfachen Handhabung in der Betriebspraxis bevorzugt zum Einsatz kommt. Sie hat jedoch den Nachteil, daß im Falle eines Eingriffs die zweckmäßige Prozeßkorrektur unbekannt ist, s. Kap. 6.2.3. Dieser Nachteil kann dadurch überwunden werden, daß anstelle der Urwert-QRK die Median-QRK eingesetzt wird. Die Median-QRK wird wie eine Urwert-QRK geführt; nach der Markierung des centralen Wertes der Stichprobe wird dieser Median mit den Eingriffsgrenzen für die Mediane verglichen. Im Falle eines Eingriffs erfolgt dann die Korrektur um den Korrekturbetrag $K = |\tilde{x} - C|$.

Sollte es für erforderlich erachtet werden, zu den Annahme-QRK eine zweite Spur für die Streuung zu führen, dann ist es zweckmäßig folgende Kombinationen zu wählen:

$\bar{x}$ -s-QRK oder

$\tilde{x}$ -R-QRK oder

x -R-QRK

Die Eingriffsgrenzen (und ggf. die Warngrenzen) der Streuungs-QRK können nach Kap. 5.2 berechnet werden.

9.3 Die Ermittlung der Abgrenzungsfaktoren bei kontinuierlicher Prüfung

Eine kontinuierliche Prüfung ist dann gegeben, wenn aus der laufenden Fertigung Stück für Stück geprüft wird. Dies ist vor allem dann der Fall, wenn mit Hilfe einer Meßsteuerung automatisch geprüft wird. Die Meßwerte werden dann in der EDV gespeichert und verarbeitet. Dabei werden QRK automatisch geführt und aktualisiert und können für jedes relevante Merkmal auf einem Monitor sichtbar gemacht werden.

Die Meßwerte für die jeweils nacheinander gefertigten und zu einer Stichprobe zusammengefaßten n Einheiten können nach dem Mittelwert $\bar{x}$ und nach der Standardabweichung s ausgewertet werden. Daher ist es üblich, zweispurige $\bar{x}$-s-QRK zu programmieren und zu führen.

Bei stabilen Prozessen, bei denen die einmal eingestellte Fertigungslage konstant bleibt und nur durch gelegentliche, singuläre Störungen wie Werkzeugbrüche oder Werkzeugwechsel oder Chargenwechsel sprunghaft verändert wird, ist es zweckmäßig, die Eingriffsgrenzen so eng zu legen wie dies bei einer Shewhart-QRK der Fall ist.

Bei keinen oder kleinen Abweichungen der momentanen Fertigungslage vom Mittenwert C, der Toleranzfeldmitte, stören seltene oder gelegentliche Eingriffe und die dadurch ausgelösten Fehlkorrekturen nicht, da diese wegen der kontinuierlichen Prüfung sofort wieder rückgängig gemacht werden. Ein sogenannter Spielraum in der Mitte des Toleranzfeldes ist weder erforderlich noch zweckmäßig.

Allerdings ist auch bei den kontinuierlich geführten QRK eine möglichst exakte Abschätzung der momentanen Streuung und eine Abschätzung der Prozeßfähigkeit unumgänglich.

Die vereinfachte Ermittlung der Eingriffsgrenzen für die Mittelwert-QRK erfolgt dann mit den Abgrenzungsfaktoren, die in Abhängigkeit von der Prozeßfähigkeit in Tabelle 11 mit 2 Beispielen zusammengestellt sind. Diese Abgrenzungsfaktoren ergeben sich aus dem Abstand zwischen den Eingriffsgrenzen der Shewhart-QRK für Mittelwerte zu den Grenzwerten. Dieselben Eingriffsgrenzen ergeben sich, wenn Shewhart-QRK berechnet werden und die Eingriffsgrenzen vom Mittenwert C ausgehend in das Toleranzfeld gelegt werden, Kap. 5.4.

Die Eingriffsgrenzen (und ggf. die Warngrenzen) der Standardabweichungs-QRK können nach Kap. 5.2 berechnet werden.

Bei instabilen Prozessen, bei denen die einmal eingestellte Fertigungslage nicht konstant bleibt infolge beispielsweise eines permanenten Trends, ist es zweckmäßig, die Eingriffsgrenzen noch enger zu legen als bei einer Shewhart-QRK. Betriebspraktische Versuche und Prozeßsimulationen (Kap. 7.3) haben ergeben, daß durch engste Eingriffsgrenzen, bei denen nur noch eine Klasse oder nur wenige Klassen für die Mittelwerte innerhalb der Eingriffsgrenzen liegen, die Prozeßführung optimiert werden kann. Bildbeispiele dafür s. Abb. 7.14 bis 7.16. Beim Führen der QRK mit engsten Eingriffsgrenzen wird zwar ständig eingegriffen und korrigiert; die dadurch bedingte Vergrößerung der momentanen Streuung zur Gesamtstreuung ist jedoch geringer als bei weniger engen Eingriffsgrenzen und der dann stark vergrößerten Streuung infolge des Trends.

10 Anhang

10.1 Formelzeichen und Abkürzungen

A	Faktor zur Berechnung der Regelgrenzen der Shewhart-QRK für Mittelwerte, Tabelle 5
A*	Faktor zur Berechnung der Regelgrenzen der Shewhart-QRK für Mittelwerte mit erweiterten Eingriffsgrenzen, Tabelle 6
a_n	Faktor zum Schätzen der (momentanen) Standardabweichung der Grundgesamtheit, $a_n = \bar{s} / \sigma$, Tabelle 7
AQL	Annehmbare Qualitätsgrenzlage (acceptable quality level)
ARL	mittlere Reaktionsdauer (average run length), ARL = 1 / (1 − P_a), Beispiel: für 1 − P_a = 0,1 ist ARL = 10 = mittlere Zahl der Stichproben bis zum Eingriff
B	Faktor zur Berechnung der Regelgrenzen der Standardabweichungs-QRK, Tabelle 4
C	Faktor zur Berechnung der Regelgrenzen der Shewhart-QRK für Mediane, Tabelle 5
C	Mittenmaß (Centrum), C = (OGW + UGW) / 2, in der Regel Mittellinie der Annahme-QRK
C_e	exzentrisches Mittenmaß, Zielgröße bei QRK zur Steuerung von Trendprozessen
C*	Faktor zur Berechnung der Regelgrenzen der Shewhart-QRK für Mediane mit erweiterten Eingriffsgrenzen, Tabelle 6
c_n	Faktor zur Berechnung der Standardabweichung der Mediane, $c_n = \sigma_{\tilde{x}} / \sigma_{\bar{x}}$, Tabelle 5
c_p, c_{pk}	Indices für die Prozeßfähigkeit
c_{pp}, c_{ppk}	Indices für die Prozeßpräzision
D	Faktor zur Berechnung der Regelgrenzen der Spannweiten-QRK, Tabelle 4
d	Zahl der fehlerhaften Einheiten in einem Los

d_n	Faktor zum Schätzen der (momentanen) Standardabweichung der Grundgesamtheit, $d_n = \overline{R} / \sigma$, Tabelle 7
DWN	Doppeltes Wahrscheinlichkeitsnetz, Kap. 4.3
E	Faktor zur Berechnung der Regelgrenzen der Shewhart-QRK für Urwerte, Tabelle 5
E*	Faktor zur Berechnung der Regelgrenzen der Shewhart-QRK für Urwerte mit erweiterten Eingriffsgrenzen, Tabelle 6
f	Anzahl Freiheitsgrade, in der Regel $f = n - 1$
G_j	Häufigkeitssumme bis zur j-ten Klasse, $G_j = (\Sigma n_j - 0{,}5) / n$ bei $n \leq 100$ und $G_j = \sum n_j / n$ bei $n > 100$
g(x)	Wahrscheinlichkeitsdichtefunktion des stetigen Merkmals x
G(x)	Verteilungsfunktion des stetigen Merkmals x, Wahrscheinlichkeitssumme
G(u)	Verteilungsfunktion der standardisierten NV, Wahrscheinlichkeitssumme, Anteil von $-\infty$ bis u
H_0	Nullhypothese; Hypothese, daß der Unterschied zwischen zwei Grundgesamtheiten null ist. Der erwiesene Unterschied zwischen den Kennwerten ist zufallsbedingt.
i	Laufindex für Einzelwerte
j	Laufindex für Klassen, Klassen-Nr.
k	Anzahl Klassen nach Klassieren
k	Abgrenzungsfaktor für Annahme-QRK, k_A für Mittelwert-QRK, k_C für Median-QRK, k_E für Urwert-QRK
K	Korrekturbetrag, beispielsweise $K = \lvert \overline{x} - C \rvert$
LQ	Rückzuweisende Qualitätsgrenzlage (limiting quality)
m	Anzahl Stichproben des gleichen Umfangs n
M	Mittellinie der Shewhart-QRK
MV	Mischverteilung, entstanden aus der Mischung oder aus der Überlagerung von zwei oder mehreren Verteilungen. Verteilungsform in der Regel nicht normal, nur in Ausnahmefällen normal.
n	Stichprobenumfang

n_{ges}	Gesamtstichprobenumfang, $n_{ges} = m * n$ bei Unterteilung in m gleich große Unterstichproben des gleichen Umfangs n
n_j	Besetzungszahl der j-ten Klasse
N	Losumfang, Umfang einer Modell-NV als $N = \Sigma N_j$
N	Nennwert, Nennmaß
N_j	Besetzungszahl der j-ten Klasse einer Modell-NV
NV	Normalverteilung
logNV	logarithmische Normalverteilung
OC	Operationscharakteristik, Annahmekennlinie $P_a = f(p$ oder $\Delta\mu/\sigma$ oder $\Delta\sigma/\sigma)$ oder Eingriffskennlinie $1 - P_a = f(p$ oder $\Delta\mu/\sigma$ oder $\Delta\sigma/\sigma)$
OEG	obere Eingriffsgrenze
OGW	oberer Grenzwert, Höchstwert, bei Maßen Höchstmaß
OWG	obere Warngrenze
P	Wahrscheinlichkeit, allgemein
p	Anteil fehlerhafter Einheiten, grenzüberschreitender Anteil
P_A	Aussagewahrscheinlichkeit, $P_A = 1 - \alpha$
P_a	Annahmewarhscheinlichkeit (probability of acceptance), Nichteingriffswahrscheinlichkeit
$1 - P_a$	Eingriffswahrscheinlichkeit
p_{OGW}	Anteil fehlerhafter Einheiten oberhalb OGW
p_{UGW}	Anteil fehlerhafter Einheiten unterhalb UGW
p_{Pa}	Fehleranteil zur Annahmewahrscheinlichkeit P_a, Beispiel: $p_{0,8}$ = Fehleranteil zur Annahmewahrscheinlichkeit von $P_a = 80\%$
$p * P_a$	mittlerer Fehleranteil nach der ersten Stichprobe unter der Voraussetzung, daß nach einem Eingriff durch die Korrektur der Fehleranteil praktisch null ist.
$(p * P_a)_{max}$	maximaler, mittlerer Fehleranteil, angenähert ist $(p * P_a)_{max} = p_{0,5} * 0,5$

P_k Korrekturwahrscheinlichkeit, Wahrscheinlichkeit dafür, daß bei einer Prozeßsimulation mit einer diskretisierten Verteilung und bei Überschreiten einer EG in eine bestimmte Korrekturposition korrigiert wird

$Q(u)$ Anteil von u bis $+\infty$, $Q(u) = 1 - G(u)$

R Spannweite einer Stichprobe, $R = x_{max} - x_{min}$

$\overline{R}$ arithmetischer Mittelwert der Spannweiten aus Stichproben des gleichen Umfangs n

RV Rechteckverteilung, Gleichverteilung mit der Varianz $\sigma^2 = R^2/12$

s Standardabweichung einer Stichprobe

s^2 Varianz einer Stichprobe

$\overline{s^2}$ arithmetischer Mittelwert der Varianzen aus Stichproben des gleichen Umfangs n

s_D Standardabweichung der Differenzen der Merkmalswerte von jeweils zwei nacheinander gefertigten Einheiten aus einem fortlaufenden Prozeß, zwischen den gefertigten Einheiten erfolgte kein Eingriff

s_{ges} Standardabweichung aller n * m Einzelwerte in m Stichproben des gleichen Umfangs n

$s_{\overline{x}}$ Standardabweichung von Mittelwerten aus Stichproben des gleichen Umfangs n

S Spielraum, Mittenbereich von Lage-QRK mit einer Annahmewahrscheinlichkeit von $P_a \geq 0{,}99^n$

S/σ relativer Spielraum, Spielraum in σ-Einheiten, $S/\sigma = T/\sigma - (T-S)/\sigma$

S* empirischer Spielraum bei Trendprozessen, mittlere Lageverschiebung (Driftstrecke) bis zum Eingriff, geschätzt über den Mittelwert der Korrekturbeträge gegen den Trend

S^*/σ relativer, empirischer Spielraum, empirischer Spielraum in σ-Einheiten

SPC statistische Prozeßsteuerung (statistical process control)

SPS statistische Prozeß-Steuerung

T	Toleranz, T = OGW – UGW
T – S	Platzbedarf einer Lage-QRK
$(T - S)/\sigma$	relativer Platzbedarf einer Lage-QRK, Platzbedarf in σ-Einheiten
TR	Taschenrechner (mit $\bar{x}/s$ -Automatik)
u	Variable der standardisierten NV, $u = (x - \mu)/\sigma$ oder $u = [(x - \mu)/\sigma] * \sqrt{n}$, Tabelle 1
UEG	untere Eingriffsgrenze
UGW	unterer Grenzwert, Mindestwert, bei Maßen Mindestmaß
UWG	untere Warngrenze
WN	Wahrscheinlichkeitsnetz, Kap. 2.3
w	Schwellenwert der Verteilung von Spannweiten; Auszug aus der w-Verteilung: D-Werte in Tabelle 4
x	stetiges, kontinuierliches Merkmal
x_E	Extremwert, äußerer Wert von n Urwerten
x_i	i-ter Meßwert
x_j	Klassenmitte der j-ten Klasse, arithmetischer Mittelwert der echten Klassengrenzen
x_{max}	Größtwert, größter Wert in einer Stichprobe
x_{min}	Kleinstwert, kleinster Wert in einer Stichprobe
$\bar{x}$	arithmetischer Mittelwert
$\bar{\bar{x}}$	arithmetischer Mittelwert von Mittelwerten aus Stichproben des gleichen Umfangs n, identisch mit dem Gesamtmittelwert aller n * m Einzelwerte
$\tilde{x}$	Median, mittlerer Wert der der Größe nach geordneten Einzelwerte einer Stichprobe bei nichtgeradzahligem Stichprobenumfang n, früher auch Centralwert
ZB	Zufallsstreubereich
α	Irrtumswahrscheinlichkeit, Wahrscheinlichkeit für den Fehler 1. Art (Verwerfen einer in Wahrheit zutreffenden Nullhypothese H_0)

β	Wahrscheinlichkeit für den Fehler 2. Art (Nichtverwerfen einer in Wahrheit nicht zutreffenden Nullhypothese H_0)
μ	arithmetischer Mittelwert einer Grundgesamtheit, eines Loses oder einer Modell-NV
$\hat{\mu}$	Schätzwert für μ, das ^ kann weggelassen werden, wenn Mißverständnisse ausgeschlossen sind.
$\Delta\mu$	Mittenabweichung
Π	Produkt-Zeichen (groß pi)
σ	Standardabweichung einer Grundgesamtheit, eines Loses oder einer Modell-NV
$\hat{\sigma}$	Schätzwert für σ, das ^ kann weggelassen werden, wenn Mißverständnisse ausgeschlossen sind.
$\Delta\sigma$	Streuungszunahme
σ_0	momentane, innere Standardabweichung eines laufenden Prozesses
$\hat{\sigma}_0$	Schätzwert für σ_0; gebräuchliche Schätzwerte in Abb. 2.25 wichtiger Hinweis: σ_0 ist stets unbekannt; daher kann das „Dach“ weggelassen werden; falls aus dem Zusammenhang ersichtlich ist, daß die momentane Standardabweichung gemeint ist, wird auch der Index „0“ weggelassen
σ_{ges}	Gesamtstreuung aller Einzelwerte eines gefertigten Loses
$\hat{\sigma}_{ges}$	Schätzwert für σ_{ges}; in der Regel ist $\hat{\sigma}_{ges} = s_{ges}$
Σ	Summen-Zeichen (groß sigma)
X^2	chi-quadrat, Variable der X^2-Verteilung, Tabelle 3

10.2 Tabellen und Arbeitsblätter

Tabelle 1 Standardisierte Normalverteilung

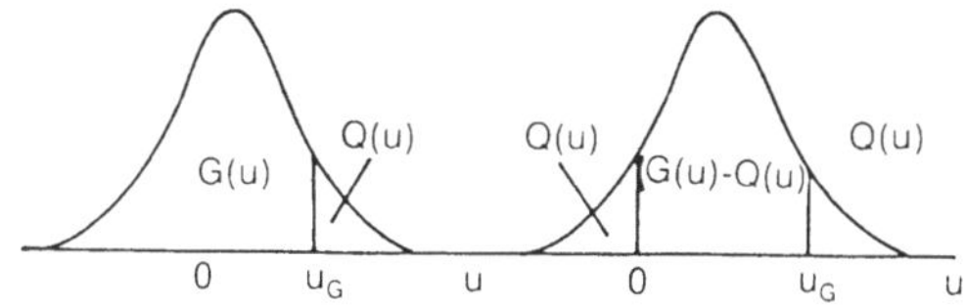

$$u = \frac{x - \mu}{\sigma}$$

u	$G(u)$	$Q(u)$	$G(u)-Q(u)$	$g(u)$
0.00	0.500 00	0.500 00	0.000 00	0.398 94
0.01	0.503 99	0.496 01	0.007 98	0.398 92
0.02	0.507 98	0.492 02	0.015 96	0.398 86
0.03	0.511 97	0.488 03	0.023 93	0.398 76
0.04	0.515 95	0.484 05	0.031 91	0.398 62
0.05	0.519 94	0.480 06	0.039 88	0.398 44
0.06	0.523 92	0.476 08	0.047 84	0.398 22
0.07	0.527 90	0.472 10	0.055 81	0.397 97
0.08	0.531 88	0.468 12	0.063 76	0.397 67
0.09	0.535 86	0.464 14	0.071 71	0.397 33
0.10	0.539 83	0.460 17	0.079 66	0.396 95
0.11	0.543 80	0.456 20	0.087 59	0.396 54
0.12	0.547 76	0.452 24	0.095 52	0.396 08
0.13	0.551 72	0.448 28	0.103 43	0.395 59
0.14	0.555 67	0.444 33	0.111 34	0.395 05
0.15	0.559 62	0.440 38	0.119 24	0.394 48
0.16	0.563 56	0.436 44	0.127 12	0.393 87
0.17	0.567 49	0.432 51	0.134 99	0.393 22
0.18	0.571 42	0.428 58	0.142 85	0.392 53
0.19	0.575 35	0.424 65	0.150 69	0.391 81
0.20	0.579 26	0.420 74	0.158 52	0.391 04
0.21	0.583 17	0.416 83	0.166 33	0.390 24
0.22	0.587 06	0.412 94	0.174 13	0.389 40
0.23	0.590 95	0.409 05	0.181 91	0.388 53
0.24	0.594 83	0.405 17	0.189 67	0.387 62
0.25	0.598 71	0.401 29	0.197 41	0.386 67
0.26	0.602 57	0.397 43	0.205 14	0.385 68
0.27	0.606 42	0.393 58	0.212 84	0.384 66
0.28	0.610 26	0.389 74	0.220 52	0.383 61
0.29	0.614 09	0.385 91	0.228 18	0.382 51
0.30	0.617 91	0.382 09	0.235 82	0.381 39

u	$G(u)$	$Q(u)$	$G(u)-Q(u)$	$g(u)$
0.31	0.621 72	0.378 28	0.243 44	0.380 23
0.31	0.621 72	0.378 28	0.243 44	0.380 23
0.32	0.625 52	0.374 48	0.251 03	0.379 03
0.33	0.629 30	0.370 70	0.258 60	0.377 80
0.34	0.633 07	0.366 93	0.266 14	0.376 54
0.35	0.636 83	0.363 17	0.273 66	0.375 24
0.36	0.640 58	0.359 42	0.281 15	0.373 91
0.37	0.644 31	0.355 69	0.288 62	0.372 55
0.38	0.648 03	0.351 97	0.296 05	0.371 15
0.39	0.651 73	0.348 27	0.303 46	0.369 73
0.40	0.655 42	0.344 58	0.310 84	0.368 27
0.41	0.659 10	0.340 90	0.318 19	0.366 78
0.42	0.662 76	0.337 24	0.325 51	0.365 26
0.43	0.666 40	0.333 60	0.332 80	0.363 71
0.44	0.670 03	0.329 97	0.340 06	0.362 13
0.45	0.673 64	0.326 36	0.347 29	0.360 53
0.46	0.677 24	0.322 76	0.354 48	0.358 89
0.47	0.680 82	0.319 18	0.361 65	0.357 23
0.48	0.684 39	0.315 61	0.368 77	0.355 53
0.49	0.687 93	0.312 07	0.375 87	0.353 81
0.50	0.691 46	0.308 54	0.382 93	0.352 07
0.51	0.694 97	0.305 03	0.389 95	0.350 29
0.52	0.698 47	0.301 53	0.396 94	0.348 49
0.53	0.701 94	0.298 06	0.403 89	0.346 67
0.54	0.705 40	0.294 60	0.410 80	0.344 82
0.55	0.708 84	0.291 16	0.417 68	0.342 94
0.56	0.712 26	0.287 74	0.424 52	0.341 05
0.57	0.715 66	0.284 34	0.431 32	0.339 12
0.58	0.719 04	0.280 96	0.438 09	0.337 18
0.59	0.722 40	0.277 60	0.444 81	0.335 21
0.60	0.725 75	0.274 25	0.451 49	0.333 22

Tabelle 1 Fortsetzung

u	$G(u)$	$Q(u)$	$G(u)-Q(u)$	$g(u)$
0.61	0.729 07	0.270 93	0.458 14	0.331 21
0.62	0.732 37	0.267 63	0.464 74	0.329 18
0.63	0.735 65	0.264 35	0.471 31	0.327 13
0.64	0.738 91	0.261 09	0.477 83	0.325 06
0.65	0.742 15	0.257 85	0.484 31	0.322 97
0.66	0.745 37	0.254 63	0.490 75	0.320 86
0.67	0.748 57	0.251 43	0.497 14	0.318 74
0.68	0.751 75	0.248 25	0.503 50	0.316 59
0.69	0.754 90	0.245 10	0.509 81	0.314 43
0.70	0.758 04	0.241 96	0.516 07	0.312 25
0.71	0.761 15	0.238 85	0.522 30	0.310 06
0.72	0.764 24	0.235 76	0.528 48	0.307 85
0.73	0.767 30	0.232 70	0.534 61	0.305 63
0.74	0.770 35	0.229 65	0.540 70	0.303 39
0.75	0.773 37	0.226 63	0.546 75	0.301 14
0.76	0.776 37	0.223 63	0.552 75	0.298 87
0.77	0.779 35	0.220 65	0.558 70	0.296 59
0.78	0.782 30	0.217 70	0.564 61	0.294 31
0.79	0.785 24	0.214 76	0.570 47	0.292 00
0.80	0.788 14	0.211 85	0.576 29	0.289 69
0.81	0.791 03	0.208 97	0.582 06	0.287 37
0.82	0.793 89	0.206 11	0.587 78	0.285 04
0.83	0.796 73	0.203 27	0.593 46	0.282 69
0.84	0.799 55	0.200 45	0.599 09	0.280 34
0.85	0.802 34	0.197 66	0.604 68	0.277 98
0.86	0.805 11	0.194 89	0.610 21	0.275 62
0.87	0.807 85	0.192 15	0.615 70	0.273 24
0.88	0.810 57	0.189 43	0.621 14	0.270 86
0.89	0.813 27	0.186 73	0.626 53	0.268 48
0.90	0.815 94	0.184 06	0.631 88	0.266 09
0.91	0.818 59	0.181 41	0.637 18	0.263 69
0.92	0.821 21	0.178 79	0.642 43	0.261 29
0.93	0.823 81	0.176 19	0.647 63	0.258 88
0.94	0.826 39	0.173 61	0.652 78	0.256 47
0.95	0.828 94	0.171 06	0.657 89	0.254 06
0.96	0.831 47	0.168 53	0.662 94	0.251 64
0.97	0.833 98	0.166 02	0.667 95	0.249 23
0.98	0.836 46	0.163 54	0.672 91	0.246 81
0.99	0.838 91	0.161 09	0.677 83	0.244 39
1.00	0.841 34	0.158 66	0.682 69	0.241 97
1.01	0.843 75	0.156 25	0.687 50	0.239 55
1.02	0.846 14	0.153 86	0.692 27	0.237 13
1.03	0.848 50	0.151 51	0.696 99	0.234 71
1.04	0.850 83	0.149 17	0.701 66	0.232 30
1.05	0.853 14	0.146 86	0.706 28	0.229 88

u	$G(u)$	$Q(u)$	$G(u)-Q(u)$	$g(u)$
1.06	0.855 43	0.144 57	0.710 86	0.227 47
1.07	0.857 69	0.142 38	0.715 38	0.225 06
1.08	0.859 93	0.140 07	0.719 86	0.222 65
1.09	0.862 14	0.137 86	0.724 29	0.220 25
1.10	0.864 33	0.135 67	0.728 67	0.217 85
1.11	0.866 50	0.133 50	0.733 00	0.215 46
1.12	0.868 64	0.131 36	0.737 29	0.213 07
1.13	0.870 76	0.129 24	0.741 52	0.210 69
1.14	0.872 86	0.127 14	0.745 71	0.208 31
1.15	0.874 93	0.125 07	0.749 86	0.205 94
1.16	0.876 98	0.123 02	0.753 95	0.203 57
1.17	0.879 00	0.121 00	0.758 00	0.201 21
1.18	0.881 00	0.119 00	0.762 00	0.198 86
1.19	0.882 98	0.117 02	0.765 95	0.196 52
1.20	0.884 93	0.115 07	0.769 86	0.194 19
1.21	0.886 86	0.113 14	0.773 72	0.191 86
1.22	0.888 77	0.111 23	0.777 54	0.189 54
1.23	0.890 65	0.109 35	0.781 30	0.187 24
1.24	0.892 51	0.107 49	0.785 02	0.184 94
1.25	0.894 35	0.105 65	0.788 70	0.182 65
1.26	0.896 17	0.103 83	0.792 33	0.180 37
1.27	0.897 96	0.102 04	0.795 92	0.178 10
1.28	0.899 73	0.100 27	0.799 45	0.175 85
1.29	0.901 47	0.098 53	0.802 95	0.173 60
1.30	0.903 20	0.096 80	0.806 40	0.171 37
1.31	0.904 90	0.095 10	0.809 80	0.169 15
1.32	0.906 58	0.093 42	0.813 17	0.166 94
1.33	0.908 24	0.091 76	0.816 48	0.164 74
1.34	0.909 88	0.090 12	0.819 75	0.162 56
1.35	0.911 49	0.088 51	0.822 98	0.160 38
1.36	0.913 09	0.086 92	0.826 17	0.158 22
1.37	0.914 66	0.085 34	0.829 31	0.156 08
1.38	0.916 21	0.083 79	0.832 41	0.153 95
1.39	0.917 74	0.082 26	0.835 47	0.151 83
1.40	0.919 24	0.080 76	0.838 49	0.149 73
1.41	0.920 73	0.079 27	0.841 46	0.147 64
1.42	0.922 20	0.077 80	0.844 39	0.145 56
1.43	0.923 64	0.076 36	0.847 28	0.143 50
1.44	0.925 07	0.074 93	0.850 13	0.141 46
1.45	0.926 47	0.073 53	0.852 94	0.139 43
1.46	0.927 86	0.072 15	0.855 71	0.137 42
1.47	0.929 22	0.070 78	0.858 44	0.135 42
1.48	0.930 56	0.069 44	0.861 13	0.133 44
1.49	0.931 89	0.068 11	0.863 78	0.131 47
1.50	0.933 19	0.066 81	0.866 39	0.129 52

Tabelle 1 Fortsetzung

u	$G(u)$	$Q(u)$	$G(u)-Q(u)$	$g(u)$
1.51	0.934 48	0.065 52	0.868 96	0.127 58
1.52	0.935 74	0.064 26	0.871 49	0.125 66
1.53	0.936 99	0.063 01	0.873 98	0.123 76
1.54	0.938 22	0.061 78	0.876 44	0.121 88
1.55	0.939 43	0.060 57	0.878 86	0.120 01
1.56	0.940 62	0.059 38	0.881 24	0.118 16
1.57	0.941 79	0.058 21	0.883 58	0.116 32
1.58	0.942 95	0.057 05	0.885 89	0.114 50
1.59	0.944 08	0.055 92	0.888 17	0.112 70
1.60	0.945 20	0.054 80	0.890 40	0.110 92
1.61	0.946 30	0.053 70	0.892 60	0.109 15
1.62	0.947 38	0.052 62	0.894 77	0.107 41
1.63	0.948 45	0.051 55	0.896 90	0.105 67
1.64	0.949 50	0.050 50	0.898 99	0.103 96
1.65	0.950 53	0.049 47	0.901 06	0.102 26
1.66	0.951 54	0.048 46	0.903 09	0.100 59
1.67	0.952 54	0.047 46	0.905 08	0.098 92
1.68	0.953 52	0.046 48	0.907 04	0.097 28
1.69	0.954 49	0.045 51	0.908 97	0.095 66
1.70	0.955 43	0.044 57	0.910 87	0.094 05
1.71	0.956 37	0.043 63	0.912 73	0.092 46
1.72	0.957 28	0.042 72	0.914 57	0.090 89
1.73	0.958 18	0.041 82	0.916 37	0.089 33
1.74	0.959 07	0.040 93	0.918 14	0.087 80
1.75	0.959 94	0.040 06	0.919 88	0.086 28
1.76	0.960 80	0.039 20	0.921 59	0.084 78
1.77	0.961 64	0.038 36	0.923 27	0.083 29
1.78	0.962 46	0.037 54	0.924 92	0.081 83
1.79	0.963 27	0.036 73	0.926 55	0.080 38
1.80	0.964 07	0.035 93	0.928 14	0.078 95
1.81	0.964 85	0.035 15	0.929 70	0.077 54
1.82	0.965 62	0.034 38	0.931 24	0.076 14
1.83	0.966 38	0.033 63	0.932 75	0.074 77
1.84	0.967 12	0.032 88	0.934 23	0.073 41
1.85	0.967 84	0.032 16	0.935 69	0.072 06
1.86	0.968 56	0.031 44	0.937 11	0.070 74
1.87	0.969 26	0.030 74	0.938 52	0.069 43
1.88	0.969 95	0.030 05	0.939 89	0.068 14
1.89	0.970 62	0.029 38	0.941 24	0.066 87
1.90	0.971 28	0.028 72	0.942 57	0.065 62
1.91	0.971 93	0.028 07	0.943 87	0.064 38
1.92	0.972 57	0.027 43	0.945 14	0.063 16
1.93	0.973 20	0.026 80	0.946 39	0.061 95
1.94	0.973 81	0.026 19	0.947 62	0.060 77
1.95	0.974 41	0.025 59	0.948 82	0.059 59

u	$G(u)$	$Q(u)$	$G(u)-Q(u)$	$g(u)$
1.96	0.975 00	0.025 00	0.950 00	0.058 44
1.97	0.975 58	0.024 42	0.951 16	0.057 30
1.98	0.976 15	0.023 85	0.952 30	0.056 18
1.99	0.976 70	0.023 30	0.953 41	0.055 08
2.00	0.977 25	0.022 75	0.954 50	0.053 99
2.01	0.977 78	0.022 22	0.955 57	0.052 92
2.02	0.978 31	0.021 69	0.956 62	0.051 86
2.03	0.978 82	0.021 18	0.957 64	0.050 82
2.04	0.979 32	0.020 68	0.958 65	0.049 80
2.05	0.979 82	0.020 18	0.959 64	0.048 79
2.06	0.980 30	0.019 70	0.960 60	0.047 80
2.07	0.980 77	0.019 23	0.961 55	0.046 82
2.08	0.981 24	0.018 76	0.962 47	0.044 86
2.09	0.981 69	0.018 31	0.963 38	0.044 91
2.10	0.982 14	0.017 86	0.964 27	0.043 98
2.11	0.982 57	0.017 43	0.965 14	0.043 07
2.12	0.983 00	0.017 00	0.965 99	0.042 17
2.13	0.983 41	0.016 59	0.966 83	0.041 28
2.14	0.983 82	0.016 18	0.967 65	0.040 41
2.15	0.984 22	0.015 78	0.968 44	0.039 55
2.16	0.984 61	0.015 39	0.969 23	0.038 71
2.17	0.985 00	0.015 00	0.969 99	0.037 88
2.18	0.985 37	0.014 63	0.970 74	0.037 06
2.19	0.985 74	0.014 26	0.971 48	0.036 26
2.20	0.986 10	0.013 90	0.972 19	0.035 47
2.21	0.986 45	0.013 55	0.972 89	0.034 70
2.22	0.986 79	0.013 21	0.973 58	0.033 94
2.23	0.987 13	0.012 87	0.974 25	0.033 19
2.24	0.987 45	0.012 55	0.974 91	0.032 46
2.25	0.987 78	0.012 22	0.975 55	0.031 74
2.26	0.988 09	0.011 91	0.976 18	0.031 03
2.27	0.988 40	0.011 60	0.976 79	0.030 34
2.28	0.988 70	0.011 30	0.977 39	0.029 65
2.29	0.988 99	0.011 01	0.977 98	0.028 98
2.30	0.989 28	0.010 72	0.978 55	0.028 33
2.31	0.989 56	0.010 44	0.979 11	0.027 68
2.32	0.989 83	0.010 17	0.979 66	0.027 05
2.33	0.990 10	0.009 90	0.980 19	0.026 43
2.34	0.990 36	0.009 64	0.980 72	0.025 82
2.35	0.990 61	0.009 39	0.981 23	0.025 22
2.36	0.990 86	0.009 14	0.981 73	0.024 63
2.37	0.991 11	0.008 89	0.982 21	0.024 06
2.38	0.991 34	0.008 66	0.982 69	0.023 49
2.39	0.991 58	0.008 42	0.983 15	0.022 94
2.40	0.991 80	0.008 20	0.983 61	0.022 39

Tabelle 1 Fortsetzung

u	$G(u)$	$Q(u)$	$G(u)$-$Q(u)$	$g(u)$
2.41	0.992 02	0.007 98	0.984 05	0.021 86
2.42	0.992 24	0.007 76	0.984 48	0.021 34
2.43	0.992 45	0.007 55	0.984 90	0.020 83
2.44	0.992 66	0.007 34	0.985 31	0.020 33
2.45	0.992 86	0.007 14	0.985 71	0.019 84
2.46	0.993 05	0.006 95	0.986 11	0.019 36
2.47	0.993 24	0.006 76	0.986 49	0.018 89
2.48	0.993 43	0.006 57	0.986 86	0.018 42
2.49	0.993 61	0.006 39	0.987 23	0.017 97
2.50	0.993 79	0.006 21	0.987 59	0.017 53
2.51	0.993 96	0.006 04	0.987 93	0.017 09
2.52	0.994 13	0.005 87	0.988 26	0.016 67
2.53	0.994 30	0.005 70	0.988 59	0.016 25
2.54	0.994 46	0.005 54	0.988 91	0.015 85
2.55	0.994 61	0.005 39	0.989 23	0.015 45
2.56	0.994 77	0.005 23	0.989 53	0.015 06
2.57	0.994 92	0.005 08	0.989 83	0.014 68
2.58	0.995 06	0.004 94	0.990 12	0.014 30
2.59	0.995 20	0.004 80	0.990 40	0.013 94
2.60	0.995 34	0.004 66	0.990 68	0.013 58
2.61	0.995 47	0.004 53	0.990 95	0.013 23
2.62	0.995 60	0.004 40	0.991 21	0.012 89
2.63	0.995 73	0.004 27	0.991 46	0.012 56
2.64	0.995 85	0.004 15	0.991 71	0.012 23
2.65	0.995 98	0.004 04	0.991 95	0.011 91
2.66	0.996 09	0.003 91	0.992 19	0.011 60
2.67	0.996 21	0.003 79	0.992 41	0.011 30
2.68	0.996 32	0.003 68	0.992 64	0.011 00
2.69	0.996 43	0.003 57	0.992 85	0.010 71
2.70	0.996 53	0.003 47	0.993 07	0.010 42
2.71	0.996 64	0.003 36	0.993 27	0.010 14
2.72	0.996 74	0.003 26	0.993 47	0.009 87
2.73	0.996 83	0.003 17	0.993 67	0.009 61
2.74	0.996 93	0.003 07	0.993 86	0.009 35
2.75	0.997 02	0.002 98	0.994 04	0.009 09
2.76	0.997 11	0.002 89	0.994 22	0.008 85
2.77	0.997 20	0.002 80	0.994 39	0.008 61
2.78	0.997 28	0.002 72	0.994 56	0.008 37
2.79	0.997 36	0.002 64	0.994 73	0.008 14
2.80	0.997 44	0.002 56	0.994 89	0.007 92
2.81	0.997 52	0.002 48	0.995 05	0.007 70
2.82	0.997 60	0.002 40	0.995 20	0.007 48
2.83	0.997 67	0.002 33	0.995 35	0.007 27
2.84	0.997 74	0.002 26	0.995 49	0.007 07
2.85	0.997 81	0.002 19	0.995 63	0.006 87

u	$G(u)$	$Q(u)$	$G(u)$-$Q(u)$	$g(u)$
2.86	0.997 88	0.002 12	0.995 76	0.006 68
2.87	0.997 95	0.002 05	0.995 90	0.006 49
2.88	0.998 01	0.001 99	0.996 02	0.006 31
2.89	0.998 07	0.001 93	0.996 15	0.006 13
2.90	0.998 13	0.001 87	0.996 27	0.005 95
2.91	0.998 19	0.001 81	0.996 39	0.005 78
2.92	0.998 25	0.001 75	0.996 50	0.005 62
2.93	0.998 31	0.001 69	0.996 61	0.005 45
2.94	0.998 36	0.001 64	0.996 72	0.005 30
2.95	0.998 41	0.001 59	0.996 82	0.005 14
2.96	0.998 46	0.001 54	0.996 92	0.004 99
2.97	0.998 51	0.001 49	0.997 02	0.004 85
2.98	0.998 56	0.001 44	0.997 12	0.004 71
2.99	0.998 61	0.001 39	0.997 21	0.004 57
3.00	0.998 65	0.001 35	0.997 30	0.004 43
3.01	0.998 69	0.001 31	0.997 39	0.004 30
3.02	0.998 74	0.001 26	0.997 47	0.004 17
3.03	0.998 78	0.001 22	0.997 55	0.004 05
3.04	0.998 82	0.001 18	0.997 63	0.003 93
3.05	0.998 86	0.001 14	0.997 71	0.003 81
3.06	0.998 89	0.001 11	0.997 79	0.003 70
3.07	0.998 93	0.001 07	0.997 86	0.003 58
3.08	0.998 97	0.001 04	0.997 93	0.003 48
3.09	0.999 00	0.001 00	0.998 00	0.003 37
3.10	0.999 03	0.000 97	0.998 06	0.003 27
3.11	0.999 06	0.000 94	0.998 13	0.003 17
3.12	0.999 10	0.000 90	0.998 19	0.003 07
3.13	0.999 13	0.000 87	0.998 25	0.002 98
3.14	0.999 16	0.000 84	0.998 31	0.002 88
3.15	0.999 18	0.000 82	0.998 37	0.002 79
3.16	0.999 21	0.000 79	0.998 42	0.002 71
3.17	0.999 24	0.000 76	0.998 48	0.002 62
3.18	0.999 26	0.000 74	0.998 53	0.002 54
3.19	0.999 29	0.000 71	0.998 58	0.002 46
3.20	0.999 31	0.000 69	0.998 63	0.002 38
3.21	0.999 34	0.000 66	0.998 67	0.002 31
3.22	0.999 36	0.000 64	0.998 72	0.002 24
3.23	0.999 38	0.000 62	0.998 76	0.002 16
3.24	0.999 40	0.000 60	0.998 80	0.002 10
3.25	0.999 42	0.000 58	0.998 85	0.002 03
3.26	0.999 44	0.000 56	0.998 89	0.001 96
3.27	0.999 46	0.000 54	0.998 92	0.001 90
3.28	0.999 48	0.000 52	0.998 96	0.001 84
3.29	0.999 50	0.000 50	0.999 00	0.001 78
3.30	0.999 52	0.000 48	0.999 03	0.001 72

Tabelle 1 Fortsetzung

u	$G(u)$	$Q(u)$	$G(u)-Q(u)$	$g(u)$
3.31	0.999 53	0.000 47	0.999 07	0.001 67
3.32	0.999 55	0.000 45	0.999 10	0.001 61
3.33	0.999 57	0.000 43	0.999 13	0.001 56
3.34	0.999 58	0.000 42	0.999 16	0.001 51
3.35	0.999 60	0.000 40	0.999 19	0.001 46
3.36	0.999 61	0.000 39	0.999 22	0.001 41
3.37	0.999 62	0.000 38	0.999 25	0.001 36
3.38	0.999 64	0.000 36	0.999 28	0.001 32
3.39	0.999 65	0.000 35	0.999 30	0.001 27
3.40	0.999 66	0.000 34	0.999 33	0.001 23
3.41	0.999 68	0.000 32	0.999 35	0.001 19
3.42	0.999 69	0.000 31	0.999 37	0.001 15
3.43	0.999 70	0.000 30	0.999 40	0.001 11
3.44	0.999 71	0.000 29	0.999 42	0.001 07
3.45	0.999 72	0.000 28	0.999 44	0.001 04
3.46	0.999 73	0.000 27	0.999 46	0.001 00
3.47	0.999 74	0.000 26	0.999 48	0.000 97
3.48	0.999 75	0.000 25	0.999 50	0.000 94
3.49	0.999 76	0.000 24	0.999 52	0.000 90
3.50	0.999 77	0.000 23	0.999 53	0.000 87
3.51	0.999 78	0.000 22	0.999 55	0.000 84
3.52	0.999 78	0.000 22	0.999 57	0.000 81
3.53	0.999 79	0.000 21	0.999 58	0.000 79
3.54	0.999 80	0.000 20	0.999 60	0.000 76
3.55	0.999 81	0.000 19	0.999 61	0.000 73
3.56	0.999 81	0.000 19	0.999 63	0.000 71
3.57	0.999 82	0.000 18	0.999 64	0.000 68
3.58	0.999 83	0.000 17	0.999 66	0.000 66
3.59	0.999 83	0.000 17	0.999 67	0.000 63
3.60	0.999 84	0.000 16	0.999 68	0.000 61
3.61	0.999 85	0.000 15	0.999 69	0.000 59
3.62	0.999 85	0.000 15	0.999 71	0.000 57
3.63	0.999 86	0.000 14	0.999 72	0.000 55
3.64	0.999 86	0.000 14	0.999 73	0.000 53
3.65	0.999 87	0.000 13	0.999 74	0.000 51

u	$G(u)$	$Q(u)$	$G(u)-Q(u)$	$g(u)$
3.66	0.999 87	0.000 13	0.999 75	0.000 49
3.67	0.999 88	0.000 12	0.999 76	0.000 47
3.68	0.999 88	0.000 12	0.999 77	0.000 46
3.69	0.999 89	0.000 11	0.999 78	0.000 44
3.70	0.999 89	0.000 11	0.999 78	0.000 42
3.71	0.999 90	0.000 10	0.999 79	0.000 41
3.72	0.999 90	0.000 10	0.999 80	0.000 39
3.73	0.999 90	0.000 10	0.999 81	0.000 38
3.74	0.999 91	0.000 09	0.999 82	0.000 37
3.75	0.999 91	0.000 09	0.999 82	0.000 35
3.76	0.999 92	0.000 09	0.999 83	0.000 34
3.77	0.999 92	0.000 08	0.999 84	0.000 33
3.78	0.999 92	0.000 08	0.999 84	0.000 31
3.79	0.999 92	0.000 08	0.999 85	0.000 30
3.80	0.999 93	0.000 07	0.999 86	0.000 29
3.81	0.999 93	0.000 07	0.999 86	0.000 28
3.82	0.999 93	0.000 07	0.999 87	0.000 27
3.83	0.999 94	0.000 06	0.999 87	0.000 26
3.84	0.999 94	0.000 06	0.999 88	0.000 25
3.85	0.999 94	0.000 06	0.999 88	0.000 24
3.86	0.999 94	0.000 06	0.999 89	0.000 23
3.87	0.999 95	0.000 05	0.999 89	0.000 22
3.88	0.999 95	0.000 05	0.999 90	0.000 21
3.89	0.999 95	0.000 05	0.999 90	0.000 21
3.90	0.999 95	0.000 05	0.999 90	0.000 20
3.91	0.999 95	0.000 05	0.999 91	0.000 19
3.92	0.999 96	0.000 04	0.999 91	0.000 18
3.93	0.999 96	0.000 04	0.999 92	0.000 18
3.94	0.999 96	0.000 04	0.999 92	0.000 17
3.95	0.999 96	0.000 04	0.999 92	0.000 16
3.96	0.999 96	0.000 04	0.999 93	0.000 16
3.97	0.999 96	0.000 04	0.999 93	0.000 15
3.98	0.999 97	0.000 03	0.999 93	0.000 14
3.99	0.999 97	0.000 03	0.999 93	0.000 14
4.00	0.999 97	0.000 03	0.999 94	0.000 13

u	**G(u)**	**Q(u)**	**G(u)-Q(u)**
0	**0,50**	**0,50**	**0**
0,2533	**0,60**	**0,40**	**0,20**
0,5244	**0,70**	**0,30**	**0,40**
0,8416	**0,80**	**0,20**	**0,60**
1,2816	**0,90**	**0,10**	**0,80**
1,6449	**0,95**	**0,05**	**0,10**
1,9600	**0,975**	**0,025**	**0,05**
2,3262	**0,990**	**0,010**	**0,98**
2,5758	**0,995**	**0,005**	**0,99**
2,8070	**0,9975**	**0,0025**	**0,995**
3,0902	**0,999**	**0,001**	**0,998**
3,2905	**0,999 5**	**0,000 5**	**0,999**
3,7190	**0,999 9**	**0,000 1**	**0,999 8**
3,8906	**0,999 95**	**0,000 05**	**0,999 9**
4,2649	**0,999 99**	**0,000 01**	**0,999 95**

Tabelle 2 Wahrscheinlichkeitssummen
zur Eintragung des x-ten Wertes einer geordneten Stichprobe vom Umfang n in das Wahrscheinlichkeitsnetz (Wahrscheinlichkeitssummen der entsprechenden Erwartungswerte)

x	$n =$ 2	3	4	5	6	7	8	9	10	11	12	13	x
1	0.286	0.199	0.152	0.122	0.102	0.089	0.078	0.068	0.062	0.056	0.052	0.048	1
2	0.714	0.500	0.383	0.310	0.261	0.244	0.198	0.176	0.159	0.145	0.131	0.123	2
3		0.801	0.617	0.500	0.421	0.363	0.319	0.284	0.255	0.233	0.215	0.198	3
4			0.849	0.690	0.579	0.500	0.440	0.394	0.352	0.323	0.295	0.274	4
5				0.878	0.739	0.637	0.560	0.500	0.452	0.413	0.378	0.348	5
6					0.898	0.776	0.681	0.606	0.548	0.500	0.460	0.425	6
7						0.912	0.802	0.716	0.648	0.587	0.540	0.500	7
8							0.922	0.824	0.745	0.677	0.622	0.575	8
9								0.932	0.841	0.767	0.705	0.652	9
10									0.938	0.855	0.785	0.726	10
11										0.944	0.869	0.802	11
12											0.949	0.877	12
13												0.953	13

x	$n =$ 14	15	16	17	18	19	20	21	22	23	24	25	x
1	0.045	0.041	0.039	0.037	0.034	0.033	0.031	0.029	0.028	0.027	0.026	0.024	1
2	0.113	0.106	0.100	0.093	0.089	0.084	0.079	0.076	0.072	0.069	0.067	0.064	2
3	0.184	0.171	0.161	0.152	0.142	0.136	0.129	0.123	0.117	0.113	0.107	0.104	3
4	0.255	0.239	0.224	0.209	0.198	0.187	0.179	0.171	0.164	0.156	0.149	0.142	4
5	0.323	0.302	0.284	0.268	0.251	0.239	0.227	0.218	0.206	0.198	0.189	0.181	5
6	0.394	0.367	0.348	0.326	0.309	0.291	0.278	0.264	0.251	0.242	0.233	0.224	6
7	0.464	0.433	0.409	0.382	0.363	0.345	0.326	0.312	0.298	0.284	0.274	0.261	7
8	0.536	0.500	0.468	0.440	0.417	0.397	0.378	0.359	0.341	0.326	0.316	0.302	8
9	0.606	0.567	0.532	0.500	0.472	0.448	0.425	0.405	0.386	0.371	0.356	0.341	9
10	0.677	0.633	0.591	0.560	0.528	0.500	0.476	0.452	0.433	0.413	0.397	0.382	10
11	0.745	0.698	0.652	0.618	0.583	0.552	0.524	0.500	0.476	0.456	0.436	0.421	11
12	0.816	0.761	0.716	0.674	0.637	0.603	0.575	0.548	0.524	0.500	0.480	0.460	12
13	0.887	0.829	0.776	0.732	0.691	0.655	0.622	0.595	0.567	0.544	0.520	0.500	13
14	0.955	0.894	0.839	0.791	0.749	0.709	0.674	0.641	0.614	0.587	0.564	0.540	14
15		0.959	0.900	0.848	0.802	0.761	0.722	0.688	0.659	0.629	0.603	0.579	15
16			0.961	0.907	0.858	0.813	0.773	0.736	0.702	0.674	0.644	0.618	16
17				0.963	0.912	0.864	0.821	0.782	0.749	0.716	0.684	0.659	17
18					0.966	0.916	0.871	0.829	0.794	0.758	0.726	0.698	18
19						0.967	0.921	0.877	0.836	0.802	0.767	0.739	19
20							0.969	0.924	0.883	0.844	0.811	0.776	20
21								0.971	0.928	0.887	0.851	0.819	21
22									0.972	0.931	0.893	0.858	22
23										0.973	0.933	0.896	23
24											0.974	0.936	24
25												0.976	25

Tabelle 2 Fortsetzung

x	$n=$ 26	27	28	29	30	31	32	33	34	35	36	37	x
1	0.024	0.023	0.022	0.021	0.021	0.020	0.019	0.019	0.018	0.018	0.017	0.017	1
2	0.062	0.059	0.057	0.055	0.053	0.051	0.050	0.048	0.047	0.045	0.044	0.043	2
3	0.099	0.095	0.092	0.089	0.087	0.083	0.081	0.078	0.076	0.074	0.072	0.070	3
4	0.138	0.134	0.127	0.123	0.119	0.115	0.112	0.108	0.105	0.102	0.099	0.097	4
5	0.176	0.169	0.164	0.159	0.152	0.148	0.143	0.139	0.135	0.131	0.127	0.124	5
6	0.215	0.206	0.198	0.192	0.187	0.180	0.174	0.169	0.164	0.159	0.155	0.151	6
7	0.251	0.242	0.233	0.227	0.218	0.212	0.205	0.199	0.193	0.188	0.182	0.177	7
8	0.291	0.281	0.271	0.261	0.251	0.244	0.236	0.229	0.222	0.216	0.210	0.204	8
9	0.330	0.316	0.305	0.295	0.284	0.276	0.267	0.259	0.251	0.244	0.238	0.231	9
10	0.367	0.352	0.341	0.330	0.319	0.308	0.298	0.289	0.281	0.273	0.265	0.258	10
11	0.405	0.390	0.374	0.363	0.352	0.340	0.329	0.319	0.310	0.301	0.293	0.285	11
12	0.444	0.425	0.413	0.397	0.386	0.371	0.360	0.349	0.339	0.330	0.321	0.312	12
13	0.480	0.464	0.448	0.433	0.417	0.404	0.391	0.379	0.368	0.358	0.348	0.339	13
14	0.520	0.500	0.484	0.464	0.452	0.436	0.422	0.410	0.398	0.386	0.376	0.366	14
15	0.556	0.536	0.516	0.500	0.484	0.468	0.453	0.440	0.427	0.415	0.403	0.392	15
16	0.595	0.575	0.552	0.536	0.516	0.500	0.484	0.470	0.456	0.443	0.431	0.419	16
17	0.633	0.610	0.587	0.567	0.548	0.532	0.516	0.500	0.485	0.472	0.459	0.446	17
18	0.670	0.648	0.626	0.603	0.583	0.564	0.547	0.530	0.515	0.500	0.486	0.473	18
19	0.709	0.684	0.659	0.637	0.614	0.596	0.578	0.560	0.544	0.528	0.514	0.500	19
20	0.749	0.719	0.695	0.670	0.648	0.628	0.609	0.590	0.573	0.557	0.541	0.527	20
21	0.785	0.758	0.729	0.705	0.681	0.660	0.640	0.621	0.602	0.585	0.569	0.554	21
22	0.824	0.794	0.767	0.739	0.716	0.692	0.671	0.651	0.632	0.614	0.597	0.581	22
23	0.862	0.831	0.802	0.773	0.749	0.724	0.702	0.681	0.661	0.642	0.624	0.608	23
24	0.902	0.866	0.836	0.808	0.782	0.756	0.733	0.711	0.690	0.670	0.652	0.634	24
25	0.938	0.905	0.873	0.841	0.813	0.788	0.764	0.741	0.719	0.699	0.679	0.661	25
26	0.976	0.941	0.908	0.877	0.848	0.820	0.795	0.771	0.749	0.727	0.707	0.688	26
27		0.977	0.943	0.912	0.881	0.852	0.826	0.801	0.778	0.756	0.735	0.715	27
28			0.978	0.945	0.913	0.885	0.857	0.831	0.807	0.784	0.762	0.742	28
29				0.979	0.947	0.917	0.888	0.861	0.836	0.812	0.790	0.769	29
30					0.979	0.949	0.919	0.892	0.865	0.841	0.818	0.796	30
31						0.980	0.950	0.922	0.895	0.869	0.845	0.823	31
32							0.981	0.952	0.924	0.898	0.873	0.849	32
33								0.981	0.953	0.926	0.901	0.876	33
34									0.982	0.955	0.928	0.903	34
35										0.982	0.956	0.930	35
36											0.983	0.957	36
37												0.983	37

Tabelle 2 Fortsetzung

x	n = 38	39	40	41	42	43	44	45	46	47	48	49	50	x
1	0.016	0.016	0.015	0.015	0.015	0.014	0.014	0.014	0.013	0.013	0.013	0.013	0.012	1
2	0.042	0.041	0.040	0.039	0.038	0.037	0.036	0.035	0.035	0.034	0.033	0.032	0.032	2
3	0.068	0.066	0.065	0.063	0.062	0.060	0.059	0.057	0.056	0.055	0.054	0.053	0.052	3
4	0.094	0.092	0.090	0.087	0.085	0.083	0.081	0.080	0.078	0.076	0.075	0.073	0.072	4
5	0.120	0.117	0.114	0.112	0.109	0.106	0.104	0.102	0.100	0.097	0.095	0.093	0.092	5
6	0.147	0.143	0.139	0.136	0.133	0.130	0.127	0.124	0.121	0.119	0.116	0.114	0.112	6
7	0.173	0.168	0.164	0.160	0.156	0.153	0.149	0.146	0.143	0.140	0.137	0.134	0.131	7
8	0.199	0.194	0.189	0.185	0.180	0.176	0.172	0.168	0.165	0.161	0.158	0.155	0.151	8
9	0.225	0.219	0.214	0.209	0.204	0.199	0.195	0.190	0.186	0.182	0.178	0.175	0.171	9
10	0.251	0.245	0.239	0.233	0.228	0.222	0.217	0.212	0.208	0.204	0.199	0.195	0.191	10
11	0.278	0.271	0.264	0.257	0.251	0.245	0.240	0.235	0.229	0.225	0.220	0.215	0.211	11
12	0.304	0.296	0.289	0.282	0.275	0.269	0.262	0.257	0.251	0.246	0.241	0.236	0.231	12
13	0.330	0.321	0.314	0.306	0.299	0.292	0.285	0.279	0.273	0.267	0.261	0.256	0.251	13
14	0.356	0.347	0.338	0.330	0.322	0.315	0.308	0.301	0.294	0.288	0.282	0.277	0.271	14
15	0.382	0.373	0.363	0.355	0.346	0.338	0.330	0.323	0.316	0.309	0.303	0.297	0.291	15
16	0.408	0.398	0.388	0.379	0.370	0.361	0.353	0.345	0.338	0.331	0.324	0.317	0.311	16
17	0.435	0.424	0.413	0.403	0.393	0.384	0.376	0.367	0.359	0.352	0.345	0.337	0.331	17
18	0.461	0.449	0.438	0.427	0.417	0.407	0.398	0.389	0.381	0.373	0.365	0.358	0.351	18
19	0.487	0.474	0.463	0.451	0.441	0.431	0.421	0.411	0.402	0.394	0.386	0.378	0.371	19
20	0.513	0.500	0.488	0.476	0.464	0.454	0.443	0.434	0.424	0.415	0.407	0.398	0.390	20
21	0.539	0.526	0.512	0.500	0.488	0.477	0.466	0.456	0.446	0.436	0.427	0.419	0.410	21
22	0.565	0.551	0.537	0.524	0.512	0.500	0.489	0.478	0.467	0.458	0.448	0.439	0.430	22
23	0.592	0.576	0.562	0.549	0.536	0.523	0.511	0.500	0.489	0.479	0.469	0.459	0.450	23
24	0.618	0.602	0.587	0.573	0.559	0.546	0.534	0.522	0.511	0.500	0.490	0.480	0.470	24
25	0.644	0.627	0.612	0.597	0.583	0.569	0.557	0.544	0.533	0.521	0.510	0.500	0.490	25
26	0.670	0.653	0.637	0.621	0.607	0.593	0.579	0.566	0.554	0.542	0.531	0.520	0.510	26
27	0.696	0.679	0.662	0.645	0.630	0.616	0.602	0.589	0.576	0.564	0.552	0.541	0.530	27
28	0.722	0.704	0.686	0.670	0.654	0.639	0.624	0.611	0.597	0.585	0.573	0.561	0.550	28
29	0.749	0.729	0.711	0.694	0.678	0.662	0.647	0.633	0.619	0.606	0.593	0.581	0.570	29
30	0.775	0.755	0.736	0.718	0.701	0.685	0.670	0.655	0.641	0.627	0.614	0.602	0.590	30
31	0.801	0.781	0.761	0.743	0.725	0.708	0.692	0.677	0.662	0.648	0.635	0.622	0.610	31
32	0.827	0.806	0.786	0.767	0.749	0.731	0.715	0.699	0.684	0.669	0.655	0.642	0.629	32
33	0.853	0.832	0.811	0.791	0.772	0.755	0.738	0.721	0.706	0.691	0.676	0.663	0.649	33
34	0.880	0.857	0.836	0.815	0.796	0.778	0.760	0.743	0.727	0.712	0.697	0.683	0.669	34
35	0.906	0.883	0.861	0.840	0.820	0.801	0.783	0.765	0.749	0.733	0.718	0.703	0.689	35
36	0.932	0.908	0.886	0.864	0.844	0.824	0.805	0.788	0.771	0.754	0.739	0.723	0.709	36
37	0.958	0.934	0.910	0.888	0.867	0.847	0.828	0.810	0.792	0.775	0.759	0.744	0.729	37
38	0.984	0.959	0.935	0.913	0.891	0.870	0.851	0.832	0.814	0.796	0.780	0.764	0.749	38
39		0.984	0.960	0.937	0.915	0.894	0.873	0.854	0.835	0.818	0.801	0.785	0.769	39
40			0.985	0.961	0.938	0.917	0.896	0.876	0.857	0.839	0.822	0.805	0.789	40
41				0.985	0.962	0.940	0.919	0.898	0.879	0.860	0.842	0.825	0.809	41
42					0.985	0.963	0.941	0.920	0.900	0.881	0.863	0.845	0.829	42
43						0.986	0.964	0.943	0.922	0.903	0.884	0.866	0.849	43
44							0.986	0.966	0.944	0.924	0.905	0.886	0.869	44
45								0.986	0.965	0.945	0.925	0.907	0.888	45
46									0.987	0.966	0.946	0.927	0.908	46
47										0.987	0.967	0.947	0.928	47
48											0.987	0.968	0.948	48
49												0.987	0.968	49
50													0.988	50

Angaben für $n \leq 5$ berechnet mit Hilfe der in den Biometrika Tables angegebenen Erwartungswerte, Angaben für $6 \leq n \leq 30$ nach Henning/Wartmann und für $31 \leq n \leq 50$ nach Göldner. Näherung für $n > 50$: $(x - 0{,}5)/n$

	G			
f	0,005	0,025	0,975	0,995
1	$3{,}93 * 10^{-5}$	$9{,}82 * 10^{-4}$	5,0239	7,8794
2	0,0100	0,0506	7,3778	10,597
3	0,0717	0,2158	9,3484	12,838
4	0,2070	0,4844	11,143	14,860
5	0,4117	0,8312	12,833	16,750
6	0,6757	1,2373	14,449	18,548
7	0,9893	1,6899	16,013	20,278
8	1,3444	2,1797	17,535	21,955

Tabelle 3 Schwellenwerte der X^2-Verteilung
$X^2 = f * s^2/\sigma^2$; f = Freiheitsgrade

n	B_{UEG}	B_{UWG}	B_{OWG}	B_{OEG}	D_{UEG}	D_{UWG}	D_{OWG}	D_{OEG}
2	0,0063	0,0313	2,2414	2,8070	0,009	0,044	3,170	3,970
3	0,0708	0,1591	1,9207	2,3018	0,135	0,303	3,682	4,424
4	0,1546	0,2682	1,7653	2,0687	0,343	0,595	3,984	4,694
5	0,2275	0,3480	1,6691	1,9274	0,555	0,850	4,197	4,886
6	0,2870	0,4077	1,6021	1,8303	0,749	1,066	4,361	5,033
7	0,3356	0,4541	1,5518	1,7582	0,922	1,251	4,494	5,154
8	0,3759	0,4913	1,5125	1,7020	1,075	1,410	4,605	5,255
9	0,4099	0,5220	1,4805	1,6566	1,212	1,550	4,700	5,341

Tabelle 4 Faktoren zur Berechnung der Warn- und Eingriffsgrenzen von Standardabweichungs-QRK (B) und von Spannweiten-QRK (D)

Tabelle 5 Faktoren zur Berechnung der Warn- und Eingriffsgrenzen von Shewhart-QRK für Urwerte (E), für Mediane (C) und für Mittelwerte (A) und Faktoren $c_n = \sigma_{\tilde{x}} / \sigma_{\bar{x}}$

n	E_E	E_W	C_E	C_W	c_n	A_E	A_W
1	2,5758	1,9600	2,5758	1,9600	1,000	2,5758	1,9600
2	2,8063	2,2365				1,8214	1,3859
3	2,9342	2,3877	1,7251	1,3127	1,160	1,4871	1,1316
4	3,0221	2,4909				1,2879	0,9800
5	3,0890	2,5688	1,3800	1,0501	1,197	1,1519	0,8765
6	3,1428	2,6311				1,0516	0,8002
7	3,1876	2,6828	1,1819	0,8993	1,214	0,9736	0,7408

Tabelle 6 Faktoren zur Berechnung der Eingriffsgrenzen von QRK für die Lage mit gegenüber den Shewhart-QRK erweiterten Eingriffsgrenzen; die Faktoren E_E*, C_E* und A_E* sind empirisch ermittelt unter dem Aspekt, daß nach einer Prozeßkorrektur aus einer Prozeßlage mit $P_a \approx 0$ die erneute Eingriffswahrscheinlichkeit 1 P_a – ≤ 1% ist. Zusätzlich angegeben sind die relativen Spielräume S/σ.

	Faktor	zweckmäßiger Spielraum	Faktor	zweckmäßiger Spielraum	Faktor	zweckmäßiger Spielraum
n	E_E* ①	S/σ	C_E* ②	S/σ	A_E* ③	S/σ
1	3,80	2,95	3,80	2,95	3,80	2,95
2					2,67	2,43
3	3,60	2,55	2,54	2,55	2,19	2,20
4					1,90	2,04
5	3,50	2,35	2,04	2,31	1,70	1,92
6					1,56	1,84
7	3,45	2,25	1,74	2,11	1,44	1,75

① **ermittelt unter der Randbedingung, daß bei einem Eingriff um $|\tilde{x} - C|$ korrigiert wird**

② **Korrektur um $|\tilde{x} - C|$**

③ **Korrektur um $|\bar{x} - C|$**

S = Spielraum = Mittenbereich, in dem $P_a \geq 0{,}99^n$

n	a_n	d_n
2	0,798	1,128
3	0,886	1,693
4	0,921	2,059
5	0,940	2,326
6	0,952	2,534
7	0,959	2,704
8	0,965	2,847
9	0,969	2,970

$\hat{\sigma} = \bar{s} / a_n$

oder

$\hat{\sigma} = \bar{R} / d_n$

Tabelle 7
Faktoren zum Abschätzen der (inneren) Standardabweichung der momentanen Grundgesamtheit

Tabelle 8 Abgrenzungsfaktoren von Annahme-QRK für Mittelwerte bei einer periodischen Prüfung für verschiedene Prozeßfähigkeiten und für verschiedene Stichprobenumfänge von n = 2 bis n = 5; weitere Erläuterungen in Kapitel 9.

Prozeßfähigkeit		Abgrenzungsfaktor k_A Stichprobenumfang n				Erläuterungen
c_P	T/σ	2	3	4	5	
0,83	5	0,679	1,013	1,212	1,348	entspricht der Shewahrt-QRK mit $P_a = 0{,}99$ für $\mu = C$ (Spielraum $S \approx 0$)
1,00	6	1,179	1,513	1,712	1,848	
1,17	7	1,679	2,013	2,212	2,348	
1,33	8	2,179	2,513	2,712	2,848	
1,50	9	2,046	2,412	2,621	2,760	Annahme-QRK mit $P_a \geq 0{,}99^n$ im Mittenbereich $C \pm 1\sigma$ (Spielraum $S = 2\sigma$)
1,67	10	2,546	2,912	3,121	3,260	
1,83	11	3,046	3,412	3,621	3,760	
2,00	12	3,546	3,912	4,121	4,260	
2,17	13	4,046	4,412	4,621	4,760	
2,33	14	4,546	4,912	5,121	5,260	
2,50	15	5,046	5,412	5,621	5,760	
2,67	16	5,546	5,912	6,121	6,260	
2,83	17	6,046	6,412	6,621	6,760	
3,00	18	6,546	5,912	7,121	7,260	

Beispiel 1:

Prozeßfähigkeit $c_P = 1{,}50$

Stichprobenumfang $n = 3$

Abgrenzungsfaktor $k_A = 2{,}412$

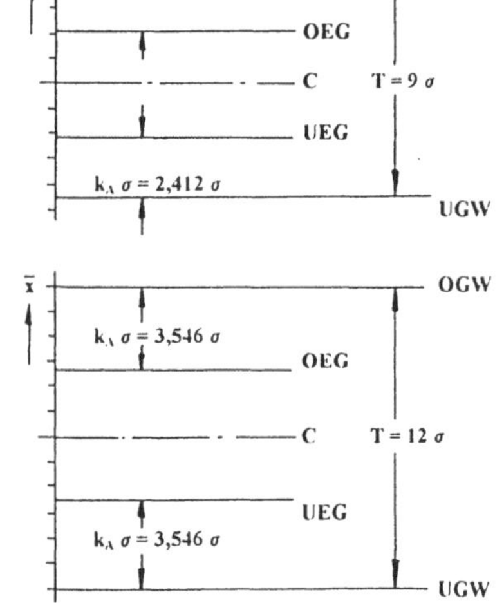

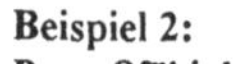
Beispiel 2:

Prozeßfähigkeit $c_P = 2{,}00$

Stichprobenumfang $n = 2$

Abgrenzungsfaktor $k_A = 3{,}546$

Tabelle 9 Abgrenzungsfaktoren von Annahme-QRK für Mediane bei einer periodischen Prüfung für verschiedene Prozeßfähigkeiten und für die Stichprobenumfänge von n = 3 und n = 5; weitere Erläuterungen in Kapitel 9.

Prozeß-fähigkeit c_P	T/σ	Abgrenzungsfaktor k_C, Stichprobenumfang n: 3	5	Erläuterungen
0,83	5	0,775	1,120	
1,00	6	1,275	1,620	entspricht der Shewhart-QRK mit
1,17	7	1,775	2,120	$P_a = 0{,}99$ für $\mu = C$ (Spielraum $S \approx 0$)
1,33	8	2,275	2,620	
1,50	9	2,237	2,614	
1,67	10	2,737	3,114	
1,83	11	3,237	3,614	Annahme-QRK mit $P_a \geq 0{,}99^n$ im
2,00	12	3,737	4,114	Mittenbereich $C \pm 1\sigma$
2,17	13	4,237	4,614	(Spielraum $S = 2\sigma$)
2,33	14	4,737	5,114	
2,50	15	5,237	5,614	
2,67	16	5,737	6,114	
2,83	17	6,237	6,614	
3,00	18	6,737	7,114	

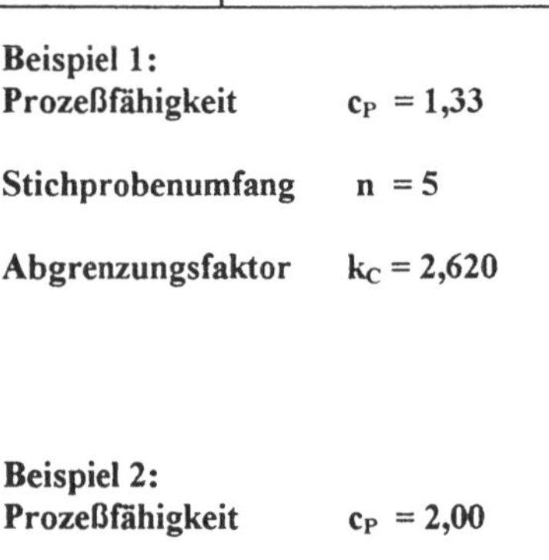

Beispiel 1:

Prozeßfähigkeit $c_P = 1{,}33$

Stichprobenumfang $n = 5$

Abgrenzungsfaktor $k_C = 2{,}620$

Beispiel 2:

Prozeßfähigkeit $c_P = 2{,}00$

Stichprobenumfang $n = 3$

Abgrenzungsfaktor $k_C = 3{,}737$

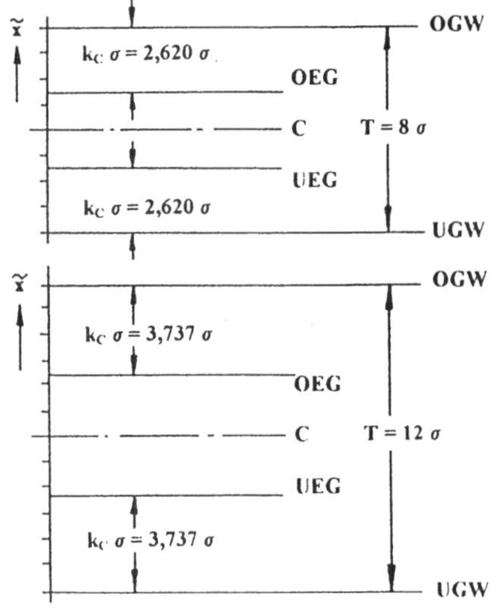

Tabelle 10 Abgrenzungsfaktoren von Annahme-QRK für Urwerte bei einer periodischen Prüfung für verschiedene Prozeßfähigkeiten und für verschiedene Stichprobenumfänge von n = 1 bis n = 5; weitere Erläuterungen in Kapitel 9.

Prozeß-fähigkeit c_P	T/σ	Abgrenzungsfaktor k_E Stichprobenumfang n: 1	2	3	4	5	Erläuterungen
0,83	5	-	-	-	-	-	entspricht der Shewhart-QRK mit $P_a = 0{,}99$ für $\mu = C$ (Spielraum $S \approx 0$)
1,00	6	0,424	0,194	0,066	-	-	
1,17	7	0,924	0,694	0,566	0,478	0,411	
1,33	8	1,424	1,194	1,066	0,978	0,911	
1,50	9		1,174				Annahme-QRK mit $P_a \geq 0{,}99^n$ im Mittenbereich $C \pm 1\sigma$ (Spielraum $S = 2\sigma$) k_E unabhängig vom Stichprobenumfang n
1,67	10		1,674				
1,83	11		2,174				
2,00	12		2,674				
2,17	13		3,174				
2,33	14		3,674				
2,50	15		4,174				
2,67	16		4,674				
2,83	17		5,174				
3,00	18		5,674				

Beispiel 1:
Prozeßfähigkeit $c_P = 1{,}33$

Stichprobenumfang $n = 3$

Abgrenzungsfaktor $k_E = 1{,}066$

Beispiel 2:
Prozeßfähigkeit $c_P = 1{,}83$

Stichprobenumfang $n = 2$

Abgrenzungsfaktor $k_E = 2{,}174$

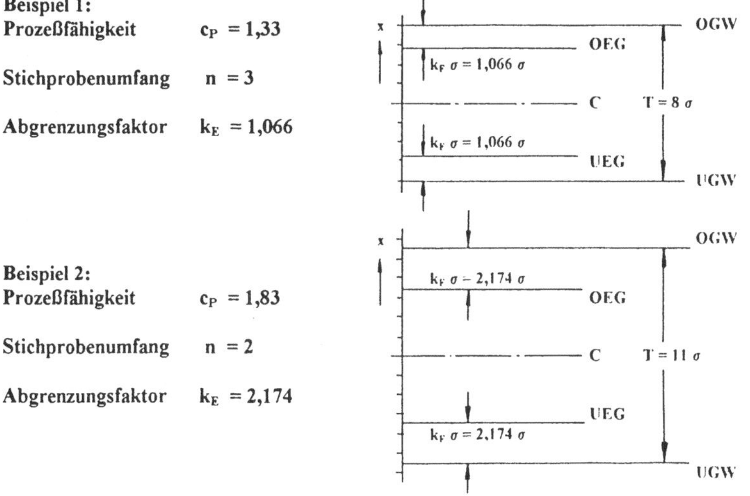

Tabelle 11 Abgrenzungsfaktoren von Annahme-QRK für Mittelwerte bei einer kontinuierlichen Prüfung für verschiedene Prozeßfähigkeiten und für die Stichprobenumfänge von n = 2 bis n = 5; diese Annahme-QRK entsprechen den Shewhart-QRK mit $P_a = 0{,}99$ für $\mu = C$; Erläuterungen in Kapitel 9.

Prozeßfähigkeit		Abgrenzungsfaktor $k_A = \lvert GW - EG \rvert / \sigma$ Stichprobenumfang n			
c_P	T/σ	2	3	4	5
0,83	5	0,679	1,013	1,212	1,348
1,00	6	1,179	1,513	1,712	1,848
1,17	7	1,679	2,013	2,212	2,348
1,33	8	2,179	2,513	2,712	2,848
1,50	9	2,679	3,013	3,212	3,348
1,67	10	3,179	3,513	3,712	3,848
1,83	11	3,679	4,013	4,212	4,348
2,00	12	4,179	4,513	4,712	4,848
2,17	13	4,679	5,013	5,212	5,348
2,33	14	5,179	5,513	5,712	5,848
2,50	15	5,679	6,013	6,212	6,348
2,67	16	6,179	6,513	5,712	6,848
2,83	17	6,679	7,013	7,212	7,348
3,00	18	7,179	7,513	7,712	7,848

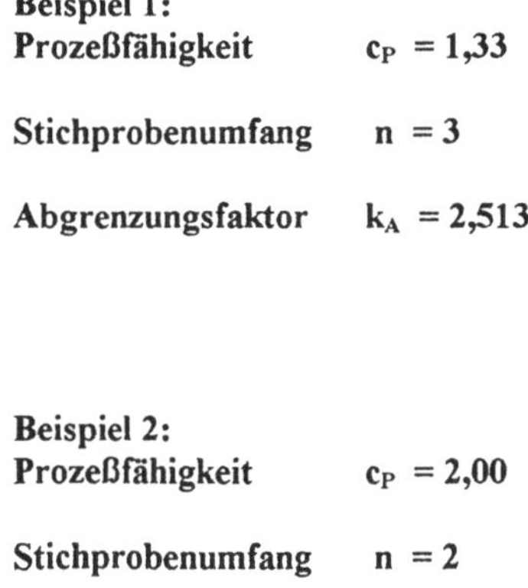

Beispiel 1:
Prozeßfähigkeit $c_P = 1{,}33$

Stichprobenumfang n = 3

Abgrenzungsfaktor $k_A = 2{,}513$

Beispiel 2:
Prozeßfähigkeit $c_P = 2{,}00$

Stichprobenumfang n = 2

Abgrenzungsfaktor $k_A = 4{,}179$

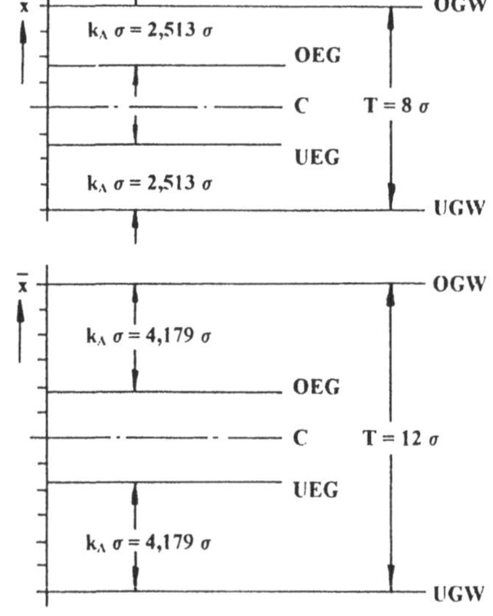

Wahrscheinlichkeitsnetz (WN) Aufgabe:

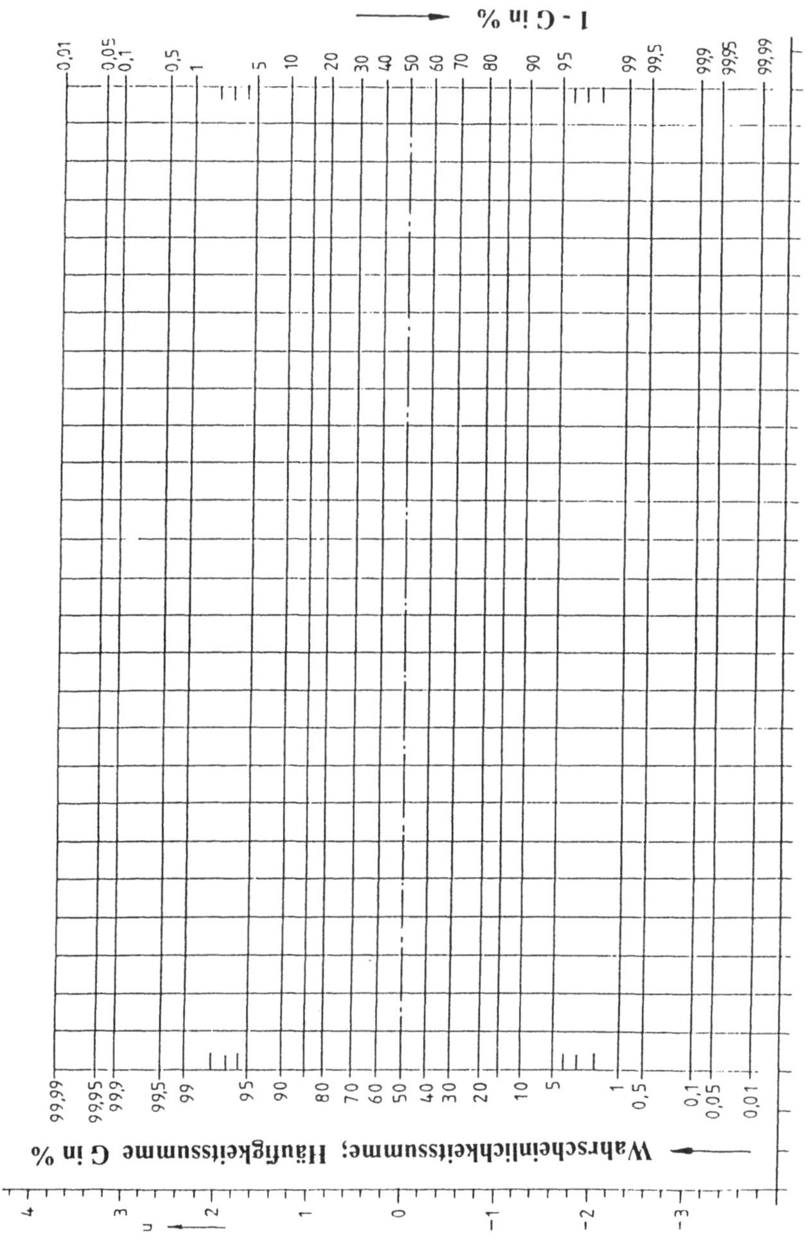

Doppeltes Wahrscheinlichkeitsnetz (DWN) Aufgabe:

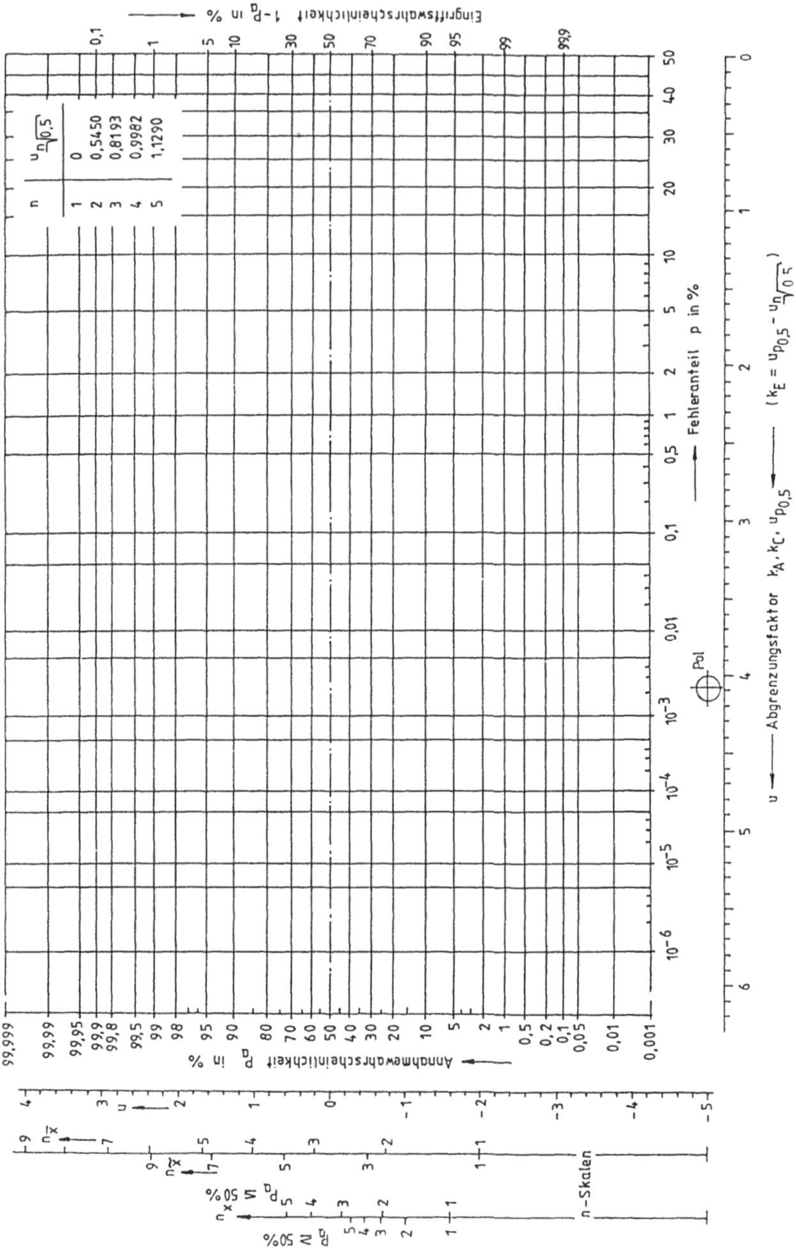

n	$u_{\sqrt[n]{0,5}}$
1	0
2	0,5450
3	0,8193
4	0,9982
5	1,1290

Annahmewahrscheinlichkeit P_a in %: 99,999 · 99,99 · 99,95 · 99,9 · 99,8 · 99,5 · 99 · 98 · 95 · 90 · 80 · 70 · 60 · 50 · 40 · 30 · 20 · 10 · 5 · 2 · 1 · 0,5 · 0,2 · 0,1 · 0,05 · 0,01 · 0,001

Eingriffswahrscheinlichkeit $1-P_a$ in %: 0,1 · 1 · 5 · 10 · 30 · 50 · 70 · 90 · 95 · 99 · 99,9

Fehleranteil p in %: 10^{-6} · 10^{-5} · 10^{-4} · 10^{-3} · 0,01 · 0,1 · 0,5 · 1 · 2 · 5 · 10 · 20 · 30 · 40 · 50

Pol

u ← Abgrenzungsfaktor $k_A, k_C, u_{p_{0,5}}$ ← ($k_E = u_{p_{0,5}} - u_{\sqrt[n]{0,5}}$): 6 · 5 · 4 · 3 · 2 · 1 · 0

Literaturverzeichnis

/1/ Handbuch Qualitätsmanagement, hrsg. von Walter Masing, 3. Auflage, München, Wien: Hanser, 1994

/2/ Graf, Henning, Stange, Wilrich: Formeln und Tabellen der angewandten mathematischen Statistik, 3. Auflage, Berlin, Heidelberg: Springer, 1987

/3/ DGQ-Schrift 11-04: Begriffe zum Qualitätsmanagement, Hrsg.: Dt. Ges. für Qualität, 5. Auflage, Berlin: Beuth, 1995

/4/ DGQ-Schrift 11-05: Formelsammlung zu den statistischen Methoden des Qualitätsmanagements, Hrsg.: Dt. Ges. für Qualität, 1. Auflage, Berlin: Beuth, 1996

/5/ DGQ-Schrift 16-32: SPC 2-Qualitätsregelkartentechnik, Hrsg.: Dt. Ges. für Qualität, 4. Auflage, Berlin: Beuth. 1995

/6/ Mittag, H.-J., Qualitätsregelkarten, München, Wien: Hanser, 1993

/7/ Rinne, H., H.-J. Mittag, Statistische Methoden der Qualitätssicherung, München, Wien: Hanser, 1989

/8/ Timischl, W., Qualitätssicherung, München, Wien: Hanser, 1995

/9/ DGQ-SAQ-ÖVQ-Schrift 16-01: Annahmestichprobenprüfung anhand der Anzahl fehlerhafter Einheiten oder Fehler (Attributprüfung), 10. Auflage, Berlin: Beuth, 1995

/10/ DGQ-SAQ-Schrift 16-43: Stichprobenpläne für quantitative Merkmale (Variablenstichprobenpläne), Berlin: Beuth, 1988

/11/ Kirschling, G., Qualitätssicherung und Toleranzen, Berlin, Heidelberg: Springer, 1988

/12/ DIN 55350: Begriffe zu Qualitätsmanagement und Statistik
Teil 11: Begriffe des Qualitätsmanagements
Teil 31: Begriffe der Annahmestichprobenprüfung
Teil 33: Begriffe der statistischen Prozeßlenkung (SPC)

/13/ Quentin, H. „Besser als Null-Fehler", Z. Qualität und Zuverlässigkeit, QZ 41 (1996) S. 54

/14/ Pfeifer, T., Qualitätsmanagement, München, Wien: Hanser, 1996

/15/ Dietrich, E. u. A. Schulze, Statistische Verfahren zur Maschinen- und Prozeßqualifikation, München, Wien: Hanser 1996

/16/ Sicherung der Qualität vor Serieneinsatz, QM in der Automobilindustrie Bd. 4.1, VDA, 1996

/17/ Mittag, H.-J., „Qualitäsregelkarten für stetige Merkmale", Z. Qualität und Zuverlässigkeit, QZ 42 (1997) S. 319

Sachwortverzeichnis

Praktikerbuch für das Qualitätsmanagement im Produktionsprozeß

Qualitätsregelkarten für meßbare Merkmale

von Kirschling, Günter

1998. Ca. 200 S.
Geb. ca. DM 88,--
ISBN 3-528-06953-8

Aus dem Inhalt: Statistik - Zufallsstreubereich, Toleranz, Fehleranteil - Annahme-Qualitätsregelkarten - Qualitätsregelkarten nach Shewhart - Prozeßkorrektur - QRK bei kontinuierlicher Prüfung - Einfluß des Stichprobenumfangs n - Vereinfache Ermittlung der Eingriffsgrenzen von Annahme-QRK

Das Buch wendet sich an die Mitarbeiter der Fertigung und der Qualitätstechnik und an Studierende des Maschinenbaus. Es führt den Leser leichtverständlich in die Anwendung von Qualitätsregelkarten ein. Über 60 Beispiele inkl. Lösungsweg zeigen die Anwendung in der Qualitätssteuerung.

Über den Autor:
Prof. Dr.-Ing. Günter Kirschling lehrt an der Universität Gesamthochschule Kassel.

Stand 12.01.98
Änderungen vorbehalten.
Erhältlich im Buchhandel
oder beim Verlag.

Abraham-Lincoln-Str. 46, Postfach 1547
65005 Wiesbaden
Fax: (06 11) 78 78-4 00, http://www.vieweg.de